本书列入中国科学技术信息研究所学术著作出版计划

U0183196

2020 年度
中国科技论文统计与分析

年度研究报告

中国科学技术信息研究所

科学技术文献出版社
SCIENTIFIC AND TECHNICAL DOCUMENTATION PRESS
·北京·

图书在版编目（CIP）数据

2020年度中国科技论文统计与分析：年度研究报告 / 中国科学技术信息研究所
著 . —北京：科学技术文献出版社，2022.9
ISBN 978-7-5189-9138-9

Ⅰ . ① 2… Ⅱ . ① 中… Ⅲ . ① 科学技术—论文—统计分析—研究报告—中国—
2020 Ⅳ . ① N53

中国版本图书馆 CIP 数据核字（2022）第 070830 号

2020年度中国科技论文统计与分析（年度研究报告）

策划编辑：张 丹 责任编辑：张 丹 邱晓春 李 鑫 责任校对：王瑞瑞 责任出版：张志平

出 版 者	科学技术文献出版社	
地 址	北京市复兴路15号 邮编 100038	
编 务 部	（010）58882938，58882087（传真）	
发 行 部	（010）58882868，58882870（传真）	
邮 购 部	（010）58882873	
官 方 网 址	www.stdp.com.cn	
发 行 者	科学技术文献出版社发行 全国各地新华书店经销	
印 刷 者	北京地大彩印有限公司	
版 次	2022 年 9 月第 1 版 2022 年 9 月第 1 次印刷	
开 本	787×1092 1/16	
字 数	545千	
印 张	24	
书 号	ISBN 978-7-5189-9138-9	
定 价	150.00元	

主　　编：

　　潘云涛　马　峥

编写人员（按姓氏笔画排序）：

　　马　峥　　王　璐　　王海燕　　田瑞强　　冯家琪

　　刘亚丽　　许晓阳　　杨　帅　　宋　扬　　张玉华

　　张贵兰　　郑雯雯　　郑楚华　　俞征鹿　　贾　佳

　　盖双双　　焦一丹　　翟丽华　　潘　尧　　潘云涛

目　录

附 录

附 表

1 绪论

"2020年度中国科技论文统计与分析"项目现已完成，统计结果和简要分析分列于后。为使广大读者能更好地了解我们的工作，本章将对中国科技论文引文数据库（CSTPCD）的统计来源期刊（中国科技核心期刊）的选取原则、标准及调整做一简要介绍；对国际论文统计选用的国际检索系统（包括SCI、Ei、Scopus、CPCI-S、SSCI、MEDLINE和Derwent专利数据库等）的统计标准和口径、论文的归属统计方式和学科的设定等方面做出必要的说明。自1987年以来连续出版的《中国科技论文统计与分析（年度研究报告）》和《中国科技期刊引证报告（核心版）》，是中国科技论文统计分析工作的主要成果，受到广大的科研人员、科研管理人员和期刊编辑人员关注和欢迎。我们热切希望大家对论文统计分析工作继续给予支持和帮助。

1.1 关于统计源

1.1.1 国内科技论文统计源

国内科技论文的统计分析是使用中国科学技术信息研究所自行研制的中国科技论文与引文数据库（CSTPCD），该数据库选用中国各领域能反映学科发展的重要期刊和高影响期刊作为"中国科技核心期刊"（中国科技论文统计源期刊）。来源期刊的语种分布包括中文和英文，学科分布范围覆盖全部自然科学领域和社会科学领域，少量交叉学科领域的期刊同时分别列入自然科学领域和社会科学领域。中国科技核心期刊遴选过程和遴选程序在中国科学技术信息研究所网站进行公布。每年公开出版的《中国科技期刊引证报告（核心板）》和《中国科技论文统计与分析（年度研究报告）》公布期刊的各项指标和相关统计分析数据结果。此项工作不向期刊编辑部收取任何费用。

中国科技核心期刊的选择过程和选取原则如下：

一、遴选原则

按照公开、公平、公正的原则，采取以定量评估数据为主、专家定性评估为辅的方法，开展中国科技核心期刊遴选工作。遴选结果通过网上发布和正式出版《中国科技期刊引证报告（核心版）》两种方式向社会公布。

参加中国科技核心期刊遴选的期刊须具备下述条件：

①有国内统一刊号（CN××-××××/×××），且已经完整出版2卷（年）。

②属于学术和技术类科技期刊，科普、编译、检索和指导等类期刊不列入核心期刊遴选范围。

③报道内容以科学发现和技术创新成果为主，刊载文献类型主要属于原创性科技论文。

二、遴选程序

中国科技核心期刊每年评估一次。评估工作在每年3—9月进行。

1．样刊报送

期刊编辑部在正式参加评估的前一年，须在每期期刊出刊后，将样刊寄到中国科技信息研究所科技论文统计组。这项工作用来测度期刊出版是否按照出版计划定期定时，是否有延期出版的情况。

2．申请

一般情况下，期刊编辑出版单位须在每年3月1日前通过中国科技核心期刊网上申报系统（https：//cjcr-review.istic.ac.cn/）在线完成提交申请，并下载申请书电子版。申请书打印盖章后，附上一年度出版的样刊，寄送到中国科学技术信息研究所。申报项目主要包括如下几项。

（1）总体情况

包括期刊的办刊宗旨、目标、主管单位、主办单位、期刊沿革、期刊定位、所属学科、期刊在学科中的作用、期刊特色、同类期刊的比较、办刊单位背景、单位支持情况、主编及主创人员情况。

（2）审稿情况

包括期刊的投稿和编辑审稿流程，是否有严谨的同行评议制度。编辑部需提供审稿单的复印件，举例说明本期刊的审稿流程，并提供主要审稿人的名单。

（3）编委会情况

包括编委会的人员名单、组成，编委情况，编委责任。

（4）其他材料

包括体现期刊质量和影响的各种补充材料，如期刊获奖情况、各级主管部门（学会）的评审或推荐材料、被各重要数据库收录情况。

3．定量数据采集与评估

①中国科技信息研究所制定中国科技期刊综合评价指标体系，用于中国科技核心期刊遴选评估。中国科技期刊综合评价指标体系对外公布。

②中国科技信息研究所科技论文统计组按照中国科技期刊综合评价指标体系，采集当年申报的期刊各项指标数据，进行数据统计和各项指标计算，并在期刊所属的学科内进行比较，确定各学科均线和入选标准。

4．专家评审

①定性评价分为专家函审和终审两种形式。

②对于所选指标加权评分数排在本学科前1/3的期刊，免于专家函审，直接进入年

度入选候选期刊名单；定量指标在均线以上的或新创刊五年以内的新办期刊，需要通过专家函审才能入选候选期刊名单。

③对于需函审的期刊，邀请多位学科专家对期刊进行函审。其中有 2/3 以上函审专家同意的，则视为该期刊通过专家函审。

④由中国科技信息研究所成立的专家评审委员会对年度入选候选期刊名单进行审查，采用票决制确定年度入选中国科技核心期刊名单。

三、退出机制

中国科技核心期刊制订了退出机制。指标表现反映出严重问题或质量和影响持续下降的期刊将退出中国科技核心期刊。存在违反出版管理各项规定、存在学术诚信和出版道德问题的期刊也将退出中国科技核心期刊。对指标表现反映出存在问题趋向的期刊采取两步处理：首先采用预警信方式向期刊编辑出版单位通报情况，进行提示和沟通；若预警后仍没有明显改进，则将退出中国科技核心期刊。

1.1.2 国际科技论文统计源

考虑到论文统计的连续性，2020 年度的国际论文数据仍采集自 SCI、Ei、CPCI-S、Medline、SSCI 和 Scopus 等论文检索系统和 Derwent 专利数据库等。

SCI 是 Science Citation Index 的缩写，由美国科学情报所（ISI，现并入科睿唯安公司）创制。SCI 不仅是功能较为齐全的检索系统，同时也是文献计量学研究和应用的科学评估工具。

要说明的是，本报告所列出的"中国论文数"同时存在 2 个统计口径：在比较各国论文数排名时，统计中国论文数包括中国作为第一作者和非第一作者参与发表的论文，这与其他各个国家论文数的统计口径是一致的；在涉及中国具体学科、地区等统计结果时，统计范围只是中国内地作者为论文第一作者的论文。本报告附表中所列的各系列单位排名是按第一作者论文数作为依据排出的。在很多高校和研究机构的配合下，对于 SCI 数据加工过程中出现各类标识错误，我们尽可能地做了更正。

Ei 是 Engineering Index 的缩写，创办于 1884 年，已有 100 多年的历史，是世界著名的工程技术领域的综合性检索工具。主要收集工程和应用科学领域 5000 余种期刊、会议论文和技术报告的文献，数据来自 50 多个国家和地区，语种达 10 余种，主要涵盖的学科有：化工、机械、土木工程、电子电工、材料、生物工程等。

我们以 Ei Compendex 核心部分的期刊论文作为统计来源。在我们的统计系统中，由于有关国际会议的论文已在我们所采用的另一专门收录国际会议论文的统计源 CPCI-S 中得以表现，故在作为地区、学科和机构统计用的 Ei 论文数据中，已剔除了会议论文的数据，仅包括期刊论文，而且仅选择核心期刊采集出的数据。

CPCI-S（Conference Proceedings Citation Index-Science）目前是科睿唯安公司的产品，从 2008 年开始代替 ISTP（Index to Scientific and Technical Proceeding）。在世界每年召开的上万个重要国际会议中，该系统收录了 70% ～ 90% 的会议文献，汇集了自然科学、农业科学、医学和工程技术领域的会议文献。在科研产出中，科技会议文献是对期刊文献的重要补充，所反映的是学科前沿性、迅速发展学科的研究成果，一些新的创新思想和概念往往先于期刊出现在会议文献中，从会议文献可以了解最新概念的出现和发展，并可掌握某一学科最新的研究动态和趋势。

SSCI（Social Science Citation Index）是科睿唯安编制的反映社会科学研究成果的大型综合检索系统，已收录了社会科学领域期刊 3000 多种，另对约 1400 种与社会科学交叉的自然科学期刊中的论文予以选择性收录。其覆盖的领域涉及人类学、社会学、教育、经济、心理学、图书情报、语言学、法学、城市研究、管理、国际关系、健康等 55 个学科门类。通过对该系统所收录的中国论文的统计和分析研究，可以从一个方面了解中国社会科学研究成果的国际影响和国际地位。为了帮助广大社会科学工作者与国际同行交流与沟通，也为促进中国社会科学及与之交叉的学科的发展，从 2005 年开始，我们对 SSCI 收录的中国论文情况做出统计和简要分析。

MEDLINE（美国《医学索引》）创刊于 1879 年，由美国国立医学图书馆（National Library of Medicine）编辑出版，收集世界 70 多个国家和地区，40 多种文字、4800 种生物医学及相关学科期刊，是当今世界较权威的生物医学文献检索系统，收录文献反映了全球生物医学领域较高水平的研究成果，该系统还有较为严格的选刊程序和标准。从 2006 年度起，我们就已利用该系统对中国的生物医学领域的成果进行统计和分析。

Scopus 数据库是 Elsevier 公司研制的大型文摘和引文数据库，收录全世界范围内经过同行评议的学术期刊、书籍和会议录等类型的文献内容，其中包括丰富的非英语发表的文献内容。Scopus 覆盖的领域包括科学、技术、医学、社会科学、艺术与人文等领域。

对 SCI、Medline、CPCI-S、Scopus 系统采集的数据时间按照出版年度统计；Ei 系统采用的是按照收录时间统计，即统计范围是在当年被数据库系统收录的期刊文献。其中基于 WoS 平台的 SCI、CPCI-S 数据库从 2020 年开始，对"出版年度"的定义将有所调整，将扩大至涵盖实际出版的年度和在线预出版的年度，意味着统计时间范围相对往年会有一定程度扩大。

1.2　论文的选取原则

在对 SCI、Ei、CPCI-S 和 Scopus 收录的论文进行统计时，为了能与国际做比较，选用第一作者单位属于中国的文献作为统计源。在 SCI 数据库中，涉及的文献类型包括 Article、Review、Letter、News、Meeting Abstracts、Correction、Editorial Material、Book Review、Biographical-Item 等。从 2009 年度起选择其中部分主要反映科研活动成果的文献类型作为论文统计的范围。初期是以 Article、Review、Letter 和 Editorial Material 4 类文献作论文计来统计 SCI 收录的文献，近年来，中国作者在国际期刊中发表的文献数量越来越多，为了鼓励和引导科技工作者们发表内容比较翔实的文献，而且便于和国际检索系统的统计指标相比较，选取范围又进一步调整。目前，SCI 论文的统计和机构排名中，我们仅选 Article、Review 两类文献作为进行各单位论文数的统计依据。这两类文献报道的内容详尽，叙述完整，著录项目齐全。

在统计国内论文的文献时，也参考了 SCI 的选用范围，对选取的论文做了如下的限定：
　　①论著：记载科学发现和技术创新的学术研究成果；
　　②综述与评论：评论性文章、研究述评；
　　③一般论文和研究快报：短篇论文、研究快报、文献综述、文献复习；
　　④工业工程设计：设计方案、工业或建筑规划、工程设计。
　　在中国科技核心期刊上发表研究材料和标准文献、交流材料、书评、社论、消息动态、译文、文摘和其他文献不计入论文统计范围。

1.3　论文的归属（按第一作者的第一单位归属）

　　作者发表论文时的署名不仅是作者的权益和学术荣誉，更重要的是还要承担一定的社会和学术责任。按国际文献计量学研究的通行做法，论文的归属按第一作者所在的地区和单位确定，所以中国的论文数量是按论文第一作者属于中国大陆的数量而定的。例如，一位外国研究人员所从事的研究工作的条件由中国提供，成果公布时以中国单位的名义发表，则论文的归属应划作中国，反之亦然。若出现第一作者标注了多个不同单位的情况，按作者署名的第一单位统计。

　　为了尽可能全面统计出各高等院校、研究院所、医疗机构和公司企业的论文产出量，我们尽量将各类实验室所产出论文归到其所属的机构进行统计。经教育部正式批准合并的高等学校，我们也随之将原各校的论文进行了合并。由于部分高等学校改变所属关系，进行了多次更名和合并，使高等学校论文数的统计和排名可能会有微小差异，敬请谅解。

1.4　论文和期刊的学科确定

　　论文统计学科的确定依据是国家技术监督局颁布的 GB/T 13745—2009《学科分类与代码》，在具体进行分类时，一般是依据参考论文所载期刊的学科类别和每篇论文的内容。由于学科交叉和细分，论文的学科分类问题十分复杂，现暂仅分类至一级学科，共划分了 39 个自然科学学科类别，且是按主分类划分。一篇文献只作一次分类。在对 SCI 文献进行分类时，我们主要依据 SCI 划分的主题学科进行归并，综合类学术期刊中的论文分类将参看内容进行。Ei、Scopus 的学科分类参考了检索系统标引的分类代码。

　　通过文献计量指标对期刊进行评估，很重要的一点是要分学科进行。目前，我们对期刊学科的划分大部分仅分到一级学科，主要是依据各期刊编辑部在申请办刊时选定，但有部分期刊，由于刊载的文献内容并未按最初的规定而刊发文章，出现了一些与刊名及办刊宗旨不符的内容，使期刊的分类不够准确。而对一些期刊数量（种类）较多的学科，如医药、地学类，我们对期刊又做了二级学科细分。

1.5 关于中国期刊的评估

科技期刊是反映科学技术产出水平的窗口之一，一个国家科技水平的高低可通过期刊的状况得以反映。从论文统计工作开始之初，我们就对中国科技期刊的编辑状况和质量水平十分关注。1990 年，我们首次对 1227 种统计源期刊的 7 项指标做了编辑状况统计分析，统计结果为我们调整统计源期刊提供了编辑规范程度的依据。1994 年，我们开始了国内期刊论文的引文统计分析工作，为期刊的学术水平评价建立了引文数据库，从 1997 年开始，编辑出版《中国科技期刊引证报告》，对期刊的评价设立了多项指标。为使各期刊编辑部能更多地获取科学指标信息，在基本保持了上一年所设立的评价指标的基础上，常用指标的数量保持不减，并根据要求和变化增加一些指标。主要指标的定义如下。

（1）核心总被引频次

期刊自创刊以来所登载的全部论文在统计当年被引用的总次数，可以显示该期刊被使用和受重视的程度，以及在科学交流中的绝对影响力的大小。

（2）核心影响因子

期刊评价前两年发表论文的篇均被引用的次数，用于测度期刊学术影响力。

（3）核心即年指标

期刊当年发表的论文在当年被引用的情况，表征期刊即时反应速率的指标。

（4）核心他引率

期刊总被引频次中，被他刊引用次数所占的比例，测度期刊学术传播能力。

（5）核心引用刊数

引用被评价期刊的期刊数，反映被评价期刊被使用的范围。

（6）核心开放因子

期刊被引用次数的一半所分布的最小施引期刊数量，体现学术影响的集中度。

（7）核心扩散因子

期刊当年每被引 100 次所涉及的期刊数量，测度期刊学术传播范围。

（8）学科扩散指标

在统计源期刊范围内，引用该刊的期刊数量与其所在学科全部期刊数量之比。

（9）学科影响指标

期刊所在学科内，引用该刊的期刊数占全部期刊数量的比例。

（10）核心被引半衰期

该期刊在统计当年被引用的全部次数中，较新一半是在多长一段时间内发表的。被引半衰期是测度期刊老化速度的一种指标，通常不是针对个别文献或某一组文献，而是对某一学科或专业领域的文献的总和而言。

（11）权威因子

利用 PageRank 算法计算出来的来源期刊在统计当年的 PageRank 值。与其他单纯计算被引次数的指标不同的是，权威因子考虑了不同引用之间的重要性区别，重要的引用被赋予更高的权值，因此能更好地反映期刊的权威性。

（12）来源文献量

符合统计来源论文选取原则的文献的数量。在期刊发表的全部内容中，只有报道科学发现和技术创新成果的学术技术类文献可以作为中国科技论文统计工作的数据来源。

（13）文献选出率

来源文献量与期刊全年发表的所有文献总量之比，用于反映期刊发表内容中，报道学术技术类成果的比例。

（14）AR 论文量

期刊所发表的文献中，文献类型为学术性论文（Article）和综述评论性论文（Review）的论文数量，用于反映期刊发表的内容中学术性成果的数量。

（15）论文所引用的全部参考文献数

是衡量该期刊科学交流程度和吸收外部信息能力的一个指标。

（16）平均引文数

来源期刊每一篇论文平均引用的参考文献数。

（17）平均作者数

来源期刊每一篇论文平均拥有的作者数，是衡量该期刊科学生产能力的一个指标。

（18）地区分布数

来源期刊登载论文所涉及的地区数，按全国 31 个省、自治区和直辖市计（不含港、澳、台地区）。这是衡量期刊论文覆盖面和全国影响力大小的一个指标。

（19）机构分布数

来源期刊论文的作者所涉及的机构数。这是衡量期刊科学生产能力的另一个指标。

（20）海外论文比

来源期刊中，海外作者发表论文占全部论文的比例，是衡量期刊国际交流程度的一个指标。

（21）基金论文比

来源期刊中，国家级、省部级以上及其他各类重要基金资助的论文数量占全部论文数量的比例，是衡量期刊论文学术质量的重要指标。

（22）引用半衰期

该期刊引用的全部参考文献中，较新一半是在多长一段时间内发表的。通过这个指标可以反映出作者利用文献的新颖度。

（23）离均差率

期刊的某项指标与其所在学科的平均值之间的差距与平均值的比例。通过这项指标可以反映期刊的单项指标在学科内的相对位置。

（24）红点指标

该期刊发表的论文中，关键词与其所在学科排名前 1% 的高频关键词重合的论文所占的比例。通过这个指标可以反映出期刊论文与学科研究热点的重合度，从内容层面对期刊的质量和影响潜力进行预先评估。

（25）综合评价总分

根据中国科技期刊综合评价指标体系，计算多项科学计量指标，采用层次分析法确定重要指标的权重，分学科对每种期刊进行综合评定，计算出每个期刊的综合评价总分。

期刊的引证情况每年会有变化，为了动态表达各期刊的引证情况，《中国科技期刊引证报告》将每年公布，用于提供一个客观分析工具，促进中国期刊更好的发展。在此需强调的是，期刊计量指标只是评价期刊的一个重要方面，对期刊的评估应是一个综合的工程。因此，在使用各计量指标时应慎重对待。

1.6　关于科技论文的评估

随着中国科技投入的加大，中国论文数越来越多，但学术水平参差不齐，为了促进中国高影响高质量科技论文的发表，进一步提高中国的国际科技影响力，我们需要作一些评估，以引领优秀论文的出现。

基于研究水平和写作能力的差异，科技论文的质量水平也是不同的。根据多年来对科技论文的统计和分析，中国科学技术信息所提出一些评估论文质量的文献计量指标，供读者参考和讨论。这里所说的"评估"是"外部评估"，即文献计量人员或科技管理人员对论文的外在指标的评估，不同于同行专家对论文学术水平的评估。

这里提出的仅是对期刊论文的评估指标，随着统计工作的深入和指标的完善，所用指标会有所调整。

（1）论文的类型

作为信息交流的文献类型是多种多样的，但不同类型的文献，其反映内容的全面性、文献著录的详尽情况是不同的。一般来说，各类文献检索系统依据自身的情况和检索系统的作用，收录的文献类型也是不同的。目前，我们在统计 SCI 论文时将文献类型是 Article 和 Review 的作为论文统计；统计 Ei 论文时将文献类型是 Journal Article（JA）的作为论文统计；在统计中国科技论文引文数据库（CSTPCD）时将论著、研究型综述、一般论文、工业工程设计类型的文献作为论文统计。

（2）论文发表的期刊影响

在评定期刊的指标中，较能反映期刊影响的指标是期刊的总被引频次和影响因子。我们通常说的影响因子是指期刊的影响情况，是表示期刊中所有文献被引用数的平均值，即篇均被引用数，并不是指哪一篇文献的被引用数值。影响因子的大小受多个因素的制约，关键是刊发的文献的水平和质量。一般来说，在高影响因子期刊中能发表的文献都应具备一定的水平，发表的难度也较大。影响因子的相关因素较多，一定要慎用，而且要分学科使用。

（3）文献发表的期刊的国际显示度

期刊被国际检索系统收录的情况及主编和编辑部的国际影响。

（4）论文的基金资助情况（评估论文的创新性）

一般来说，科研基金申请时条件之一是项目的创新性，或成果具有明显的应用价值。特别是一些经过跨国合作、受多项资助产生的研究成果的科技论文更具重要意义。

（5）论文合著情况

合作（国际、国内合作）研究是增强研究力量、互补优势的方式，特别是一些重大研究项目，单靠一个单位，甚至一个国家的科技力量都难以完成。因此，合作研究也是一种趋势，这种合作研究的成果产生的论文显然是重要的。特别是要关注以中国为主的国际合作产生的成果。

（6）论文的即年被引用情况

论文被他人引用数量的多少是表明论文影响力的重要指标。论文发表后什么时候能被引用、被引数多少等因素与论文所属的学科密切相关。论文发表后能较短时间内被引用，反映这类论文的研究项目往往是热点，是科学界本领域非常关注的问题，这类论文是值得重视的。

（7）论文的合作者数

论文的合作者数可以反映项目的研究力量和强度。一般来说，研究作者多的项目研究强度高，产生的论文有影响力，可按研究合作者数大于、等于和低于该学科平均作者数统计分析。

（8）论文的参考文献数

论文的参考文献数是该论文吸收外部信息能力的重要依据，也是显示论文质量的指标。

（9）论文的下载率和获奖情况

可作为评价论文的实际应用价值及社会与经济效益的指标。

（10）发表于世界著名期刊的论文

世界著名期刊往往具有较大的影响力，世界上较多的原创论文都首发于这些期刊中，这类期刊中发表的文献其被引用率也较高，尽管在此类期刊中发表文献的难度也大，但世界各国的学者们还是很倾向于在此类刊物中发表文献以显示其成就，实现和世界同行们进行广泛交流。

（11）作者的贡献（署名位置）

在论文的署名中，作者的排序（署名位置）一般情况可作为作者对本篇论文贡献大小的评估指标。

　　根据以上指标，课题组在咨询部分专家的基础上，选择了论文发表期刊的学术影响位置、论文的原创性、世界著名期刊中发表的论文情况、论文即年被引情况、论文的参考文献数及论文的国际合作情况等指标，对 SCI 收录的论文做了综合评定，选出了百篇国际高影响力的优秀论文。对 CSTPCD 中得到高被引的论文进行了评定，也选出了百篇国内高影响力的优秀论文。

2 中国国际科技论文数量总体情况分析

2.1 引言

科技论文作为科技活动产出的一种重要形式，从一个侧面反映了一个国家基础研究、应用研究等方面的情况，在一定程度上反映了一个国家的科技水平和国际竞争力水平。本章利用 SCI、Ei 和 CPCI-S 三大国际检索系统数据，结合 ESI（Essential Science Indicators，基本科学指标数据库）的数据，对中国论文数和被引用情况进行统计，分析中国科技论文在世界所占的份额及位置，对中国科技论文的发展状况做出评估。

2.2 数据

SCI、CPCI-S、ESI 的数据取自科睿唯安（Clarivate Analytics，原汤森路透知识产权与科技事业部）的 Web of Knowledge 平台，Ei 数据取自 Engineering Village 平台。

2.3 研究分析与结论

2.3.1 SCI 收录中国科技论文数情况

2020 年，SCI 数据库世界科技论文总数为 233.21 万篇（以出版年统计），比 2019 年增加了 1.71%。2020 年收录中国科技论文为 55.26 万篇，连续第 12 年排在世界第 2 位（表 2-1），占世界科技论文总数的 23.7%，所占份额提升了 2.1 个百分点。排在世界前 5 位的有美国、中国、英国、德国和意大利。排在第 1 位的美国，其论文数量为 58.49 万篇，是中国的 1.1 倍，占世界份额的 25.1%。

中国作为第一作者共计发表 50.16 万篇论文，比 2019 年增加 11.4%，占世界总数的 21.5%。如按此论文数排序，中国也排在世界第 2 位，仅次于美国。

表 2-1 SCI 收录的中国科技论文数量世界排名变化

年份	2011	2012	2013	2014	2015	2016	2017	2018	2019	2020
世界排名	2	2	2	2	2	2	2	2	2	2

2.3.2 Ei 收录中国科技论文数情况

2019 年，Ei 数据库收录世界科技论文总数为 99.67 万篇，比 2019 年增长 24.6%。

Ei 收录中国论文为 36.48 万篇，占世界论文总数的 36.6%，数量比 2019 年增长 26.8%，所占份额增加 0.9 个百分点，排在世界第 1 位。排在世界前 5 位的国家分别是中国、美国、印度、德国、英国。

Ei 收录的第一作者为中国的科技论文共计 34.07 万篇，比 2019 年增长了 25.5%，占世界科技论文总数的份额为 34.3%，较 2019 年度增长了 0.3 个百分点。

2.3.3 CPCI-S 收录中国科技会议论文数情况

2020 年，CPCI-S 收录世界重要会议论文为 36.84 万篇（以出版年统计），比 2019 年减少了 22.7%。CPCI-S 共收录了中国科技会议论文 5.24 万篇，比 2019 年减少了 10.4%，占世界科技会议论文总数的 14.2%，排在世界第 2 位。排在世界前 5 位的国家分别是美国、中国、印度、英国和德国。CPCI-S 数据库收录美国科技会议论文 12.17 万篇，占世界科技会议论文总数的 33%。

CPCI-S 收录第一作者单位为中国的科技会议论文共计 3.39 万篇。2020 年中国科技人员共参加了在 64 个国家（地区）召开的 1508 个国际会议。

2020 年中国科技人员发表国际会议论文数最多的 10 个学科分别为：电子、通信与自动控制，计算技术，临床医学，能源科学技术，物理学，机械工程学，环境科学，基础医学，材料科学和动力与电气。

2.3.4 SCI、Ei 和 CPCI-S 收录中国科技论文数情况

2020 年，SCI、Ei 和 CPCI-S 三系统共收录中国科技人员发表的科技论文 969802 篇，比 2019 年增加了 127779 篇，增长 15.32%。中国科技论文数占世界论文总数的份额为 26.2%，比 2019 年的 23.6% 增加了 2.6 个百分点。由表 2-2 可以看出，近几年，中国科技论文数占世界论文数比例一直保持上升态势。

表 2-2 2010—2020 年三系统收录中国科技论文数及其在世界排名

年份	论文篇数	较上年增加篇数	增长率	占世界比例	世界排名
2010	300923	20765	7.4%	13.7%	2
2011	345995	45072	15.0%	15.1%	2
2012	394661	48666	14.1%	16.5%	2
2013	464259	69598	17.6%	17.3%	2
2014	494078	29819	6.4%	18.4%	2
2015	586326	92248	18.7%	19.8%	2
2016	628920	42594	7.3%	20.0%	2
2017	662831	33911	5.4%	21.2%	2
2018	754323	91492	13.8%	22.7%	2
2019	842023	87700	11.6%	23.6%	2
2020	969802	127779	15.2%	26.2%	2

注：数据来源于 Web of Science 核心合集，统计截至 2021 年 6 月。

由表 2-3 可见，2020 年，中国论文数排名首次升至世界第 1 位。2020 年排名居前6 位的国家为中国、美国、英国、德国、印度和日本。2016—2020 年，中国科技论文的年均增长率达 11.4%，与其他几个国家相比，中国论文年均增长率排名居第 1 位，印度论文年均增长率排名第 2 位，达到 6.8%，日本论文年均增长率最小，只有 1.2%。

表 2-3　2016—2020 年三系统收录的部分国家科技论文数增长情况

国家	2016 年		2017 年		2018 年		2019 年		2020 年		年均增长率	占世界总数比例
	排名	论文篇数	排名	论文篇数	排名	论文篇数	排名	论文篇数	排名	论文篇数		
中国	2	628920	2	662831	2	753043	2	842023	1	969802	11.4%	26.2%
美国	1	762105	1	780040	1	831413	1	877664	2	875626	3.5%	23.7%
英国	3	213990	3	215762	3	236902	3	252298	3	251551	4.1%	6.8%
德国	4	197212	4	194081	4	202673	4	214675	4	217854	2.5%	5.89%
印度	6	139813	6	137890	6	147971	6	161122	5	181705	6.8%	4.9%
日本	5	156038	5	154295	5	160775	5	163691	6	163685	1.2%	4.4%
意大利	8	128539	8	125374	8	132332	7	144284	7	157529	5.2%	4.23%

注：数据来源于 Web of Science 核心合集，统计截至 2021 年 6 月。

2.3.5　中国科技论文被引用情况

2011—2021 年（截至 2021 年 10 月）中国科技人员共发表国际论文 336.59 万篇，继续排在世界第 2 位，数量比 2020 年统计时增加了 11.5%；论文共被引用 4332.28 万次，增加了 20.2%，排在世界第 2 位。中国国际科技论文被引用次数增长的速度显著超过其他国家。中国平均每篇论文被引用 12.87 次，比 2020 年度统计时的 11.94 次提高了 7.8%。世界整体篇均被引用次数为 13.66 次 / 篇，中国平均每篇论文被引用次数与世界水平还有一定的差距（表 2-4）。

表 2-4　中国各十年段科技论文被引用次数世界排位变化

时间段	1999—2009 年	2000—2010 年	2001—2011 年	2002—2012 年	2003—2013 年	2004—2014 年	2005—2015 年	2006—2016 年	2007—2017 年	2008—2018 年	2009—2019 年	2010—2020 年	2011—2021 年
世界排名	9	8	7	6	5	4	4	4	2	2	2	2	2

注：按 ESI 数据库统计，截至 2021 年 10 月。

2011—2021 年发表科技论文累计超过 20 万篇的国家（地区）共有 22 个，按平均每篇论文被引用次数排名，中国排在第 16 位，与 2020 年度持平。每篇论文被引用次数大于世界整体水平（13.66 次 / 篇）的国家有 13 个。瑞士、荷兰、比利时、英国、瑞典、美国、加拿大、德国、澳大利亚、法国、意大利和西班牙的论文篇均被引用次数超过15 次（表 2-5）。

表 2-5　2011—2021 年发表科技论文数 20 万篇以上的国家（地区）论文数及被引用情况

国家（地区）	论文数		被引次数		篇均被引次数	
	篇数	排名	次数	排名	次数	排名
美国	4294755	1	84015147	1	19.56	6
中国	3365919	2	43322811	2	12.87	16
英国	1336775	3	27900662	3	20.47	4
德国	1161802	4	21880293	4	18.83	8
法国	787288	6	14583352	5	18.52	10
加拿大	735681	8	13897736	6	18.89	7
意大利	740367	7	12838984	7	17.34	11
澳大利亚	674444	10	12653887	8	18.76	9
日本	858238	5	11860079	9	13.82	13
西班牙	637558	11	10747184	10	16.86	12
荷兰	434530	14	9945220	11	22.89	2
韩国	614774	12	8072438	12	13.13	14
瑞士	327641	17	7856255	13	23.98	1
印度	707261	9	7756801	14	10.97	18
瑞典	295599	20	6028208	15	20.39	5
巴西	491509	13	5197916	16	10.58	19
比利时	239147	22	5042114	17	21.08	3
伊朗	356247	16	3736516	18	10.49	20
中国台湾	285658	21	3699154	19	12.95	15
波兰	297166	19	3303135	20	11.12	17
俄罗斯	370502	15	3083361	21	8.32	22
土耳其	314854	18	2750984	22	8.74	21

注：以 ESI 数据库统计，截至 2021 年 10 月。

2.3.6　中国 TOP 论文情况

根据 ESI 数据统计，中国 TOP 论文居世界第 2 位，为 42996 篇（表 2-6）。其中美国以 77137 篇遥遥领先，英国以 31505 篇居第 3 位。分列第 4～10 位的国家是：德国、澳大利亚、加拿大、法国、意大利、荷兰和西班牙。

表 2-6　世界 TOP 论文居前 10 位的国家

排名	国家	TOP 论文篇数	排名	国家	Top 论文篇数
1	美国	77137	6	加拿大	14121
2	中国	42996	7	法国	13387
3	英国	31505	8	意大利	12156
4	德国	20087	9	荷兰	10932
5	澳大利亚	14266	10	西班牙	10060

注：以 ESI 数据库统计，统计截至 2021 年 9 月。

2.3.7 中国高被引论文情况

2011—2021 年各学科论文被引次数处于世界前 1% 的论文称为高被引论文。根据 ESI 数据统计，中国高被引论文居世界第 2 位，为 42920 篇（表 2-7）。其中美国以 77068 篇遥遥领先，英国以 31759 篇居第 3 位。分列第 4～10 位的国家是：德国、澳大利亚、加拿大、法国、意大利、荷兰和西班牙。高被引论文与 TOP 论文前 10 位的国家一样。表 2-8 为 2011—2021 年中国高被引论文中被引次数居前 10 位的国际论文。

表 2-7 世界高被引论文居前 10 位的国家

排名	国家	高被引论文篇数	排名	国家	高被引论文篇数
1	美国	77068	6	加拿大	14102
2	中国	42920	7	法国	13374
3	英国	31759	8	意大利	12145
4	德国	20064	9	荷兰	10927
5	澳大利亚	14254	10	西班牙	10047

注：以 ESI 数据库统计，统计截至 2021 年 9 月。

表 2-8 2011—2021 年中国高被引论文中被引次数居前 10 位的国际论文

学科	累计被引次数	前三位作者 第一作者单位	来源
临床医学	13102	HUANG C L, WANG Y M, LI X W 武汉市金银潭医院	Lancet 2020，395（10223）：497–506
临床医学	10161	CHEN W Q, ZHENG R S, BAADE P D 中国医学科学院肿瘤医院	Ca：a cancer journal for clinicians 2016，66（2）：115–132
临床医学	8067	GUAN W, NI Z, HU Y 广州医科大学附属第一医院	New England journal of medicine 2020，382（18）：1708–1720
化学	7883	LU T, CHEN F W 北京科技大学	Journal of computational chemistry 2012，33（5）：580–592
临床医学	7724	ZHOU F, YU T, DU R H 中国医学科学院，北京协和医学院	Lancet 2020，395（10229）：1054–1062
临床医学	7300	ZHU N, ZHANG D Y, WANG W L 中国疾病预防控制中心	New England journal of medicine 2020，382（8）：727–733
临床医学	7299	WANG D W, HU B, HU C 武汉大学中南医院	Jama：journal of the American medical association 2020，323（11）：1061–1069
临床医学	6287	CHEN N S, ZHOU M, DONG X 武汉市金银潭医院	Lancet 2020，395（10223）：507–513
化学	5904	WANG G P, ZHANG L, ZHANG J J 中南大学	Chemical society reviews 2012，41（2）：797–828
生物学与生物化学	4976	YU G C, WANG L G, HAN Y Y 暨南大学	Omics：a journal of integrative biology 2012，16（5）：284–287

注：以 ESI 数据库统计，截至 2021 年 9 月；对于作者总人数超过 3 人的论文，本表作者栏中仅列出前三名。

2.3.8　中国热点论文情况

近两年间发表的论文在最近两个月得到大量引用，且被引用次数进入本学科前 1‰ 的论文称为热点论文。根据 ESI 数据统计，中国热点论文居世界第 2 位，为 1515 篇（表 2-9）。其中美国以 1751 篇遥遥领先，居第 1 位，英国以 1024 篇居第 3 位。分列第 4 ～ 10 位的国家是：德国、澳大利亚、加拿大、法国、意大利、西班牙和荷兰。

表 2-9　世界热点论文居前 10 位的国家

排名	国家	热点论文篇数	排名	国家	热点论文篇数
1	美国	1751	6	加拿大	432
2	中国	1515	7	法国	412
3	英国	1024	8	意大利	393
4	德国	561	9	西班牙	326
5	澳大利亚	452	10	荷兰	297

注：以 ESI 数据库统计，统计截至 2021 年 9 月。

其中被引最高的一篇论文是 2020 年以中国武汉市金银潭医院黄朝林为第一作者，北京协和医院及北京中日友好医院为通讯作者，联合中国 16 个机构在国际著名期刊《柳叶刀》（*Lancet*）上发表的论文 "Clinical features of patients infected with 2019 novel coronavirus in Wuhan，China"。截至 2021 年 9 月，该论文已被世界 130 个国家（地区）的 1.3 万余个机构科技人员发表的论文引用，引用的科技期刊有 3422 种（含中国期刊 85 种），国际著名期刊、如 *Nature*、*Science*、*Cell*、*Lancet* 和美国国家科学院院刊 *PNAS* 引用了该文。引用频次在 500 次以上的国家分别是：中国（4063 次）、美国（2216 次）、意大利（1284 次）、印度（1075 次）、伊朗（701 次）、英国（577 次）和土耳其（532 次）。中国科学家及时将中国的经验与世界分享，为世界抗击新冠肺炎疫情做出了应有的贡献。

2.3.9　中国 CNS 论文情况

Science、*Nature* 和 *Cell* 是国际公认的 3 个享有最高学术声誉的科技期刊。发表在三大名刊上的论文，往往都是经过世界范围内知名专家层层审读、反复修改而成的高质量、高水平的论文。2020 年上述三大期刊共刊登论文 6103 篇，比 2019 年减少了 353 篇。其中中国论文为 516 篇，论文数比 2019 年增加了 91 篇，排在第 4 位，与 2019 年持平。美国仍然排在首位，论文数为 2478 篇。英国、德国分列第 2、第 3 位，排在中国之前。若仅统计 Article 和 Review 两种类型的论文，则中国有 427 篇，排在世界第 4 位，与 2019 年持平。

2.3.10　最具影响力期刊上发表的论文

2020 年被引次数超过 10 万次且影响因子超过 30 的国际期刊有 15 种（*Nature*、

Science、*New England Journal of Medicine*、*Lancet*、*Advanced Materials*、*Cell*、*Chemical Reviews*、*Jama-Journal of The American Medical Association*、*Journal of Clinical Oncology*、*Chemical Society Reviews*、*Bmj-British Medical Journal*、*Nature Medicine*、*Nature Genetics*、*Nature Materials*、*Energy & Environmental Science*），2020 年共发表论文 25454 篇，其中中国论文 2938 篇，占发表论文总数的 11.5%，排在世界第 3 位。若仅统计 Article 和 Review 两种类型的论文，则中国有 1833 篇，居世界第 2 位，比 2019 年上升 2 位。

各学科领域影响因子最高的期刊可以被看作是世界各学科最具影响力期刊。2020 年 178 个学科领域中高影响力期刊共有 155 种，2020 年各学科最具影响力期刊上的论文总数为 56433 篇。中国在这些期刊上发表的论文数为 12171 篇，占世界的 21.6%，排在世界第 2 位。美国有 17154 篇，占 30.4%。

中国在这些最具影响力期刊上发表的论文中有 8065 篇是受国家自然科学基金资助产出的，占 66.3%。发表在世界各学科最具影响力期刊上的论文较多的高校是：中国科学院大学（622 篇）、上海交通大学（413 篇）、清华大学（403 篇）、中国石油大学（391 篇）、浙江大学（334 篇）和华中科技大学（290 篇）。

2.3.11　高质量国际论文

为落实中办、国办《关于深化项目评审、人才评价、机构评估改革的意见》《关于进一步弘扬科学家精神加强作风和学风建设的意见》要求，改进科技评价体系，2020 年科技部印发《关于破除科技评价中"唯论文"不良导向的若干措施（试行）》，鼓励发表高质量论文，包括发表在业界公认的国际顶级或重要科技期刊的论文、具有国际影响力的国内科技期刊的论文及在国内外顶级学术会议上进行报告的论文。

中国信息技术研究所经过调研分析，将各学科影响因子和总被引次数位居本学科前 10%，且每年刊载的学术论文及述评文章数大于 50 篇的期刊，遴选为世界各学科代表性科技期刊，在其上发表的论文属于高水平国际论文。2020 年共有 395 种国际科技期刊入选世界各学科代表性科技期刊，发表高水平国际期刊论文 209301 篇。中国发表高水平国际期刊论文 65995 篇，占发表高质量国际论文数的 31.5%，排在世界第 1 位。排在第 2 位的美国发表论文 40865 篇，占 19.5%（表 2-10）。

表 2-10　2020 年发表高质量国际论文的国家（地区）论文数排名

排名	国家（地区）	高质量国际论文篇数	占高质量国际论文比例
1	中国	65995	31.53%
2	美国	40865	19.52%
3	英国	9526	4.55%
4	德国	8161	3.90%
5	韩国	6108	2.92%
6	加拿大	5424	2.59%
7	澳大利亚	5206	2.49%
8	法国	5192	2.48%

续表

排名	国家（地区）	高质量国际论文篇数	占高质量国际论文比例
9	西班牙	5109	2.44%
10	印度	4962	2.37%

注：数据来源于 Web of Science 核心合集 SCI，统计截至 2021 年 6 月。

2020 年中国发表高质量国际论文数居前 10 位的高等院校中，浙江大学以发表 1537 篇高质量国际论文居高等院校类第 1 位，上海交通大学以发表 1389 篇高质量国际论文排在第 2 位，清华大学以发表 1341 篇高质量国际论文排在第 3 位（表 2-11）。

表 2-11　2020 年中国发表高质量国际论文高等院校排名

高等院校	高质量国际期刊论文篇数	占高质量国际论文比例	排名
浙江大学	1537	0.73%	1
上海交通大学	1389	0.66%	2
清华大学	1341	0.64%	3
华中科技大学	1088	0.52%	4
哈尔滨工业大学	1023	0.49%	5
天津大学	957	0.46%	6
北京大学	930	0.44%	7
中山大学	879	0.42%	8
华南理工大学	860	0.41%	9
西安交通大学	860	0.41%	9

2020 年中国发表高质量国际论文数居前 10 位的科研机构中，中国科学院生态环境研究中心以发表 331 篇高质量论文排在第 1 位，中国科学院大连化学物理研究所以发表 173 篇高质量论文排在第 2 位，中国科学院长春应用化学研究所以发表 168 篇高质量论文排在第 3 位（表 2-12）。

表 2-12　2020 年中国发表高质量国际论文科研机构排名

科研机构	高质量国际论文篇数	占高质量国际论文比例	排名
中国科学院生态环境研究中心	331	0.16%	1
中国科学院大连化学物理研究所	173	0.08%	2
中国科学院长春应用化学研究所	168	0.08%	3
中国科学院化学研究所	157	0.08%	4
中国科学院地理科学与资源研究所	140	0.07%	5
中国科学院金属研究所	115	0.05%	6
中国科学院海西研究院	111	0.05%	7
中国科学院宁波材料技术与工程研究所	100	0.05%	8
中国科学院南京土壤研究所	96	0.05%	9
中国林业科学研究院	96	0.05%	9

2020 年中国发表高质量国际论文居前 10 位的医疗机构中，四川大学华西医院以发表 138 篇高质量论文排在第 1 位，华中科技大学同济医学院附属同济医院与协和医院都发表了高质量论文 77 篇，并列排在第 2 位（表 2–13）。

表 2-13　2020 年中国发表高质量国际论文医疗机构排名

医疗机构	高质量国际期刊论文篇数	占高质量国际论文比例	排名
四川大学华西医院	138	0.07%	1
华中科技大学同济医学院附属同济医院	77	0.04%	2
华中科技大学同济医学院附属协和医院	77	0.04%	2
上海交通大学医学院附属仁济医院	72	0.03%	4
浙江大学医学院附属第一医院	52	0.02%	5
南方医科大学南方医院	50	0.02%	6
浙江大学医学院附属第二医院	46	0.02%	7
复旦大学附属肿瘤医院	44	0.02%	8
上海交通大学医学院附属瑞金医院	42	0.02%	9
中南大学湘雅医院	41	0.02%	10

在高水平国际期刊论文统计中，2020 年中国有 10 个领域高水平国际期刊论文数量在领域排名中列世界首位，分别是：化学、工程技术、环境与生态学、计算机科学、材料科学、数学、农业科学、地学、物理学和药物学，其中化学领域中，中国高水平国际期刊论文数量占本领域世界份额 46.1%。另有 2 个领域排在世界第 2 位，分别是生物学、综合交叉学科（表 2–14）。

表 2-14　2020 年中国发表高质量国际论文学科排名

学科名称	中国高质量国际论文篇数	世界高质量国际论文篇数	占本学科高质量国际论文比例	排名
化学	16547	35878	46.12%	1
工程技术	13528	31111	43.48%	1
环境与生态学	11025	24571	44.87%	1
计算机科学	3523	8524	41.33%	1
材料科学	2618	6576	39.81%	1
数学	2467	7976	30.93%	1
农业科学	2373	5991	39.61%	1
地学	2271	6080	37.35%	1
物理学	1151	5172	22.25%	1
药物学	644	2389	26.96%	1
生物学	5244	25029	20.95%	2
综合交叉学科	1582	9894	15.99%	2
医学	2770	37581	7.37%	3
社会科学	252	2529	9.96%	3

2.4　讨论

2020 年，SCI 收录中国科技论文为 55.26 万篇，连续 12 年排在世界第 2 位，占世界份额的 23.7%，所占份额提升了 2.1 个百分点。Ei 收录中国论文为 36.48 万篇，占世界论文总数的 36.6%，数量比 2019 年增长 26.8%，排在世界第 1 位。CPCI–S 收录了中国论文 5.24 万篇，比 2019 年减少了 10.4%，占世界的 14.2%，排在世界第 2 位。总体来说，三系统收录中国论文 96.98 万篇，占世界论文总数的 26.2%，发表国际科技论文数量和占比都是上升的。

2011—2021 年（截至 2021 年 10 月）中国科技人员发表国际论文共被引用 4332.28 万次，增加了 20.2%，排在世界第 2 位，与 2020 年位次一样。中国国际科技论文被引用次数增长的速度显著超过其他国家。中国平均每篇论文被引 12.87 次，比 2020 年度统计时的 11.94 次提高了 7.8%。世界整体篇均被引用次数为 13.66 次 / 篇，中国平均每篇论文被引用次数与世界平均值还有一定的差距。中国 TOP 论文、高被引论文和热点论文均居世界第 2 位。

参考文献

[1]　中国科学技术信息研究所 . 2019 年度中国科技论文统计与分析（年度研究报告）[M]. 北京：科学技术文献出版社，2021.

3 中国科技论文学科分布情况分析

3.1 引言

美国著名高等教育专家伯顿·克拉克认为，主宰学者工作生活的力量是学科而不是所在院校，学术系统中的核心成员单位是以学科为中心的。学科指一定科学领域或一门科学的分支，如自然科学中的化学、物理学；社会科学中的法学、社会学等。学科是人类科学文化成熟的知识体系和物质体现，学科发展水平既决定着一所研究机构人才培养质量和科学研究水平，也是一个地区乃至一个国家知识创新力和综合竞争力的重要表现。学科的发展和变化无时不在进行，新的学科分支和领域也在不断涌现，这给许多学术机构的学科建设带来了一些问题，如重点发展的学科及学科内的发展方向。因此，详细分析了解学科的发展状况将有助于解决这些问题。

本章运用科学计量学方法，通过对各学科被国际重要检索系统 SCI、Ei、CPCI-S 和 CSTPCD 收录，以及被 SCI 被引情况的分析，研究了中国各学科发展的状况、特点和趋势。

3.2 数据与方法

3.2.1 数据来源

（1）CSTPCD

"中国科技论文与引文数据库"（CSTPCD）是中国科学技术信息研究所在 1987 年建立的，收录中国各学科重要科技期刊，其收录期刊称为"中国科技论文统计源期刊"，即中国科技核心期刊。

（2）SCI

SCI 即"科学引文索引数据库"（Science Citation Index）。

（3）Ei

Ei 即"工程索引数据库"（The Engineering Index）创刊于 1884 年，是美国工程信息公司（Engineering information Inc.）出版的著名工程技术类综合性检索工具。

（4）CPCI-S

CPCI-S（Conference Proceedings Citation Index-Science），原名 ISTP。ISTP 即"科技会议录索引"（Index to Scientific & Technical Proceedings）创刊于 1978 年。该索引收录生命科学、物理与化学科学、农业、生物和环境科学、工程技术和应用科学等学科的会议文献，包括一般性会议、座谈会、研究会、讨论会、发表会等。

3.2.2 学科分类

学科分类采用《中华人民共和国学科分类与代码国家标准》（简称《学科分类与代码》，标准号是 GB/T 13745—1992）。《学科分类与代码》共设 5 个门类、58 个一级学科、573 个二级学科、近 6000 个三级学科。我们根据《学科分类与代码》并结合工作实际制定本书的学科分类体系如下（表 3-1）。

表 3-1　中国科学技术信息研究所学科分类体系

学科名称	分类代码	学科名称	分类代码
数学	O1A	工程与技术基础学科	T3
信息、系统科学	O1B	矿山工程技术	TD
力学	O1C	能源科学技术	TE
物理学	O4	冶金、金属学	TF
化学	O6	机械、仪表	TH
天文学	PA	动力与电气	TK
地学	PB	核科学技术	TL
生物学	Q	电子、通信与自动控制	TN
预防医学与卫生学	RA	计算技术	TP
基础医学	RB	化工	TQ
药物学	RC	轻工、纺织	TS
临床医学	RD	食品	TT
中医学	RE	土木建筑	TU
军事医学与特种医学	RF	水利	TV
农学	SA	交通运输	U
林学	SB	航空航天	V
畜牧、兽医	SC	安全科学技术	W
水产学	SD	环境科学	X
测绘科学技术	T1	管理学	ZA
材料科学	T2	其他	ZB

3.3 研究分析与结论

3.3.1 2020 年中国各学科收录论文的分布情况

我们对不同数据库收录的中国论文按照学科分类进行分析，主要分析各数据库中排名居前 10 位的学科。

（1）SCI

2020 年，SCI 收录中国论文居前 10 位的学科如表 3-2 所示，除药物学外，其他所有学科发表的论文都超过 2.0 万篇。

表 3-2　2020 年 SCI 收录中国论文居前 10 位的学科

排名	学科	论文篇数	排名	学科	论文篇数
1	化学	63749	6	电子、通信与自动控制	32539
2	临床医学	57765	7	基础医学	28186
3	生物学	54266	8	环境科学	22424
4	物理学	38366	9	地学	20666
5	材料科学	35287	10	药物学	19973

（2）Ei

2020 年，Ei 收录中国论文居前 10 位的学科如表 3-3 所示，所有学科发表的论文都超过 1.7 万篇。

表 3-3　2020 年 Ei 收录中国论文居前 10 位的学科

排名	学科	论文篇数	排名	学科	论文篇数
1	生物学	35200	6	动力与电气	22792
2	地学	33573	7	能源科学技术	19755
3	土木建筑	27459	8	物理学	19009
4	电子、通信与自动控制	26202	9	化学	17864
5	材料科学	23468	10	计算技术	17624

（3）CPCI-S

2020 年，CPCI-S 收录中国论文居前 10 位的学科如表 3-4 所示，其中居第 1 位的电子、通信与自动控制学科和排在第二位的计算技术学科发表的论文超过 8000 篇，遥遥领先于其他学科。

表 3-4　2020 年 CPCI-S 收录中国论文居前 10 位的学科

排名	学科	论文篇数	排名	学科	论文篇数
1	电子、通信与自动控制	9400	6	机械、仪表	988
2	计算技术	8626	7	环境科学	876
3	临床医学	4749	8	基础医学	835
4	能源科学技术	3028	9	材料科学	614
5	物理学	2799	10	动力与电气	500

（4）CSTPCD

2020 年，CSTPCD 收录中国论文居前 10 位的学科如表 3-5 所示，前 10 个学科发表的论文都超过 1.1 万篇，其中临床医学超过 12 万篇，远远领先于其他学科。

表 3-5　2020 年 CSTPCD 收录中国论文居前 10 位的学科

排名	学科	论文篇数	排名	学科	论文篇数
1	临床医学	121637	6	预防医学与卫生学	14568
2	计算技术	27183	7	环境科学	14332
3	电子、通信与自动控制	24952	8	地学	14142
4	中医学	22486	9	土木建筑	14138
5	农学	21386	10	交通运输	11627

3.3.2　各学科产出论文数量及影响与世界平均水平比较分析

从各学科论文产出数量及其占世界比例来看，中国有 10 个学科产出论文的比例超过世界该学科论文的 20%，分别是：化学、计算机科学、工程与技术基础学科、环境与生态学、地学、材料科学、数学、分子生物学与遗传学、药学与毒物学和物理学。

从论文被引情况来看，材料科学、化学、计算机科学和工程与技术基础学科等 4 个领域论文的被引次数排名居世界第 1 位，农业科学、生物与生物化学、环境与生态学、地学、数学、微生物学、分子生物学与遗传学、药学与毒物学、物理学、植物学与动物学 10 个领域论文的被引次数排名居世界第 2 位，综合类论文的被引次数排名居世界第 3 位，临床医学、免疫学 2 个领域论文被引次数排名居世界第 4 位，经济贸易、神经科学与行为学 2 个领域论文被引次数排名居世界第 5 位。与 2019 年度相比，9 个学科领域的论文被引频次排位有所上升（表 3-6）。

表 3-6　2011—2021 年中国各学科产出论文与世界平均水平比较

学科	论文篇数	占世界比例	被引用次数	占世界比例	世界排位	排名	篇均被引用次数	相对影响
农业科学	86350	17.87%	990442	18.91%	2	—	11.47	1.06
生物与生物化学	151773	19.17%	1988024	13.91%	2	—	13.1	0.73
化学	545815	29.25%	9153534	30.09%	1	—	16.77	1.03
临床医学	374673	12.24%	4078430	9.71%	4	↑ 2	10.89	0.79
计算机科学	124746	28.58%	1208593	29.89%	1	↑ 1	9.69	1.05
经济贸易	26885	8.56%	218514	6.80%	5	↑ 2	8.13	0.79
工程与技术基础学科	483109	30.02%	4864951	29.71%	1	—	10.07	0.99
环境与生态学	138033	21.34%	1864932	19.69%	2	—	13.51	0.92
地学	125887	23.86%	1603924	21.65%	2	—	12.74	0.91
免疫学	32292	11.54%	456663	8.30%	4	↑ 1	14.14	0.72
材料科学	390683	36.99%	7059250	39.04%	1	—	18.07	1.06
数学	105533	22.38%	551875	24.11%	2	—	5.23	1.08
微生物学	37112	16.04%	449540	11.64%	2	↑ 1	12.11	0.73
分子生物学与遗传学	120213	23.40%	1883049	14.92%	2	↑ 1	15.66	0.64
综合类	3782	15.16%	79292	16.67%	3	—	20.97	1.10
神经科学与行为学	58448	10.63%	773050	7.51%	5	↑ 1	13.23	0.71

续表

学科	论文篇数	占世界比例	被引用次数	占世界比例	世界排位	排名	篇均被引用次数	相对影响
药学与毒物学	93413	20.66%	1036724	16.90%	2	—	11.1	0.82
物理学	278509	25.11%	3083215	22.74%	2	—	11.07	0.91
植物学与动物学	108667	13.63%	1167804	14.27%	2	—	10.75	1.05
精神病学与心理学	20768	4.41%	184131	3.00%	9	↑ 3	8.87	0.68
社会科学	41589	3.88%	370292	4.26%	7	—	8.9	1.10
空间科学	17639	11.31%	256582	8.72%	12	↑ 1	14.55	0.77

注：1. 统计时间截至 2021 年 9 月。

2. "↑ 1" 的含义是：与上年度统计相比，排名上升了 1 位；"—" 表示排名未变。

3. 相对影响：中国篇均被引用次数与该学科世界平均值的比值。

3.3.3 学科的质量与影响力分析

科研活动具有继承性和协作性，几乎所有科研成果都是以已有成果为前提的。学术论文、专著等科学文献是传递新学术思想、成果的最主要的物质载体，它们之间并不是孤立的，而是相互联系的，突出表现在相互引用的关系，这种关系体现了科学工作者们对以往的科学理论、方法、经验及成果的借鉴和认可。论文之间的相互引证，能够反映学术研究之间的交流与联系。通过论文之间的引证与被引证关系，我们可以了解某个理论与方法是如何得到借鉴和利用的。某些技术与手段是如何得到应用和发展的。从横向的对应性上，我们可以看到不同的实验或方法之间是如何互相参照和借鉴的。我们也可以将不同的结果放在一起进行比较，看它们之间的应用关系。从纵向的继承性上，我们可以看到一个课题的基础和起源是什么，我们也可以看到一个课题的最新进展情况是怎样的。关于反面的引用，它反映的是某个学科领域的学术争鸣。论文间的引用关系能够有效地阐明学科结构和学科发展过程，确定学科领域之间的关系，测度学科影响。

表 3-7 显示的是 2011—2020 年 SCIE 收录的中国科技论文累计被引次数居前 10 位的学科分布情况，由表可见，中国国际论文被引次数较多的 10 个学科主要分布在基础学科、医学领域和工程技术领域。其中化学被引次数超过了 1000 万次，以较大优势领先于其他学科。

表 3-7 2011—2020 年 SCIE 收录的中国科技论文累计被引次数居前 10 位的学科

排名	学科	被引次数	排名	学科	被引次数
1	化学	10919175	6	基础医学	2159180
2	生物学	5157158	7	电子、通信与自动控制	1939390
3	临床医学	4198776	8	环境科学	1896542
4	材料科学	4068147	9	计算技术	1654415
5	物理学	3401064	10	地学	1632880

3.4　讨论

中国近 10 年来的学科发展相当迅速，不仅论文的数量有明显的增加，并且被引次数也有所增长。但是数据显示，中国的学科发展呈现一种不均衡的态势，有些学科的论文篇均被引频次的水平已经接近世界平均水平，但仍有一些学科的该指标值与世界平均水平差别较大。

中国有 10 个学科产出论文的比例超过世界该学科论文的 20%，分别是：化学、计算机科学、工程与技术基础学科、环境与生态学、地学、材料科学、数学、分子生物学与遗传学、药学与毒物学和物理学。从论文的被引情况来看，中国学科发展不均衡。材料科学、化学、计算机科学和工程技术等 4 个领域论文的被引次数排名居世界第 1 位。空间科学论文的被引次数排名居世界第 12 位。

目前，我们正在建设创新型国家，应该在加强相对优势学科领域同时，资源重点向农学、卫生医药、高新技术等领域倾斜。

参考文献

[1] 中国科学技术信息研究所 . 2012 年度中国科技论文统计与分析（年度研究报告）. 北京：科学技术文献出版社，2014.

[2] 中国科学技术信息研究所 . 2013 年度中国科技论文统计与分析（年度研究报告）. 北京：科学技术文献出版社，2015.

[3] 中国科学技术信息研究所 . 2014 年度中国科技论文统计与分析（年度研究报告）. 北京：科学技术文献出版社，2016.

[4] 中国科学技术信息研究所 . 2015 年度中国科技论文统计与分析（年度研究报告）. 北京：科学技术文献出版社，2017.

[5] 中国科学技术信息研究所 . 2016 年度中国科技论文统计与分析（年度研究报告）. 北京：科学技术文献出版社，2018.

[6] 中国科学技术信息研究所 . 2017 年度中国科技论文统计与分析（年度研究报告）. 北京：科学技术文献出版社，2019.

[7] 中国科学技术信息研究所 . 2018 年度中国科技论文统计与分析（年度研究报告）. 北京：科学技术文献出版社，2020.

[8] 中国科学技术信息研究所 . 2019 年度中国科技论文统计与分析（年度研究报告）. 北京：科学技术文献出版社，2021.

4 中国科技论文地区分布情况分析

本章运用文献计量学方法对中国 2020 年的国际和国内科技论文的地区分布进行了分析，并结合国家统计局科技经费数据和国家知识产权局专利统计数据对各地区科研经费投入及产出进行了分析。通过研究分析出了中国科技论文的高产地区、快速发展地区及高影响力地区和城市，同时分析了各地区在国际权威期刊上发表论文的情况，从不同角度反映了中国科技论文在 2020 年度的地区特征。

4.1 引言

科技论文作为科技活动产出的一种重要形式，能够反映基础研究、应用研究等方面的情况。对全国各地区的科技论文产出分布进行统计与分析，可以从一个侧面反映出该地区的科技实力和科技发展潜力，是了解区域优势及科技环境的决策参考因素之一。

本章通过对中国 31 个省（自治区、直辖市，不含港澳台地区）的国际国内科技论文产出数量、论文被引情况、科技论文数 3 年平均增长率、各地区科技经费投入、论文产出与发明专利产出状况等数据的分析与比较，反映中国科技论文在 2020 年度的地区特征。

4.2 数据与方法

本章的数据来源：①国内科技论文数据来自中国科学技术信息研究所自行研制的"中国科技论文与引文数据库"（CSTPCD）；②国际论文数据采集自 SCI、Ei 和 CPCI–S 检索系统；③各地区国内发明专利数据来自国家知识产权局 2020 年专利统计年报；④各地区 R&D 经费投入数据来自国家统计局全国科技经费投入统计公报。

本章运用文献计量学方法对中国 2020 年的国际科技论文和中国国内论文的地区分布、论文数增长变化、论文影响力状况进行了比较分析，并结合国家统计局全国科技经费投入数据及国家知识产权局专利统计数据对 2020 年中国各地区科研经费的投入与产出进行了分析。

4.3 研究分析与结论

4.3.1 国际论文产出分析

（1）国际论文产出地区分布情况

本章所统计的国际论文数据主要来自国际上颇具影响的文献数据库：SCI、Ei 和 CPCI–S。SCI 涉及文献类型有 Article、Review、Letter、News、Meeting Abstract、

Correction、Editorial Material、Book Review 等，主要将 Article 和 Review 两种文献类型作为各类论文统计依据。2020 年，国际论文数（SCI、Ei、CPCI-S 三大检索论文综述）产出居前 10 位的地区与 2019 年基本相同（表 4-1）。

表 4-1 2020 年中国国际论文数居前 10 位的地区

排名	地区	2019 年论文篇数	2020 年论文篇数	增长率
1	北京	122683	129335	5.42%
2	江苏	81187	87707	8.03%
3	上海	58795	62937	7.04%
4	广东	50155	57992	15.63%
5	陕西	46090	49611	7.64%
6	山东	37984	46312	21.93%
7	湖北	42216	45989	8.94%
8	浙江	37496	42852	14.28%
9	四川	35340	39408	11.51%
10	辽宁	28809	32774	13.76%

（2）国际论文产出快速发展地区

科技论文数量的增长率可以反映该地区科技发展的活跃程度。2018—2020 年各地区的国际科技论文数都有不同程度的增长。如表 4-2 所示，论文基数较大的地区不容易有较高增长率，增速较快的地区多数是国际论文数较少的地区。论文基数较小的地区，如青海、宁夏等地区的论文年均增长率都较高。这些地区的科研水平暂时不高，但是具有很大的发展潜力，山东是论文数排名居前 10 位、增速排名也居前 10 位的地区。

表 4-2 2018—2020 年国际科技论文数增长率居前 10 位的地区

地区	国际科技论文篇数			年均增长率	排名
	2018 年	2019 年	2020 年		
青海	640	750	1236	38.97%	1
宁夏	798	1112	1440	34.33%	2
内蒙古	2288	2914	3611	25.63%	3
贵州	2986	3883	4584	23.90%	4
广西	5148	6345	7728	22.52%	5
江西	7401	9404	11004	21.94%	6
海南	1367	1832	1990	20.65%	7
福建	13327	15189	18332	17.28%	8
新疆	2951	3379	4010	16.57%	9
山东	34123	37984	46312	16.50%	10

注：1. "国际科技论文数"指 SCI、Ei 和 CPCI-S 三大检索系统收录的中国科技人员发表的论文数之和。

2. 年均增长率 $= \left(\sqrt{\dfrac{2020 年国际科技论文数}{2018 年国际科技论文数}} - 1 \right) \times 100\%$。

（3）SCI 论文 10 年被引地区排名

论文被他人引用数量的多少是表明论文影响力的重要指标。一个地区的论文被引数量不仅可以反映该地区论文的受关注程度，同时也是该地区科学研究活跃度和影响力的重要指标。2010—2019 年度 SCI 收录论文被引篇数、被引次数和篇均被引次数情况如表 4-3 所示。其中，SCI 收录的北京地区论文被引篇数和被引次数以绝对优势位居榜首。

表 4-3　2011—2020 年 SCI 收录论文各地区被引情况

地区	被引论文篇数	被引次数	被引次数排名	篇均被引次数	篇均被引次数排名
北京	413127	7441309	1	18.0	2
天津	74466	1249400	12	16.8	7
河北	29495	343045	20	11.6	23
山西	24591	305435	22	12.4	21
内蒙古	7657	73597	27	9.6	29
辽宁	93683	1481221	9	15.8	13
吉林	62383	1097620	14	17.6	6
黑龙江	67649	1049469	15	15.5	14
上海	221749	3983324	3	18.0	3
江苏	262951	4270349	2	16.2	11
浙江	130740	2132313	6	16.3	10
安徽	67016	1190412	13	17.8	5
福建	51796	925393	16	17.9	4
江西	26353	342813	21	13.0	19
山东	129711	1830049	8	14.1	17
河南	55109	688035	18	12.5	20
湖北	134950	2446701	5	18.1	1
湖南	86914	1393105	11	16.0	12
广东	162472	2694014	4	16.6	8
广西	19562	218495	24	11.2	25
海南	5596	57141	28	10.2	26
重庆	55913	829733	17	14.8	15
四川	105926	1428785	10	13.5	18
贵州	10329	104281	26	10.1	27
云南	24605	301252	23	12.2	22
西藏	236	1832	31	7.8	31
陕西	129065	1831916	7	14.2	16
甘肃	35235	581559	19	16.5	9
青海	2105	19377	30	9.2	30
宁夏	2748	27334	29	9.9	28
新疆	11847	137521	25	11.6	24

　　各个地区的国际论文被引次数与该地区国际论文总数的比值（篇均被引次数）是衡量一个地区论文影响力的重要指标之一。该值消除了论文数量对各个地区的影响，篇均被引次数可以反映出各地区论文的平均影响力。从 SCI 收录论文 10 年的篇均被引次数看，各省（市）的排名顺序依次是湖北、北京、上海、福建、安徽、吉林、天津、广东、甘肃和浙江。其中，北京、上海、广东、湖北和浙江这 5 个省（市）的被引次数和篇均被引次数均居全国前 10 位。

（4）SCI 收录论文数较多的城市

　　如表 4-4 所示，2020 年，SCI 收录论文较多的城市除北京、上海、天津 3 个直辖市外，南京、广州、武汉、西安、成都、杭州和长沙等省会城市被收录的论文也较多，论文数均超过了 10000 篇。

表 4-4　2020 年 SCI 收录论文数居前 10 位的城市

排名	城市	SCI 收录论文篇数	排名	城市	SCI 收录论文篇数
1	北京	67153	6	西安	22559
2	上海	36370	7	成都	18865
3	南京	29434	8	杭州	17001
4	武汉	24011	9	长沙	14559
5	广州	23977	10	天津	14016

（5）卓越国际论文数较多的地区

　　若在每个学科领域内，按统计年度的论文被引次数世界均值画一条线，则高于均线的论文为卓越论文，即论文发表后的影响超过其所在学科的一般水平。2009 年我们第一次公布了利用这一方法指标进行的统计结果，当时称为"表现不俗论文"，受到国内外学术界的普遍关注。

　　根据 SCI 统计，2020 年中国作者为第一作者的论文共 479277 篇，其中卓越国际论文数为 216001 篇，占总数的 45.07%。产出卓越国际论文居前 3 位的地区为北京、江苏和广东，卓越国际论文数排名居前 10 位的地区卓越论文数占其 SCI 论文总数的比例均在 42% 以上。其中，湖北、湖南、江苏和广东的比例最高，均在 47% 以上，具体如表 4-5 所示。

表 4-5　2020 年卓越国际论文数居前 10 位的地区

排名	地区	卓越国际论文篇数	SCI 收录论文总篇数	卓越论文占比
1	北京	30742	67153	45.78%
2	江苏	23348	49432	47.23%
3	广东	17038	36204	47.06%
4	上海	16746	36370	46.04%
5	湖北	12989	26108	49.75%
6	山东	12358	27674	44.66%
7	陕西	11849	25767	45.99%

续表

排名	地区	卓越国际论文篇数	SCI 收录论文总篇数	卓越论文占比
8	浙江	10832	25071	43.21%
9	四川	9321	22077	42.22%
10	湖南	8380	17544	47.77%

从城市分布看，与 SCI 收录论文较多的城市相似，产出卓越论文较多的城市除北京、上海、天津 3 个直辖市外，南京、武汉、广州、西安、成都、杭州和长沙等省会城市的卓越国际论文也较多（如表 4-6 所示）。在发表卓越国际论文较多的城市中，南京、武汉和长沙、天津的卓越论文数占 SCI 收录论文总数的比例较高，均在 48% 以上。

表 4-6　2020 年卓越国际论文数居前 10 位的城市

排名	城市	卓越国际论文篇数	SCI 收录论文总篇数	卓越论文占比
1	北京	30742	67153	45.78%
2	上海	16746	36370	46.04%
3	南京	14282	29434	48.52%
4	武汉	12236	24011	50.96%
5	广州	11215	23977	46.77%
6	西安	10290	22559	45.61%
7	成都	8144	18865	43.17%
8	杭州	7632	17001	44.89%
9	长沙	7180	14559	49.32%
10	天津	6796	14016	48.49%

（6）在高影响国际期刊中发表论文数量较多的地区

按期刊影响因子可以将各学科的期刊划分为几个区，发表在学科影响因子前 1/10 的期刊上的论文即为在高影响国际期刊中发表的论文。虽然利用期刊影响因子直接作为评价学术论文质量的指标具有一定的局限性，但是基于论文作者、期刊审稿专家和同行评议专家对于论文质量和水平的判断，高学术水平的论文更容易发表在具有高影响因子的期刊上。在相同学科和时域范围内，以影响因子比较期刊和论文质量，具有一定的可比性，因此发表在高影响期刊上的论文也可以从一个侧面反映出一个地区的科研水平。如表 4-7 所示为 2020 年高影响国际期刊上发表论文数居前 10 位的地区，由表可知，北京在高影响国际期刊上发表的论文数位居榜首。

表 4-7　在学科影响因子前 1/10 的期刊上发表论文数居前 10 位的地区

排名	地区	前 1/10 论文篇数	SCI 收录论文总篇数	占比
1	北京	10281	67153	15.31%
2	江苏	6294	49432	12.73%
3	广东	5571	36204	15.39%

续表

排名	地区	前 1/10 论文篇数	SCI 收录论文总篇数	占比
4	上海	5278	36370	14.51%
5	湖北	3868	26108	14.82%
6	浙江	3140	25071	12.52%
7	陕西	3019	25767	11.72%
8	山东	2887	27674	10.43%
9	四川	2213	22077	10.02%
10	天津	2068	14016	14.75%

从城市分布看，与发表卓越国际论文较多的城市情况相似，在学科影响因子前 1/10 的期刊上发表论文数较多的城市除北京、上海和天津等直辖市外，南京、武汉、广州、西安、杭州、成都和长沙等省会城市发表论文也较多（表 4-8）。在发表高影响国际论文数量较多的城市中，北京、武汉、广州在学科前 1/10 期刊上发表的论文数占其 SCI 收录论文总数的比例较高，均在 15% 以上。

表 4-8　在学科影响因子前 1/10 的期刊上发表论文数居前 10 位的城市

排名	城市	前 1/10 论文篇数	SCI 收录论文总篇数	占比
1	北京	10281	67153	15.31%
2	上海	5278	36370	14.51%
3	南京	4189	29434	14.23%
4	武汉	3769	24011	15.70%
5	广州	3650	23977	15.22%
6	西安	2494	22559	11.06%
7	杭州	2489	17001	14.64%
8	天津	2068	14016	14.75%
9	成都	2025	18865	10.73%
10	长沙	1745	14559	11.99%

4.3.2　国内论文产出分析

（1）国内论文产出较多的地区

本章所统计的国内论文数据主要来自 CSTPCD，2020 年国内论文数地区排名与 2019 年的完全相同，但有些省（市）的论文数比 2019 年有不同程度的减少（表 4-9）。

表 4-9 2020 年中国国内论文数居前 10 位的地区

排名	地区	2019 年论文篇数	2020 年论文篇数	增长率
1	北京	60222	61229	1.67%
2	江苏	38466	38552	0.22%
3	上海	27659	27645	−0.05%
4	陕西	26767	25581	−4.43%
5	广东	25751	25665	−0.33%
6	湖北	23055	22782	−1.18%
7	四川	21507	22216	3.30%
8	山东	20197	20677	2.38%
9	河南	17518	18217	3.99%
10	浙江	17446	17316	−0.75%

（2）国内论文增长较快的地区

国内论文数 3 年年均增长率居前 10 位的地区如表 4-10 所示。国内论文数增长较快的地区为山西、内蒙古和宁夏，这 3 个省（自治区）的 3 年年均增长率均在 5% 以上。通过与表 4-2 相比较发现，内蒙古、宁夏、海南、广西，这 4 个省（自治区）不仅国际论文总数 3 年平均增长率居全国前 10 位，而且国内论文总数 3 年平均增长率亦是如此。这表明，2018—2020 年这些地区的科研产出水平和科研产出量都取得了较快发展。

表 4-10 2018—2020 年国内科技论文数增长率居前 10 位的地区

排名	地区	国内科技论文篇数			年均增长率
		2018 年	2019 年	2020 年	
1	山西	7904	8497	8756	5.25%
2	内蒙古	4231	4393	4687	5.25%
3	宁夏	1882	1906	2075	5.00%
4	海南	3244	3465	3554	4.67%
5	广西	7659	7936	8334	4.31%
6	西藏	370	398	402	4.23%
7	甘肃	7649	7888	8279	4.04%
8	云南	7666	7789	8189	3.35%
9	安徽	11865	12050	12664	3.31%
10	河北	14785	14817	15567	2.61%

注：年均增长率 = $\left(\sqrt{\dfrac{2020年国内科技论文数}{2018年国内科技论文数}} - 1 \right) \times 100\%$。

（3）中国卓越国内科技论文较多的地区

根据学术文献的传播规律，科技论文发表后会在 3 ～ 5 年的时间内形成被引用的峰值。这个时间窗口内较高质量科技论文的学术影响力会通过论文的引用水平表现出来。为了遴选学术影响力较高的论文，我们为近 5 年中国科技核心期刊收录的每篇论文计算了"累计被引用时序指标"——n 指数。

n 指数的定义方法是：若一篇论文发表 n 年之内累计被引用次数达到 n 次，同时在 n+1 年累计被引用次数不能达到 n+1 次，则该论文的"累计被引用时序指标"的数值为 n。

对各个年度发表在中国科技核心期刊上的论文被引用次数设定一个 n 指数分界线，各年度发表的论文中，被引用次数超越这一分界线的就被遴选为"卓越国内科技论文"。我们经过数据分析测算后，对近 5 年的"卓越国内科技论文"分界线定义为：论文 n 指数大于发表时间的论文是"卓越国内科技论文"。例如，论文发表 1 年之内累计被引用达到 1 次的论文，n 指数为 1；发表 2 年之内累计被引用超过 2 次，n 指数为 2。以此类推，发表 5 年之内累计被引用达到 5 次，n 指数为 5。

按照这一统计方法，我们据近 5 年（2016—2020 年）的"中国科技论文与引文数据库"CSTPCD 统计，共遴选出"卓越国内科技论文"24.77 万篇，占这 5 年 CSTPCD 收录全部论文的比例约为 10.41%，表 4-11 为 2016—2020 年中国卓越国内科技论文居前 10 位的地区，由表所见，发表卓越国内科技论文居前 10 位的地区中除湖北、陕西及河南替代辽宁进入第 10 位外，其他地区排名均与去年一致。

表 4-11　2016—2020 年卓越国内科技论文居前 10 位的地区

排名	地区	卓越国内论文篇数	排名	地区	卓越国内论文篇数
1	北京	45780	6	陕西	12789
2	江苏	20918	7	四川	10913
3	上海	14585	8	山东	10209
4	广东	14169	9	浙江	9618
5	湖北	13269	10	河南	8719

4.3.3　各地区 R&D 投入产出分析

据国家统计局全国科技经费投入统计公报中定义，研究与试验发展（R&D）经费是指该统计年度内全社会实际用于基础研究、应用研究和试验发展的经费，包括实际用于 R&D 活动的人员劳务费、原材料费、固定资产购建费、管理费及其他费用支出。基础研究指为了获得关于现象和可观察事实的基本原理的新知识（揭示客观事物的本质、运动规律，获得新发展、新学说）而进行的实验性或理论性研究，它不以任何专门或特定的应用或使用为目的。应用研究指为了确定基础研究成果可能的用途，或是为达到预定的目标探索应采取的新方法（原理性）或新途径而进行的创造性研究。应用研究主要针对某一特定的目的或目标。试验发展指利用从基础研究、应用研究和实际经验所获得的现有知识，为产生新的产品、材料和装置，建立新的工艺、系统和服务，以及对已产生和建立的上述各项作实质性的改进而进行的系统性工作。

2020 年，全国共投入研究与试验发展（R&D）经费 24393.1 亿元，比 2019 年增加 2249.5 亿元，增长 10.2%；R&D 经费投入强度（R&D 经费与国内生产总值之比）为 2.40%，比 2019 年提高 0.17 个百分点。按 R&D 人员（全时当量）计算的人均经费为 46.6 万元，比 2019 年增加 0.5 万元。其中，用于基础研究的经费为 1467.0 亿元，比 2019 年增长 9.8%；应用研究经费 2757.2 亿元，增长 10.4%；试验发展经费 20168.9 亿元，增长 10.2%。基础研究、应用研究和试验发展占 R&D 经费当量的比例分别为 6.0%、11.3% 和 82.7%。

从地区分布看，2020 年 R&D 经费较多的 8 个省（市）为广东（3479.9 亿元）、江苏（3005.9 亿元）、北京（2326.6 亿元）、浙江（1859.9 亿元）、山东（1681.9 亿元）、上海（1615.7 亿元）、四川（1055.3 亿元）和湖北（1005.3 亿元）。R&D 经费投入强度（地区 R&D 经费与地区生产总值之比）超过全国平均水平的省（市）有北京、上海、天津、广东、江苏、浙江和陕西 7 个省（市）。

R&D 经费投入可以作为评价国家或地区科技投入、规模和强度的指标，同时科技论文和专利又是 R&D 经费产出的两大组成部分。充足的 R&D 经费投入可以为地区未来几年科技论文产出、发明专利活动提供良好的经费保障。

从 2018—2019 年 R&D 经费与 2020 年的科技论文和专利授权情况看（表 4-12），经费投入量较大的广东、江苏、北京、浙江、上海、山东、湖北和四川等地区，论文产出和专利授权数也居前 10 位。2018—2019 年广东在 R&D 经费投入方面居全国首位，其 2020 年国际与国内论文发表总数和获得国内发明专利授权数分别居全国各省（自治区、直辖市）〔以下简称"省（区、市）"〕的第 4 和第 1 位。北京在 R&D 经费投入方面落后于广东、江苏，居全国第 3 位，但其 2020 年国际与国内发表论文总数和获得国内发明专利授权数分别居全国第 1 和第 2 位。

表 4-12　2020 年各地区论文数、专利数与 2018—2019 年 R&D 经费比较

地区	2020 年国际与国内发表论文情况		2020 年国内发明专利授权数情况		R&D 经费 / 亿元			
	篇数	排名	件数	排名	2018 年	2019 年	2018—2019 年合计	排名
北京	140875	1	63266	2	1870.8	2233.6	4104.4	3
天津	27572	13	5262	17	492.4	463	955.4	16
河北	22456	16	6365	16	499.7	566.7	1066.4	14
山西	14804	21	2987	22	175.8	191.2	367	20
内蒙古	6917	27	1162	26	129.2	147.8	277	23
辽宁	35200	10	7936	14	460.1	508.5	968.6	15
吉林	19619	19	3969	20	115	148.4	263.4	25
黑龙江	21948	17	4598	18	135	146.6	281.6	22
上海	68703	3	24208	6	1359.2	1524.6	2883.8	6
江苏	92447	2	45975	4	2504.4	2779.5	5283.9	2
浙江	44555	9	49888	3	1445.7	1669.8	3115.5	5
安徽	26144	14	21432	7	649	754	1403	11
福建	19745	18	10250	12	642.8	753.7	1396.5	12
江西	13612	23	4407	19	310.7	384.3	695	18
山东	50103	7	26745	5	1643.3	1494.7	3138	4
河南	31681	11	9183	13	671.5	793	1464.5	9
湖北	51923	6	17555	8	822.1	957.9	1780	7
湖南	31680	12	11537	11	658.3	787.2	1445.5	10
广东	64734	4	70695	1	2704.7	3098.5	5803.2	1
广西	13578	24	3521	21	144.9	167.1	312	21
海南	5165	28	721	28	26.9	29.9	56.8	29

续表

地区	2020 年国际与国内发表论文情况		2020 年国内发明专利授权数情况		R&D 经费 / 亿元			
	篇数	排名	件数	排名	2018 年	2019 年	2018—2019 年合计	排名
重庆	23159	15	7637	15	410.2	469.6	879.8	17
四川	45840	8	14187	9	737.1	871	1608.1	8
贵州	9779	25	2268	24	121.6	144.7	266.3	24
云南	13741	22	2458	23	187.3	220	407.3	19
西藏	508	31	96	31	3.7	4.3	8	31
陕西	53219	5	12122	10	532.4	584.6	1117	13
甘肃	15151	20	1446	25	97.1	110.2	207.3	26
青海	2538	30	333	30	17.3	20.6	37.9	30
宁夏	2994	29	703	29	45.6	54.5	100.1	28
新疆	9652	26	859	27	64.3	64.1	128.4	27

注：1. "国际论文"指 SCI 收录的中国科技人员发表的论文。

2. "国内论文"指中国科学技术信息研究所研制的 CSTPCD 收录的自然科学领域和社会科学领域的论文。

3. 专利数据来源：2020 年国家知识产权局统计数据。

4. R&D 经费数据来源：2018 年和 2019 年全国科技经费投入统计公报。

　　图 4-1 为 2020 年中国各地区的 R&D 经费投入及论文和专利产出情况。由图中不难看出，目前中国各地区的论文产出数量和专利产出数量存在较大差距。从总体上，近年专利数量也呈逐年上升趋势，对于高技术含量专利数量仍显不足，加强这方面专利储备是我们需要重视的问题。此外，一些省（市）R&D 经费投入虽然不是很大，但相对的科技产出量还是较大的，如安徽和福建这两个地区的投入量分别排在第 11 与第 12 位，但专利授权数分别排在第 7 和第 12 位。

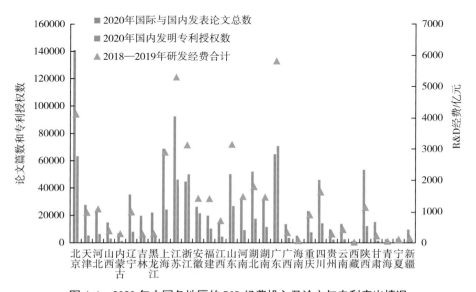

图 4-1　2020 年中国各地区的 R&D 经费投入及论文与专利产出情况

4.3.4 各地区科研产出结构分析

（1）国际国内论文比

国际国内论文比是某些地区当年的国际论文总数除以该地区当年的国内论文总数，该比值能在一定程度上反映该地区的国际交流能力及影响力。

2020 年中国国际国内论文比居前 10 位的地区大部分与 2019 年的相同，如表 4-13 所示。总体上，这 10 个地区的国际国内论文比都大于 1，表明这 10 个地区的国际论文产量均超过了国内论文。与 2019 年中国国际国内论文比居前 10 位的地区情况不同的是，2020 年，天津进入排名的前 10 位。国际国内论文比大于 1 的地区还有北京、湖北、陕西、辽宁、安徽、四川、重庆、江西、甘肃、河南、山西。国际国内论文比较小的地区为新疆、海南、西藏，这些地区的国际国内论文比都低于 0.60。

表 4-13 2020 年各地区中国国际国内论文比情况

排名	地区	国际论文总篇数	国内论文总篇数	国际国内论文比
1	吉林	19834	7158	2.77
2	湖南	31436	12575	2.50
3	黑龙江	23633	9469	2.50
4	浙江	42852	17316	2.47
5	福建	18332	8016	2.29
6	上海	62937	27645	2.28
7	江苏	87707	38552	2.28
8	广东	57992	25665	2.26
9	山东	46312	20677	2.24
10	天津	26942	12130	2.22
11	北京	129335	61229	2.11
12	湖北	45989	22782	2.02
13	陕西	49611	25581	1.94
14	辽宁	32774	16943	1.93
15	安徽	23049	12664	1.82
16	四川	39408	22216	1.77
17	重庆	19174	11006	1.74
18	江西	11004	6481	1.70
19	甘肃	10872	8279	1.31
20	河南	20633	18217	1.13
21	山西	9700	8756	1.11
22	云南	7948	8189	0.97
23	广西	7728	8334	0.93
24	内蒙古	3611	4687	0.77
25	河北	11711	15567	0.75
26	贵州	4584	6430	0.71
27	宁夏	1440	2075	0.69

续表

排名	地区	国际论文总篇数	国内论文总篇数	国际国内论文比
28	青海	1236	1893	0.65
29	新疆	4010	6851	0.59
30	海南	1990	3554	0.56
31	西藏	100	402	0.25

（2）国际权威期刊载文分析

Science、*Nature* 和 *Cell* 是国际公认的 3 个享有最高学术声誉的科技期刊。发表在三大名刊上的论文，往往都是经过世界范围内知名专家层层审读、反复修改而成的高质量、高水平的论文。统计 2020 年在这 3 大名刊发表的 Article 和 Review 两种类型的论文，中国论文数为 185 篇。

如表 4-14 所示，按第一作者地址统计，2020 年中国内地第一作者在三大名刊上发表的论文（文献类只统计了 Artice 和 Review）共 185 篇，其中在 *Nature* 上发表 80 篇，*Science* 上发表 66 篇，*Cell* 上发表 39 篇。这 185 篇论文中，北京以发表 72 篇居第 1 位；上海以发表 35 篇居第 2 位；广州以发表 11 篇居第 3 位；杭州以发表 10 篇居第 4 位；武汉以发表 9 篇居第 5 位；合肥以发表 8 篇居第 6 位；南京以发表 6 篇居第 7 位；深圳以发表 5 篇居第 8 位，沈阳以发表 4 篇居第 9 位，昆明以发表 3 篇居第 10 位，成都、福州、青岛、厦门、西安各发表 2 篇，居并列第 11 位，其他城市均发表 1 篇。

表 4-14　2020 年中国内地第一作者发表在三大名刊上的论文城市分布

城市	机构总数	论文篇数	城市	机构总数	论文篇数
北京	21	72	西安	2	2
上海	18	35	大连	1	1
广州	8	11	哈尔滨	1	1
杭州	6	10	济南	1	1
武汉	5	9	兰州	1	1
合肥	1	8	秦皇岛	1	1
南京	2	6	汕头	1	1
深圳	4	5	泰安	1	1
沈阳	1	4	天津	1	1
昆明	3	3	温州	1	1
成都	2	2	长春	1	1
福州	1	2	长沙	1	1
青岛	1	2	重庆	1	1
厦门	1	2			

注：　"机构总数"指在 *Science*、*Nature* 和 *Cell* 上发表的论文第一作者单位属于该城市的机构总数。

4.4　讨论

2020 年中国科技人员作为第一作者共发表国际论文 853884 篇。北京、江苏、上海、广东、陕西、山东、湖北、浙江、四川和辽宁为产出国际论文数居前 10 位的地区；从论文被引情况看，这 10 个地区的论文被引次数也是排名居前 10 位的地区。青海、宁夏、西藏等偏远地区由于论文基数较小，3 年国际论文总数平均增长速度较快。山东是论文数排名居前 10 位、增速排名也居前 10 位的地区。

2020 年中国科技人员作为第一作者共发表国内论文 451555 篇。北京、江苏、上海、广东、陕西、湖北、四川、山东、河南地区较为高产，情况与 2019 年有所不同。山西、内蒙古、宁夏等省（自治区）3 年国内论文总数平均增长率位居全国前列，是 2020 年国内论文快速发展地区。

从 2018—2019 年 R&D 经费与 2020 年的科技论文和专利授权情况看，经费投入量较大的广东、江苏、北京、浙江、山东、上海、四川和湖北等地区论文产出和专利授权数也居前 10 位。2018—2019 年广东在 R&D 经费投入方面居全国首位，其 2020 年国际与国内论文发表总数和国内发明专利授权数分别居全国各省（区、市）的第 4 和第 1 位。北京在 R&D 经费投入方面落后于广东、江苏，居全国第 3 位，但其 2020 年国际与国内发表论文总数和获得国内发明专利授权数分别居全国第 1 和第 2 位。

国际论文产量在所有科技论文中所占比例越来越大，国际论文数量超过国内论文数量的省（市）已达 21 个。2020 年中国内地第一作者在三大名刊上发表的论文共 185 篇，分属 27 个城市。其中，北京发表在三大名刊论文数最多，上海次之。

由于资源配置不够，学术力量不平衡，各地区学术产出存在不通过差距，但随着国家对边缘、欠发达地区财政支持力度加大，差距会越来越小。

参考文献

[1] 中国科学技术信息研究所.2019 年度中国科技论文统计与分析（年度研究报告）[M]. 北京：科学技术文献出版社，2021.

[2] 中国科学技术信息研究所.2018 年度中国科技论文统计与分析（年度研究报告）[M]. 北京：科学技术文献出版社，2020.

[3] 国家统计局，科学技术部，财政部.2020 年全国科技经费统计公报.[EB/OL].（2021-09-22）[2022-03-21]. http://www.stats.gov.cn/tjsj/tjgb/rdpcgb/qgkjjftrtjgb/202109/t20210922_1822388.html

[4] 国家知识产权局. http://www.cnipa.gov.cn/.

5 中国科技论文的机构分布情况

5.1 引言

科技论文作为科技活动产出的一种重要形式，能够在很大程度上反映科研机构的研究活跃度和影响力，是评估科研机构科技实力和运行绩效的重要依据。为全面系统考察2020年中国科研机构的整体发展状况及发展趋势，本章从国际上3个重要的检索系统（SCI、Ei、CPCI-S）和中国科技论文与引文数据库（CSTPCD）出发，从发文量、被引总次数、学科分布等多角度分析了中国2020年中国不同类型科研机构的论文发表状况。

5.2 数据与方法

SCI 数据采集自汤森路透公司的国际上权威的科学文献数据库——"科学引文索引"（Science Citation Index Expanded）。CPCI-S 数据采集自汤森路透公司的 Conference Proceedings Citation Index – Science 数据库。Ei 数据采自 Ei 工程索引数据库。在国内期刊发表的论文采自 CSTPCD。从以上数据库分别采集"地址"字段中含有"中国"的论文数据。

SCI 数据是基于 Article 和 Review 两类文献进行统计，Ei 数据是基于 Journal Article 文献类型进行统计，CSTPCD 数据是基于论著、综述、研究快报和工业工程设计四类文献进行统计。还需指出的是，机构类型由二级单位性质决定，如高等院校附属医院归类于医疗机构。

下载的数据通过自编程序导入到数据库 Foxpro 中。尽管这些数据库整体数据质量都不错，但还是存在不少不完全、不一致甚至是错误的现象，在统计分析之前，必须对数据进行清洗规范。本章所涉及的数据处理主要包括以下3项。

①分离出论文的第一作者及第一作者单位。

②作者单位不同写法标准化处理。例如，把单位的中文写法、英文写法、新旧名、不同缩写形式等采用程序结合人工方式统一编码处理。

③单位类型编码。采用机器结合人工方式给单位类型编码。

本章主要采用的方法有文献计量法、文献调研法、数据可视化分析等。为更好地反映中国科研机构研究状况，基于文献计量法思想，我们设计了发文量、被引总次数、篇均被引次数、未被引率等指标。

5.3 研究分析与结论

5.3.1 各机构类型 2020 年发表论文情况分析

2020 年 SCI、CPCI-S、Ei 和 CSTPCD 收录中国科技论文的机构类型分布如表 5-1 所示。由表 5-1 可以看出，不论是国际论文（SCI、CPCI-S、Ei）还是国内论文（CSTPCD），高等院校都是中国科技论文产出的主要贡献者。与国际论文份额相比，高等院校的国内论文份额相对较低，为 47.91%。研究机构发表国内论文占比 11.49%，SCI 占比 8.52%，CPCI-S 占比 10.92%，Ei 占比 9.55 %，占比较为接近。医疗机构发表国内论文占比较高，达 29.78%。

表 5-1　2020 年 SCI、CPCI-S、Ei、CSTPCD 收录中国科技论文的机构类型分布

机构类型	SCI		CPCI-S		Ei		CSTPCD		合计	
	论文篇数	占比	论文篇数	占比	论文篇数	占比	论文篇数	占比	论文篇数	占比
高等院校	360662	71.91%	25612	75.77%	295563	86.75%	216347	47.91%	898184	67.65%
研究机构	42723	8.52%	3692	10.92%	32532	9.55%	51878	11.49%	130825	9.85%
医疗机构	90175	17.98%	1767	5.23%	3794	1.11%	134490	29.78%	230226	17.34%
企业	1946	0.39%	2445	7.23%	2228	0.65%	30006	6.65%	36625	2.76%
其他	6070	1.21%	286	0.85%	6598	1.94%	18834	4.17%	31788	2.39%
总计	501576	100.00%	33802	100.00%	340715	100.00	451555	100.00%	1327648	100.00

注：1. SCI 论文数量的统计口径为 SCI 2020 年收录的 Article 和 Review 两种文献类型的期刊论文，数据截至 2021 年 7 月。

2. CPCI-S 论文数量的统计口径为 CPCI-S 2020 年收录的全部会议论文，数据截至 2021 年 7 月。

3. Ei 论文数量的统计口径为 Ei 2020 年收录的全部期刊论文，数据截至 2021 年 6 月。

4. CSTPCD 论文数量的统计口径为 CSTPCD 2020 年收录的论著、研究型综述、一般论文、工业工程设计 4 类文献类型的论文。

5.3.2 各机构类型被引情况分析

论文的被引情况可以大致反映论文的质量。表 5-2 为 2011—2020 年 SCI 收录的中国科技论文的各机构类型被引情况，由表 5-2 可以看出，中国科技论文的篇均被引次数为 13.81 次，未被引论文平均占比为 14.66%。从篇均被引次数来看，研究机构发表论文的篇均被引次数最高，为 17.75 次，高于平均水平（13.81 次）。除高等院校（14.14 次）略高外，其他类型机构发表论文的篇均被引次数均低于平均水平，依次为医疗机构 9.70 次和企业 8.66 次。从未被引论文占比来看，研究机构发表的论文中未被引论文占比最低，为 11.23%，其次为高等院校（13.26%），这两者都低于平均水平（14.66%）。高于平均水平的为企业（29.61%）和医疗机构（23.24%）。

表 5-2　SCI 收录的中国科技论文的各机构类型被引情况

机构类型	发文篇数	未被引论文篇数	总被引次数	篇均被引次数	未被引论文占比
高等院校	2121758	281393	29995314	14.14	13.26%
研究机构	302229	33953	5364232	17.75	11.23%

续表

机构类型	发文篇数	未被引论文篇数	总被引次数	篇均被引次数	未被引论文占比
医疗机构	452563	105168	4390884	9.70	23.24%
企业	7019	2078	60786	8.66	29.61%
总计	2883569	422592	39811216	13.81	14.66%

数据来源：2011—2020 年 SCI 收录的中国科技论文，数据截至 2021 年 7 月。

5.3.3　各机构类型发表论文学科分布分析

表 5-3 为 CSTPCD 收录的各机构类型论文占比居前 10 位的学科，由表可以看出，在高等院校发表论文中，数学、管理学、信息、系统科学、力学、计算技术、物理学、材料科学、机械仪表、工程与技术基础学科、轻工、纺织等学科论文占比较高，均超过了 70%，其中数学超过了 95%。从学科性质看，高等院校是基础科学等理论性研究的绝对主体。在研究机构发表的论文中，核科学技术、天文学、农学、水产学、航空航天、地学、林学、畜牧、兽医、能源科学技术、预防医学与卫生学等偏工程技术方面的应用性研究学科占比较多。在医疗机构发表论文中，学科占比居前 10 位的为临床医学、军事医学与特种医学、药物学、基础医学、中医学、预防医学与卫生学、生物学、核科学技术、化学和计算技术。值得注意的是，其中生物学，查看其详细论文列表可以发现，生物学中多是分子生物学等与医学关系密切的学科。在企业发表的论文中，学科占比居前 10 位的学科为矿业工程技术，能源科学技术，交通运输，冶金、金属学，化工，土木建筑，核科学技术，轻工、纺织，动力与电气及电子、通信与自动控制。

表 5-3　CSTPCD 收录的各机构类型发表论文占比居前 10 位的学科分布

高等院校		研究机构		医疗机构		企业	
学科	占比	学科	占比	学科	占比	学科	占比
数学	96.12%	核科学技术	41.80%	临床医学	84.85%	矿业工程技术	40.70%
管理学	90.01%	天文学	39.27%	军事医学与特种医学	73.79%	能源科学技术	31.56%
信息、系统科学	88.78%	农学	33.64%	药物学	53.05%	交通运输	26.40%
力学	82.96%	水产学	32.05%	基础医学	49.58%	冶金、金属学	21.98%
计算技术	81.82%	航空航天	31.24%	中医学	45.75%	化工	19.03%
物理学	77.40%	地学	28.11%	预防医学与卫生学	42.14%	土木建筑	18.84%
材料科学	76.69%	林学	25.49%	生物学	6.93%	核科学技术	17.52%
机械、仪表	75.77%	畜牧、兽医	23.82%	核科学技术	1.21%	轻工、纺织	16.82%
工程与技术基础学科	74.68%	能源科学技术	23.37%	化学	0.82%	动力与电气	16.34%
轻工、纺织	73.37%	预防医学与卫生学	20.98%	计算技术	0.74%	电子、通信与自动控制	16.13%

5.3.4　SCI、CPCI-S、Ei 和 CSTPCD 收录论文较多的高等院校

由表 5-4 可以看出，2020 年 SCI 收录中国论文数居前 10 位的高等院校总发文量

70519 篇，占收录的所有高等院校论文数的 19.55%；CPCI-S 收录中国论文数居前 10 位的高等院校总发文量 6326 篇，占所有高等院校发文量的 24.7%；Ei 收录中国论文数居前 10 位的高等院校总发文量 48182 篇，占所有高等院校发文量的 16.3%；CSTPCD 收录中国论文数居前 10 位的高等院校总发文量 37235 篇，占所有高等院校发文量的 17.21%。这说明中国高等院校发文集中在少数高等院校，并且国际论文集中度高于国内论文的集中度。

表 5-4　2020 年 SCI、CPCI-S、Ei、CSTPCD 收录的高等院校 TOP 10 论文占比

SCI			CPCI-S			Ei			CSTPCD		
TOP 10 篇数	总篇数	占比	TOP 10 篇数	总篇数	占比	TOP 10 篇数	总篇数	占比	TOP 10 篇数	总篇数	占比
70519	360662	19.55%	6326	25612	24.7%	48182	295563	16.3%	37235	216347	17.21%

表 5-5 列出了 2020 年 SCI、Ei、CPCI-S 和 CSTPCD 收录论文数居前 10 位的高等院校。4 个列表均进入前 10 位的高等院校有：上海交通大学、浙江大学和华中科技大学。进入 3 个列表的高等院校有：西安交通大学、清华大学和北京大学。进入 2 个列表的高等院校有：中南大学、中山大学、哈尔滨工业大学和四川大学。只进入 1 个列表的高等院校有：东南大学、北京中医药大学、北京理工大学、大连理工大学、电子科技大学、首都医科大学、郑州大学、复旦大学、吉林大学、天津大学和武汉大学。应该指出的是，我们不能简单地认为 4 个列表均进入前 10 位的高等院校就比只进入 2 个或 1 个列表前 10 位的学校好。但是，进入前 10 位列表越多，大致可以说明该机构学科发展的覆盖程度和均衡程度较好。

由表 5-5 还可以看出，在被收录论文数居前的高等院校中，被收录的国际论文数已经超出了国内论文数。这说明中国较好高等院校的科研人员倾向在国际期刊、国际会议上发表论文。

表 5-5　2020 年 SCI、Ei、CPCI-S 和 CSTPCD 收录论文前 10 位的高等院校

排名	SCI	Ei	CPCI-S	CSTPCD
	高等院校（论文篇数）	高等院校（论文篇数）	高等院校（论文篇数）	高等院校（论文篇数）
1	浙江大学（9546）	清华大学（5794）	清华大学（874）	首都医科大学（6045）
2	上海交通大学（9168）	浙江大学（5767）	上海交通大学（825）	上海交通大学（5453）
3	四川大学（7213）	哈尔滨工业大学（5485）	北京大学（719）	北京大学（4103）
4	中南大学（7046）	上海交通大学（5227）	浙江大学（662）	四川大学（4034）
5	华中科技大学（6939）	天津大学（5003）	中山大学（589）	武汉大学（3128）
6	中山大学（6546）	西安交通大学（4571）	电子科技大学（569）	华中科技大学（3098）
7	北京大学（6113）	中南大学（4259）	北京理工大学（534）	浙江大学（3076）
8	西安交通大学（6010）	华中科技大学（4225）	华中科技大学（533）	复旦大学（2983）
9	清华大学（5983）	东南大学（3999）	西安交通大学（525）	郑州大学（2675）
10	吉林大学（5955）	大连理工大学（3852）	哈尔滨工业大学（496）	北京中医药大学（2640）

注：按第一作者第一单位统计。

5.3.5 SCI、CPCI-S、Ei 和 CSTPCD 收录论文较多的研究机构

由表 5-6 可以看出，2020 年 SCI 收录中国论文数居前 10 位的研究机构总发文量 6721 篇，占收录的所有研究机构论文数的 15.73%；CPCI-S 收录中国论文数居前 10 位的研究机构总发文量 674 篇，占收录的所有研究机构论文数的 18.26%；Ei 收录中国论文数居前 10 位的研究机构总发文量 6028 篇，占收录的所有研究机构论文数的 18.53%；CSTPCD 收录中国论文数居前 10 位的研究机构总发文量 6171 篇，占收录的所有研究机构论文数的 11.90%。和高等院校情况类似，中国研究机构发文也较为集中在少数研究机构，并且国际论文集中度高于国内论文的集中度。与 TOP 10 高等院校发文量占比相比，TOP 10 研究机构在 SCI、CPCI-S、Ei 和 CSTPCD 中的占比要低于高等院校，说明研究机构在 SCI、CPCI-S、Ei 和 CSTPCD 中的集中度低于高等院校。

表 5-6 2020 年 SCI、CPCI-S、Ei、ESTPCD 收录的研究机构 TOP 10 论文占比

SCI			CPCI-S			Ei			CSTPCD		
TOP 10 篇数	总篇数	占比	TOP 10 篇数	总篇数	占比	TOP 10 篇数	总篇数	占比	TOP 10 篇数	总篇数	占比
6721	42723	15.73%	674	3692	18.26%	6028	32532	18.53%	6171	51878	11.90%

表 5-7 列出了 2020 年 SCI、CPCI-S、Ei 和 CSTPCD 收录论文数居前 10 位的研究机构。中国工程物理研究院是唯一进入 4 个列表前 10 的研究机构。中国科学院合肥物质科学研究院是唯一进入 3 个列表前 10 位的研究机构。进入 2 个列表前 10 位的研究机构有：中国医学科学院肿瘤研究所、中国科学院长春应用化学研究所、中国科学院化学研究所、中国科学院金属研究所、中国科学院大连化学物理研究所、中国林业科学研究院、中国科学院地理科学与资源研究所、中国科学院合肥物质科学研究院和中国科学院生态环境研究中心。只进入 1 个列表前 10 位的研究机构有：中国水产科学研究院、中国科学院自动化研究所、中国科学院计算技术研究所、中国科学院电子学研究所、中国热带农业科学院、中国科学院上海硅酸盐研究所、中国中医科学院、中国科学院深圳先进技术研究院、中国科学院海洋研究所、山西省农业科学院、中国疾病预防控制中心、中国科学院物理研究所、中国食品药品检定研究院、中国科学院西安光学精密机械研究所、中国科学院半导体研究所、中国科学院信息工程研究所、中国科学院遥感与数字地球研究所、中国科学院长春光学精密机械与物理研究所。由表 5-7 可以看出，在被收录论文数靠前的研究机构中，被收录的国际科技论文数也超出了国内科技论文数。

表 5-7 2020 年 SCI、CPCI-S、Ei 和 CSTPCD 收录的论文居前 10 位的研究机构

排名	SCI 研究机构（论文篇数）	CPCI-S 研究机构（论文篇数）	Ei 研究机构（论文篇数）	CSTPCD 研究机构（论文篇数）
1	中国工程物理研究院（886）	中国医学科学院肿瘤研究所（117）	中国工程物理研究院（832）	中国中医科学院（1648）
2	中国科学院合肥物质科学研究院（787）	中国工程物理研究院（86）	中国科学院合肥物质科学研究院（783）	中国疾病预防控制中心（761）

续表

排名	SCI 研究机构（论文篇数）	CPCI-S 研究机构（论文篇数）	Ei 研究机构（论文篇数）	CSTPCD 研究机构（论文篇数）
3	中国科学院化学研究所（704）	中国科学院信息工程研究所（86）	中国科学院化学研究所（644）	中国林业科学研究院（619）
4	中国科学院地理科学与资源研究所（669）	中国科学院自动化研究所（63）	中国科学院长春应用化学研究所（623）	中国科学院地理科学与资源研究所（550）
5	中国科学院生态环境研究中心（666）	中国科学院计算技术研究所（63）	中国科学院大连化学物理研究所（595）	中国水产科学研究院（513）
6	中国科学院长春应用化学研究所（657）	山东省医学科学院（62）	中国科学院金属研究所（577）	中国医学科学院肿瘤研究所（451）
7	中国科学院大连化学物理研究所（621）	中国科学院深圳先进技术研究院（60）	中国科学院物理研究所（557）	中国工程物理研究院（432）
8	中国科学院西北生态环境资源研究院（587）	中国科学院西安光学精密机械研究所（51）	中国科学院生态环境研究中心（540）	中国热带农业科学院（415）
9	中国科学院空天信息创新研究院（580）	中国标准化研究院（44）	中国科学院海西研究院（442）	中国食品药品检定研究院（396）
10	中国科学院海洋研究所（564）	中国科学院合肥物质科学研究院（42）	中国科学院上海硅酸盐研究所（435）	中国科学院西北生态环境资源研究院（386）

注：按第一作者第一单位统计。

5.3.6 SCI、CPCI-S 和 CSTPCD 收录论文较多的医疗机构

由表 5-8 可以看出，2020 年 SCI 收录的中国论文数居前 10 位的医疗机构总发文量 12099 篇，占收录的所有医疗机构论文数的 13.42%；CPCI-S 收录的中国论文数居前 10 位的医疗机构总发文量 949 篇，占收录的所有研究机构论文数的 53.71%；CSTPCD 收录的中国论文数居前 10 位的医疗机构总发文量 11341 篇，占收录的所有医疗机构论文数的 8.43%。和高等院校、研究机构情况类似的是，中国医疗机构国际论文的集中度高于国内论文的集中度，其中，国际会议论文的 TOP 10 医疗机构的占比最高，为 53.71%。国内论文的 TOP 10 医疗机构占医疗机构总发文数的 8.43%，与高等院校的 17.21% 和研究机构的 11.90% 相比差距较大。

表 5-8 2020 年 SCI、CPCI-S、CSTPCD 收录的医疗机构 TOP10 论文占比

SCI			CPCI-S			CSTPCD		
TOP 10 篇数	总篇数	占比	TOP 10 篇数	总篇数	占比	TOP 10 篇数	总篇数	占比
12099	90175	13.42%	949	1767	53.71%	11341	134490	8.43%

表 5-9 列出了 2020 年 SCI、CPCI-S 和 CSTPCD 收录的论文数居前 10 位的医疗机构。3 个列表均进入前 10 位的医疗机构有 2 个：四川大学华西医院和北京协和医院。2 个列表均进入前 10 位的医疗机构有 4 个：解放军总医院、郑州大学第一附属医院、华中科

技大学同济医学院附属同济医院和江苏省人民医院。只进入 1 个列表前 10 位的有：中山大学肿瘤防治中心、中国医科大学附属盛京医院、浙江大学第一附属医院、北京大学肿瘤医院、中南大学湘雅医院、华中科技大学同济医学院附属协和医院、武汉大学人民医院、吉林大学白求恩第一医院、复旦大学附属肿瘤医院、北京大学第三医院、中南大学湘雅二医院、北京大学第一医院、中山大学附属第一医院、上海交通大学医学院附属瑞金医院、河南省人民医院、复旦大学附属中山医院。除四川大学华西医院和北京协和医院外，被收录的论文数居前的医疗机构一般国际论文数要少于国内论文数。

表 5-9 2020 年 SCI、CPCI-S 和 CSTPCD 收录的论文居前 10 位的医疗机构

排名	SCI	CPCI-S	CSTPCD
	医疗机构（篇数）	医疗机构（篇数）	医疗机构（篇数）
1	四川大学华西医院（2276）	四川大学华西医院（145）	解放军总医院（2053）
2	北京协和医院（1328）	复旦大学附属肿瘤医院（130）	四川大学华西医院（1700）
3	浙江大学第一附属医院（1211）	中山大学肿瘤防治中心（99）	北京协和医院（1223）
4	解放军总医院（1169）	江苏省人民医院（91）	郑州大学第一附属医院（1110）
5	华中科技大学同济医学院附属同济医院（1104）	复旦大学附属中山医院（90）	武汉大学人民医院（1043）
6	华中科技大学同济医学院附属协和医院（1050）	北京大学肿瘤医院（84）	中国医科大学附属盛京医院（936）
7	郑州大学第一附属医院（1044）	中山大学附属第一医院（82）	华中科技大学同济医学院附属同济医院（925）
8	中南大学湘雅医院（1043）	上海交通大学医学院附属瑞金医院（79）	江苏省人民医院（876）
9	吉林大学白求恩第一医院（985）	北京大学第一医院（75）	北京大学第三医院（758）
10	中南大学湘雅二医院（889）	北京协和医院（74）	河南省人民医院（717）

5.4 小结

从国内外 4 个重要检索系统收录 2020 年中国科技论文的机构分布情况可以看出，高等院校是国际论文（SCI、Ei、CPCI-S）发表的绝对主体，平均占比约 77.83%，在国内论文发表上占据 47.91%，将近一半。医疗机构是国内论文发表的重要力量，占 29.78%，但它的国际论文占比要小得多。

从篇均被引次数和未被引率来看，研究机构发表论文的总体质量相对是最高的，其次为高等院校。

从学科性质看，高等院校是基础科学等理论性研究的绝对主体；研究机构在应用性研究学科方面相对活跃；医疗机构是医学领域研究的重要力量；企业在矿业工程技术，

能源科学技术，交通运输，冶金金属学，化工，土木建筑，核科学技术，轻工、纺织，动力与电气和电子、通信与自动控制等领域相对活跃。

　　中国高等院校发文集中度高，并且国际论文集中度高于国内论文的集中度。中国研究机构发文集中度也高，国际论文集中度高于国内论文的集中度。医疗机构国内论文集中度远远低于高等院校和研究机构。

　　在被收录论文数居前的高等院校和研究机构中，国际论文发表数量已经超出了国内论文发表数。除四川大学华西医院和北京协和医院外，被收录的论文数居前的医疗机构一般国际论文数要少于国内论文数。

参考文献

[1] 中国科学技术信息研究所. 2019 年度中国科技论文统计与分析（年度研究报告）[M]. 北京：科学技术文献出版社，2021.

6 中国科技论文被引情况分析

6.1 引言

论文是科研工作产出的重要体现。对科技论文的评价方式主要有 3 种：基于同行评议的定性评价、基于科学计量学指标的定量评价及二者相结合的评价方式。虽然对具体的评价方法存在诸多争议，但被引情况仍不失为重要的参考指标。在《自然》（*Nature*）的一项关于计量指标的调查中，当允许被调查者自行设计评价的计量指标时，排在第 1 位的是在高影响因子的期刊上所发表的论文数量，被引情况排在第 3 位。

分析研究中国科技论文的国际、国内被引情况，可以从一个侧面揭示中国科技论文的影响，为管理决策部门和科研工作提供数据支撑。

6.2 数据与方法

本章在进行被引情况国际比较时，采用的是科睿唯安（Clarivate Analytics）出版的 ESI 数据。ESI 数据包括第一作者单位和非第一作者单位的数据统计。具体分析地区、学科和机构等分布情况时采用的数据有：2010—2020 年 SCI 收录的中国科技人员作为第一作者的论文累计被引数据；1988—2020 年 CSTPCD 收录论文在 2020 年度被引数据。

6.3 研究分析与结论

6.3.1 国际比较

（1）总体情况

2011—2021 年（截至 2021 年 10 月）中国科技人员共发表国际论文 336.59 万篇，继续排在世界第 2 位，数量比 2020 年统计时增加了 11.5%；论文共被引用 4332.28 万次，增加了 20.2%，排在世界第 2 位。美国仍然保持在世界第 1 位。

中国平均每篇论文被引 12.87 次，比 2020 年度统计时的 11.94 次 / 篇提高了 7.8%。世界整体篇均被引次数为 13.66 次，中国平均每篇论文被引用次数与世界水平仍有一定的差距。

在 2011—2021 年发表科技论文累计超过 20 万篇以上的国家（地区）共有 22 个，按平均每篇论文被引次数排序，中国排在第 16 位。每篇论文被引用次数大于世界整体水平的国家有 13 个。

（2）学科比较

表 6-1 列出了 2011—2021 年中国各学科产出论文与世界平均水平对比。中国有 10 个学科产出论文的比例超过世界该学科论文的 20%，分别是：化学、计算机技术、工程与技术基础学科、环境与生态学、地学、材料科学、数学、分子生物学与遗传学、药学与毒物学和物理学。

材料科学、化学、计算机科学和工程与技术基础学科等 4 个领域论文的被引次数排名居世界第 1 位，农业科学、生物与生物化学、环境与生态学、地学、数学、微生物学、分子生物学与遗传学、药学与毒物学、物理学、植物学与动物学 10 个领域论文的被引次数排名居世界第 2 位，综合类论文的被引次数排名居世界第 3 位，临床医学、免疫学 2 个领域论文被引次数排名居世界第 4 位，经济贸易、神经科学与行为学 2 个领域论文被引次数排名居世界第 5 位。与 2019 年度相比，9 个学科领域的论文被引用频次排位有所上升。

表 6-1 2011—2021 年中国各学科产出论文与世界平均水平比较

学科	论文情况		被引情况			排名变化	篇均被引次数	相对影响
	论文篇数	占世界比例	被引次数	占世界比例	世界排名			
农业科学	86350	17.87	990442	18.91	2	—	11.47	1.06
生物与生物化学	151773	19.17	1988024	13.91	2	—	13.1	0.73
化学	545815	29.25	9153534	30.09	1	—	16.77	1.03
临床医学	374673	12.24	4078430	9.71	4	↑ 2	10.89	0.79
计算机科学	124746	28.58	1208593	29.89	1	↑ 1	9.69	1.05
经济贸易	26885	8.56	218514	6.80	5	↑ 2	8.13	0.79
工程与技术基础学科	483109	30.02	4864951	29.71	1	—	10.07	0.99
环境与生态学	138033	21.34	1864932	19.69	2	—	13.51	0.92
地学	125887	23.86	1603924	21.65	2	—	12.74	0.91
免疫学	32292	11.54	456663	8.30	4	↑ 1	14.14	0.72
材料科学	390683	36.99	7059250	39.04	1	—	18.07	1.06
数学	105533	22.38	551875	24.11	2	—	5.23	1.08
微生物学	37112	16.04	449540	11.64	2	↑ 1	12.11	0.73
分子生物学与遗传学	120213	23.40	1883049	14.92	2	↑ 1	15.66	0.64
综合类	3782	15.16	79292	16.67	3	—	20.97	1.10
神经科学与行为学	58448	10.63	773050	7.51	5	↑ 1	13.23	0.71
药学与毒物学	93413	20.66	1036724	16.90	2	—	11.1	0.82
物理学	278509	25.11	3083215	22.74	2	—	11.07	0.91
植物学与动物学	108667	13.63	1167804	14.27	2	—	10.75	1.05
精神病学与心理学	20768	4.41	184131	3.00	9	↑ 3	8.87	0.68
社会科学	41589	3.88	370292	4.26	7	—	8.9	1.10
空间科学	17639	11.31	256582	8.72	12	↑ 1	14.55	0.77

注：1. 统计时间截至 2021 年 9 月。

2. "↑ 1"的含义是：与上一年度统计相比，排名上升了 1 位；"—"表示位次未变。

3. 相对影响：中国篇均被引用次数与该学科世界平均值的比值。

6.3.2　时间分布

图6-1为2011—2020年SCI被引情况时间分布。可以发现，SCI被引的峰值为2015年，表明 SCI 收录论文更倾向于引用较早出版的文献。

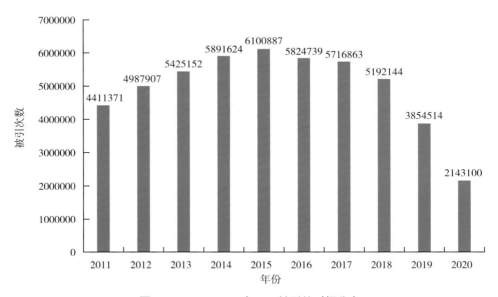

图 6-1　2011—2020 年 SCI 被引的时间分布

6.3.3　地区分布

2011—2020 年 SCI 收录论文总被引次数居前 3 位的地区为北京、江苏和上海，篇均被引次数居前 3 位的地区为湖北、北京和上海，未被引论文比例较低的 3 个地区为湖北、黑龙江和甘肃（表 6-2）。进入 3 个排名列表前 10 位的地区有上海、江苏、北京和湖北；进入 2 个排名列表前 10 位的地区有福建、甘肃、辽宁、天津和广东；只进入 1 个列表前 10 位的地区有陕西、山东、黑龙江、四川、安徽、浙江、湖南和吉林。

表 6-2　2011—2020 年 SCI 收录中国科技论文被引情况地区分布

排名	总被引情况		篇均被引情况		未被引情况	
	地区	总被引次数	地区	篇均被引次数	地区	占比
1	北京	7441309	湖北	15.78	湖北	12.94%
2	江苏	4270349	北京	15.46	黑龙江	13.06%
3	上海	3983324	上海	15.45	甘肃	13.39%
4	广东	2694014	福建	15.39	江苏	13.45%
5	湖北	2446701	安徽	15.19	天津	13.58%
6	浙江	2132313	吉林	14.98	辽宁	13.70%
7	陕西	1831916	天津	14.50	湖南	13.79%

续表

排名	总被引情况		篇均被引情况		未被引情况	
	地区	总被引次数	地区	篇均被引次数	地区	占比
8	山东	1830049	甘肃	14.30	福建	13.85%
9	辽宁	1481221	江苏	14.06	上海	13.98%
10	四川	1428785	广东	13.91	北京	14.14%

6.3.4 学科分布

2011—2020年SCI收录论文总被引次数居前3位的学科为化学、生物学和材料科学，篇均被引次数居前3位的学科为化学、能源科学技术和化工，未被引论文比例较低的3个学科为安全科学技术、动力与电气和能源科学技术（表6-3）。进入3个排名列表前10位的学科有环境科学学科；进入2个排名列表前10位的学科有化学、安全科学技术、材料科学、动力与电气、能源科学技术、化工、天文学学科；只进入1个前10位列表的学科有轻工、纺织，临床医学，食品，管理学，地学，电子、通信与自动控制，生物，力学，林学，土木建筑，物理学，基础医学，计算技术。

表6-3 2011—2020年SCI收录中国科技论文被引情况学科分布

排名	总被引次情况		篇均被引情况		未被引情况	
	学科	总被引次数	学科	篇均被引次数	学科	占比
1	化学	10555767	化学	25.65	安全科学技术	2.79%
2	生物学	4960366	能源科学技术	24.28	动力与电气	2.88%
3	材料科学	3926020	化工	22.84	能源科学技术	3.59%
4	临床医学	3868351	环境科学	21.43	化工	3.89%
5	物理学	3291714	安全科学技术	20.89	环境科学	4.90%
6	基础医学	2000831	材料科学	19.12	轻工、纺织	5.29%
7	电子、通信与自动控制	1850992	动力与电气	18.62	土木建筑	5.64%
8	环境科学	1778684	管理学	18.16	力学	5.66%
9	计算技术	1578929	天文学	18.13	天文学	5.67%
10	地学	1577578	食品	17.33	林学	5.90%

6.3.5 机构分布

（1）高等院校

表6-4列出了CSTPCD被引篇数、CSTPCD被引次数、SCI被引篇数、SCI被引次数这4个列表中排名靠前的高等院校。

其中，上海交通大学的CSTPCD被引篇数排名居第1位、北京大学的CSTPCD被引次数排名居第1位；浙江大学的SCI被引篇数、SCI被引次数均排名居第1位；清华大学的 SCI 被引次数排名居第 2 位，SCI 被引篇数排名居第 3 位；上海交通大学的 SCI 被引篇数排名居第 2 位，SCI 被引次数排名居第 3 位。

表 6-4　CSTPCD 和 SCI 被引情况排名居前的高等院校

高等院校	CSTPCD 被引情况				SCI 被引情况			
	篇数	排名	次数	排名	篇数	排名	次数	排名
上海交通大学	19464	1	32398	2	56704	2	951832	3
北京大学	19125	2	37716	1	40429	4	826350	4
首都医科大学	17967	3	29618	3	17337	26	198314	46
浙江大学	14528	4	27406	4	58980	1	1113370	1
武汉大学	13524	5	26486	5	28211	14	545895	12
四川大学	12874	6	22535	8	40098	5	596557	8
中南大学	12552	7	21445	10	35025	9	556604	11
同济大学	12433	8	21864	9	24388	17	414608	20
华中科技大学	11833	9	22635	7	38981	6	757473	5
清华大学	11316	10	24289	6	43908	3	1013820	2
中山大学	10973	11	19754	11	36188	8	661029	7
复旦大学	10620	12	19467	12	36454	7	734083	6
吉林大学	10177	13	17102	16	34370	10	535390	14
中国地质大学	9234	14	19043	13	15079	32	253256	36
中国石油大学	9022	15	16165	18	15078	33	220122	40

（2）研究机构

表 6-5 列出了 CSTPCD 被引篇数、CSTPCD 被引次数、SCI 被引篇数、SCI 被引次数排名靠前的研究机构。其中中国中医科学院的 CSTPCD 被引篇数排名居第 1 位；中国科学院地理科学与资源研究所的 CSTPCD 被引次数排名居第 1 位；中国疾病预防控制中心的 CSTPCD 被引篇数、CSTPCD 被引次数排名均居第 3 位。

表 6-5　CSTPCD 和 SCI 被引情况排名居前的研究机构

研究机构	CSTPCD 被引情况				SCI 被引情况			
	篇数	排名	次数	排名	篇数	排名	次数	排名
中国中医科学院	6134	1	12438	2	1854	43	25755	56
中国科学院地理科学与资源研究所	4345	2	14973	1	4388	8	82141	14
中国疾病预防控制中心	3615	3	9259	3	2529	28	81572	15
中国林业科学研究院	3491	4	6589	4	2730	22	32241	44
中国水产科学研究院	3278	5	5676	6	2714	23	29709	50
中国科学院西北生态环境资源研究院	3085	6	6124	5	2770	21	41342	36
中国科学院地质与地球物理研究所	2066	7	5056	7	3683	12	67921	19
中国热带农业科学院	1773	8	2720	15	1300	64	14768	88
江苏省农业科学院	1766	9	3102	11	1185	70	14439	90
中国科学院生态环境研究中心	1655	10	4297	8	5063	6	129467	5

研究机构	CSTPCD 被引情况				SCI 被引情况			
	篇数	排名	次数	排名	篇数	排名	次数	排名
中国科学院长春光学精密机械与物理研究所	1562	11	2463	22	2029	40	33371	42
中国工程物理研究院	1534	12	2120	28	5555	4	55803	22
中国科学院空天信息创新研究院	1374	13	2797	13	3544	16	42887	35
中国科学院南京土壤研究所	1371	14	3320	10	2030	39	49534	26
中国水利水电科学研究院	1360	15	2697	17	941	91	9633	111

（3）医疗机构

表 6-6 列出了 CSTPCD 被引篇数、CSTPCD 被引次数、SCI 被引篇数、SCI 被引次数排名靠前的医疗机构。其中解放军总医院的 CSTPCD 被引篇数、CSTPCD 被引次数排名均居第 1 位；四川大学华西医院的 CSTPCD 被引篇数、CSTPCD 被引次数排名均居第 2 位；北京协和医院的 CSTPCD 被引次数、CSTPCD 被引次数排名均居第 3 位。四川大学华西医院的 SCI 被引篇数、SCI 被引次数排名均居第 1 位；解放军总医院的 SCI 被引篇数、SCI 被引次数排名均居第 2 位。

表 6-6 CSTPCD 和 SCI 被引情况排名居前的医疗机构

医疗机构	CSTPCD 被引情况				SCI 被引情况			
	篇数	排名	次数	排名	篇数	排名	次数	排名
解放军总医院	9493	1	15043	1	9259	2	126570	2
四川大学华西医院	4426	2	7979	2	12432	1	155387	1
北京协和医院	4243	3	7441	3	5536	3	72380	7
武汉大学人民医院	2784	4	4648	5	3413	24	46693	25
华中科技大学同济医学院附属同济医院	2727	5	5458	4	5298	5	95814	3
中国医科大学附属盛京医院	2720	6	4197	9	3160	28	35002	38
郑州大学第一附属医院	2639	7	4413	6	4581	8	55397	19
北京大学第三医院	2538	8	4369	7	2346	43	30992	45
北京大学第一医院	2416	9	4306	8	2583	34	35857	36
江苏省人民医院	2243	10	3468	14	4559	10	72811	6
中国人民解放军东部战区总医院	2115	11	3507	13	2763	30	48406	24
海军军医大学第一附属医院（上海长海医院）	2076	12	3273	15	2593	33	36290	35
北京大学人民医院	2041	13	3520	12	2446	39	32093	42
首都医科大学宣武医院	1986	14	3189	16	1888	58	24279	57
中国中医科学院广安门医院	1978	15	3885	10	452	162	6122	146

6.4 小结

从 2011—2021 年十年段国际被引来看，中国科技论文被引次数、世界排名均呈逐年上升趋势，这说明中国科技论文的国际影响力在逐步上升。尽管中国平均每篇论文被引次数与世界平均值还有一定的差距，但提升速度相对较快。

中国各学科论文在 2011—2021 年累计被引用次数进入世界前 1% 的高被引国际论文为 42920 篇，占世界份额为 24.8%，数量比 2020 年增加了 15.5%，排在世界第 2 位，位次与 2020 年度保持不变，占世界份额提升了近 2 个百分点。近两年间发表的论文在最近两个月得到大量引用，且被引用次数进入本学科前 1‰的论文称为热点论文，这样的文章往往反映了最新的科学发现和研究动向，可以说是科学研究前沿的风向标。截至 2021 年 9 月统计的中国热点论文数为 1515 篇，占世界热点论文总数的 36.3%，排在世界第 2 位，位次与 2020 年度保持不变。2020 年 *Science*、*Nature* 和 *Cell* 三大名刊上共刊登论文 6103 篇，比 2019 年减少了 353 篇。其中中国论文为 516 篇，论文数增加了 91 篇，排在世界第 4 位，与 2019 年持平。

2011—2020 年 SCI 收录论文总被引次数居前 3 位的地区为北京、江苏和上海，篇均被引次数居前 3 位的地区为湖北、北京和上海，未被引论文比例较低的 3 个地区为湖北、黑龙江和甘肃。

2011—2020 年 SCI 收录论文总被引次数居前 3 位的学科为化学、生物学和材料科学，篇均被引次数居前 3 位的学科为化学、能源科学技术和化工，未被引论文比例较低的 3 个学科为安全科学技术、动力与电气和能源科学技术。

参考文献

[1] 中国科学技术信息研究所 . 2020 年度中国科技论文统计与分析：年度研究报告 [M]. 北学科学技术文献出版社，2021.

7 中国各类基金资助产出论文情况分析

本章以 2020 年 CSTPCD 和 SCI 为数据来源，对中国各类基金资助产出论文情况进行了统计分析，主要分析了基金资助来源、基金论文的文献类型分布、机构分布、学科分布、地区分布、合著情况及其被引情况，此外还对 3 种国家级科技计划项目的投入产出效率进行了分析。统计分析表明，中国各类基金资助产出的论文处于不断增长的趋势之中，且已形成了一个以国家自然科学基金、科技部计划项目资助为主，其他部委和地方基金、机构基金、公司基金、个人基金和海外基金为补充的、多层次的基金资助体系。对比分析发现，CSTPCD 和 SCI 数据库收录的基金论文在基金资助来源、机构分布、学科分布、地区分布上存在一定的差异，但整体上保持了相似的分布格局。

7.1 引言

早在 17 世纪之初，弗兰西斯·培根就曾在《学术的进展》一书中指出，学问的进步有赖于一定的经费支持。科学基金制度的建立和科学研究资助体系的形成为这种支持的连续性和稳定性提供了保障。中华人民共和国成立以来，中国已经初步形成了国家（国家自然科学基金、国家科技重大专项、国家重点基础研究发展计划和国家科技支撑计划等基金）为主，地方（各省级基金）、机构（大学、研究机构基金）、公司（各公司基金）、个人（私人基金）、海外基金等为补充的多层次的资助体系。这种资助体系作为科学研究的一种运作模式，为推动中国科学技术的发展发挥了巨大作用。

由基金资助产出的论文称为基金论文，对基金论文的研究具有重要意义：基金资助课题研究都是在充分论证的基础上展开的，其研究内容一般都是国家目前研究的热点问题；基金论文是分析基金资助投入与产出效率的重要基础数据之一；对基金资助产出论文的研究，是不断完善中国基金资助体系的重要支撑和参考依据。

中国科学技术信息研究所自 1989 年起每年都会在其《中国科技论文统计与分析（年度研究报告）》中对中国的各类基金资助产出论文情况进行统计分析，其分析具有数据质量高、更新及时、信息量大的特征，是及时了解相关动态的最重要的信息来源。

7.2 数据与方法

本章研究的基金论文主要来源于两个数据库：CSTPCD 和 SCI 网络版。本章所指的中国各类基金资助限定于附表 39 列出的科学基金与资助。

2020 年 CSTPCD 延续了 2019 年对基金资助项目的标引方式，最大限度地保持统计项目、口径和方法的延续性。SCI 数据库自 2009 年起其原始数据中开始有基金字段，中国科技信息研究所也自 2009 年起开始对 SCI 收录的基金论文进行统计。SCI 数据的标引采用了与 CSTPCD 相一致的基金项目标引方式。

CSTPCD 和 SCI 数据库分别收录符合其遴选标准的中国和世界范围内的科技类期刊，CSTPCD 收录论文以中文为主，SCI 收录论文以英文为主。两个数据库收录范围互为补充，能更加全面地反映中国各类基金资助产出科技期刊论文的全貌。值得指出的是，由于 CSTPCD 和 SCI 收录期刊存在少量重复现象，所以在宏观的统计中其数据加和具有一定的科学性和参考价值，但是用于微观的计算时两者基金论文不能做简单的加和。本章对这两个数据库收录的基金论文进行了统计分析，必要时对比归纳了两个数据库收录基金论文在对应分析维度上的异同。文中的"全部基金论文"指所论述的单个数据库收录的全部基金论文。

本章的研究主要使用了统计分析的方法，对 CSTPCD 和 SCI 收录的中国各类基金资助产出论文的基金资助来源、文献类型分布、机构分布、学科分布、地区分布、合著情况进行了分析，并在最后计算了 3 种国家级科技计划项目的投入产出效率。

7.3　研究分析与结论

7.3.1　中国各类基金资助产出论文的总体情况

（1）CSTPCD 收录基金论文的总体情况

根据 CSTPCD 数据统计，2020 年中国各类基金资助产出论文共计 335303 篇，占当年全部论文总数（451334 篇）的 74.29%。如表 7-1 所示，与 2019 年相比，2020 年全部论文增加 3503 篇，增长率为 0.78%；2020 年基金论文总数增加 7081 篇，增长率为 2.16%。

表 7-1　2015—2020 年 CSTPCD 收录中国各类基金资助产出论文情况

年份	论文总篇数	基金论文篇数	基金论文比	全部论文增长率	基金论文增长率
2015	493530	299231	60.63%	-0.87%	-2.46%
2016	494207	325900	65.94%	0.14%	8.91%
2017	472120	322385	68.28%	-4.47%	-1.08%
2018	454519	319464	70.28%	-3.73%	-0.91%
2019	447831	328222	73.29%	-1.47%	2.74%
2020	451334	335303	74.29%	0.78%	2.16%

（2）SCI 收录基金论文的总体情况

2020 年，SCI 收录中国科技论文（Article 和 Review）总数为 479277 篇，其中 422943 篇是在基金资助下产生，基金论文比为 88.25%。如表 7-2 所示，2020 年中国全部 SCI 论文量较 2019 年增长 53378 篇，增长率为 11.14%，基金论文总数与 2019 年相比增长了 39756 篇，增长率为 10.38%。

表 7-2　2015—2020 年 SCI 收录中国各类基金资助产出论文情况

年份	论文总篇数	基金论文篇数	基金论文比	全部论文增长率	基金论文增长率
2015	253581	173388	68.38%	12.65%	−11.94%
2016	302098	263942	87.37%	19.13%	52.23%
2017	309958	276669	89.26%	2.60%	4.82%
2018	357405	318906	89.23%	15.31%	15.27%
2019	425899	383187	89.97%	19.16%	20.16%
2020	479277	422943	88.25%	11.14%	10.38%

（3）中国各类基金资助产出论文的历时性分析

图 7-1 以红色柱状图和绿色折线图分别给出了 2015—2020 年 CSTPCD 收录基金论文的数量和基金论文比；以紫色柱状图和蓝色折线图分别给出了 2015—2020 年 SCI 收录基金论文的数量和基金论文比。综合表 7-1、表 7-2 及图 7-1 可知，CSTPCD 收录中国各类基金资助产出的论文数和基金论文比在 2015—2020 年整体都保持了较为平稳的上升态势。SCI 收录的中国各类基金资助产出的论文数和基金论文比在 2015—2020 年，相较 2015 年，2016 年上升明显，2017—2019 年整体呈稳定态势，2020 年比 2019 年下降 1.72 个百分点。

总体来说，随着中国科技事业的发展，中国的科技论文数量有较大的提高，基金论文的数量也在平稳增长，基金论文在所有论文中所占比重也在不断增长，基金资助正在对中国科技事业的发展发挥越来越大的作用。

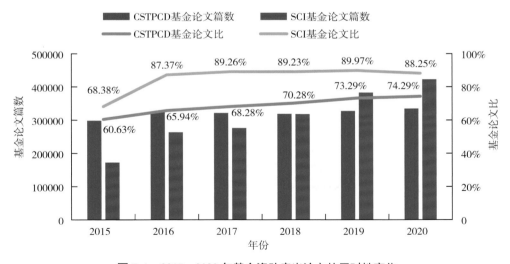

图 7-1　2015—2020 年基金资助产出论文的历时性变化

7.3.2　基金资助来源分析

（1）CSTPCD 收录基金论文的基金资助来源分析

附表 39 列出了 2020 年 CSTPCD 所统计 CSTPCD 的中国各类基金与资助产出的论

文数及占全部基金论文的比例。表 7-3 列出了 2020 年 CSTPCD 产出基金论文居前 10 位的国家级和各部委基金资助来源及其产出论文的情况（不包括省级各项基金项目资助）。

由表 7-3 可以看出，在 CSTPCD 数据库中，2020 年中国各类基金资助产出论文排在首位的仍然是国家自然科学基金委员会，其次是科学技术部，由这两种基金资助来源产出的论文占到了全部基金论文的 49.19%，较 2019 年降低了 1.1%。

根据 CSTPCD 数据统计，2020 年由国家自然科学基金委员会资助产出论文共计 117652 篇，占全部基金论文的 35.09%，这一比例较 2019 年降低了 1.96 个百分点。与 2019 年相比，2020 年由国家自然科学基金委员会资助产出的基金论文减少了 3963 篇，减幅为 3.26%。

2020 年由科学技术部的基金资助产出论文共计 47272 篇，占全部基金论文的 14.10%，这一比例较 2019 年增加了 0.86 个百分点。与 2019 年相比，2020 年由科学技术部的基金资助产出的基金论文增加了 3808 篇，增幅为 8.76%。

表 7-3　2020 年 CSTPCD 产出论文数居前 10 位的国家级和各部委基金资助来源

基金资助来源	2020 年			2019 年		
	基金论文篇数	占全部基金论文的比例	排名	基金论文篇数	占全部基金论文的比例	排名
国家自然科学基金委员会	117652	35.09%	1	121615	37.05%	1
科学技术部	47272	14.10%	2	43464	13.24%	2
教育部	4333	1.29%	3	4522	1.38%	3
国家社会科学基金	3117	0.93%	4	3071	0.94%	5
农业农村部	2954	0.88%	5	3793	1.16%	4
军队系统	1878	0.56%	6	1747	0.53%	6
中国科学院	1793	0.53%	7	1690	0.51%	7
国家中医药管理局	1592	0.47%	8	1519	0.46%	8
国土资源部	1209	0.36%	9	1485	0.45%	9
人力资源和社会保障部	1020	0.30%	10	1032	0.31%	10

数据来源：CSTPCD 2020。

省一级地方（包括省、自治区、直辖市）设立的地区科学基金产出论文是全部基金资助产出论文的重要组成部分。根据 CSTPCD 数据统计，2020 年省级基金资助产出论文 94895 篇，占全部基金论文产出数量的 28.30%。如表 7-4 所示，2020 年江苏省基金资助产出论文数量为 6345 篇，占全部基金论文比例的 1.89%，在全国 31 个省级基金资助中位列第一。值得一提的是，河北省基金资助产出论文数量大幅提升，超过广东、北京、上海等地区，位列第二。地区科学基金的存在，有力地促进了中国科技事业的发展，丰富了中国基金资助体系层次。

表 7-4 2020 年 CSTPCD 产出论文数居前 10 位的省级基金资助来源

基金资助来源	2020 年			2019 年		
	基金论文篇数	占全部基金论文的比例	排名	基金论文篇数	占全部基金论文的比例	排名
江苏	6345	1.89%	1	6600	2.01%	1
河北	5756	1.72%	2	5414	1.65%	6
广东	5549	1.65%	3	5772	1.76%	2
北京	5516	1.65%	4	5452	1.66%	5
上海	5446	1.62%	5	5769	1.76%	3
陕西	5219	1.56%	6	5499	1.68%	4
四川	5057	1.51%	7	5045	1.54%	8
河南	4980	1.49%	8	4828	1.47%	9
浙江	4693	1.40%	9	5153	1.57%	7
山东	4324	1.29%	10	4460	1.36%	10

数据来源：CSTPCD 2020。

由科技部设立的中国的科技计划主要包括：基础研究计划[国家自然科学基金和国家重点基础研究发展计划（973 计划）]、国家科技重大专项、国家科技支撑计划、高技术研究发展计划（863 计划）、科技基础条件平台建设、政策引导类计划等。此外，教育部、国家卫生和计划生育委员会等部委及各省级政府科技厅、教育厅、卫生和计划生育委员会都分别设立了不同的项目以支持科学研究。表 7-5 列出了 CSTPCD 2020 年产出基金论文居前 10 位的基金资助计划（项目）。根据 CSTPCD 数据统计，国家科技重大专项以产出 7443 篇论文居于首位，国家自然科学基金面上项目产出 6973 篇论文，排在第 2 位。

表 7-5 2020 年 CSTPCD 产出基金论文数居前 10 位的基金资助计划（项目）

排名	基金资助计划（项目）	基金论文篇数	占全部基金论文的比例
1	国家科技重大专项	7443	2.22%
2	国家自然科学基金面上项目	6973	2.08%
3	国家社会科学基金	3117	0.93%
4	国家自然科学基金青年科学基金项目	2534	0.76%
5	国家自然科学基金重点项目	2001	0.60%
6	国家科技支撑计划	1703	0.51%
7	国家重点基础研究发展计划（973 计划）	1566	0.47%
8	中央地质勘查基金	1109	0.33%
9	人力资源和社会保障部博士后科学基金	984	0.29%
10	国家重点实验室	827	0.25%

数据来源：CSTPCD 2020。

（2）SCI 收录基金论文的基金资助来源分析

2020 年，SCI 收录中国各类基金资助产出论文共计 422943 篇。表 7-6 列出了 2020 年 SCI 产出基金论文数居前 6 位的国家级和各部委基金资助来源。其中，国家自然科学基金委员会以支持产生 229591 篇论文高居首位，占全部基金论文的 54.28%；排在第 2 位的是科学技术部，在其支持下产出了 56820 篇论文，占全部基金论文的 13.43%；中国科学院以支持产生 4186 篇论文排在第 3 位，占全部基金论文的 0.99%。相较于 2019 的数据发现，教育部基金资助论文篇数明显减少，科学技术部、人力资源和社会保障部基金资助论文篇数和占全部基金论文的比例都略有增加。

表 7-6　2020 年 SCI 产出基金论文数居前 6 位的国家级和各部委基金资助来源

基金资助来源	2020 年			2019 年		
	基金论文篇数	占全部基金论文的比例	排名	基金论文篇数	占全部基金论文的比例	排名
国家自然科学基金委员会	229591	54.28%	1	213836	55.80%	1
科学技术部	56820	13.43%	2	49248	12.85%	2
中国科学院	4186	0.99%	3	3814	1.00%	4
人力资源和社会保障部	3725	0.88%	4	2361	0.62%	5
教育部	2384	0.56%	5	6904	1.80%	3
国家社会科学基金	1714	0.41%	6	1047	0.27%	6

数据来源：SCIE 2020。

根据 SCI 数据统计，2020 年省一级地方（包括省、自治区、直辖市）设立的地区科学基金产出论文 56357 篇，占全部基金论文的 13.33%，该比重相较 2019 年略有增长。表 7-7 列出了 2020 年 SCI 产出基金论文居前 10 位的省级基金资助来源，其中浙江以支持产出 5221 篇基金论文居第 1 位，其后分别是江苏和山东，分别支持产出 5049 篇和 4501 篇基金论文。

表 7-7　2020 年 SCI 产出基金论文数居前 10 位的省级基金资助来源

基金资助来源	2020 年			2019 年		
	基金论文篇数	占全部基金论文的比例	排名	基金论文篇数	占全部基金论文的比例	排名
浙江	5221	1.23%	1	3754	0.98%	3
江苏	5049	1.19%	2	4799	1.25%	1
山东	4501	1.06%	3	3697	0.96%	4
上海	4303	1.02%	4	3111	0.81%	6
广东	3970	0.94%	5	3764	0.98%	2
北京	3838	0.91%	6	3186	0.83%	5
四川	2586	0.61%	7	1775	0.46%	7
陕西	2197	0.52%	8	1392	0.36%	9
湖南	2105	0.50%	9	1288	0.34%	12
河南	1783	0.42%	10	1665	0.43%	8

数据来源：SCIE 2020。

根据 SCI 数据统计，2020 年 SCI 产出基金论文居前 10 位的基金资助计划项目中，排在首位的是浙江省自然科学基金项目，资助产出 SCI 论文 2602 篇；其次是人力资源和社会保障部博士后科学基金，资助产出 SCI 论文 2361 篇；排在第 3 位的是国家重点基础研究发展计划（973 计划），资助产出论文 2336 篇（表 7-8）。

表 7-8　2020 年 SCI 产出基金论文数居前 10 位的基金资助计划（项目）

排名	基金资助计划（项目）	基金论文篇数	占全部基金论文的比例
1	浙江省自然科学基金	2602	0.62%
2	人力资源和社会保障部博士后科学基金	2361	0.56%
3	国家重点基础研究发展计划（973 计划）	2336	0.55%
4	山东省自然科学基金	2127	0.50%
5	国家重点实验室	1926	0.46%
6	江苏省自然科学基金	1791	0.42%
7	国家社会科学基金	1714	0.41%
8	国家科技重大专项	1487	0.35%
9	北京市自然科学基金	1447	0.34%
10	人力资源和社会保障部留学人员科技活动项目	1360	0.32%

数据来源：SCIE 2020。

（3）CSTPCD 和 SCI 收录基金论文的基金资助来源的异同

通过对 CSTPCD 和 SCI 收录基金论文的分析可以看出，目前中国已经形成了一个以国家（国家自然科学基金、国家科技重大专项和国家重点基础研究发展计划等）为主、地方（各省级基金）、机构（大学、研究机构基金）、公司（各公司基金）、个人（私人基金）、海外基金等为补充的多层次的资助体系。无论是 CSTPCD 收录的基金论文或者是 SCI 收录的基金论文，都是在这一资助体系下产生，所以其基金资助来源必然呈现出一定的一致性，这种一致性主要表现在：

①国家自然科学基金在中国的基金资助体系中占据了绝对的主体地位。在 CSTPCD 数据库中，由国家自然科学基金资助产出的论文占该数据库全部基金论文的 35.09%；在 SCI 数据库中，国家自然科学基金资助产出的论文更是占到了高达 54.28%。

②科学技术部在中国的基金资助体系中发挥了极为重要的作用。在 CSTPCD 数据库中，科学技术部资助产出的论文占该数据库全部基金论文的 14.10%；在 SCI 数据库中，科学技术部资助产出的论文占 13.43%。

③省一级地方（包括省、自治区、直辖市）是中国基金资助体系的有力补充。在 CSTPCD 数据库中，由省一级地方基金资助产出的论文占该数据库基金论文总数的 28.30%；在 SCI 数据库中，省一级地方基金资助产出的论文占 13.33%。

7.3.3　基金资助产出论文的文献类型分布

（1）CSTPCD 收录基金论文的文献类型分布与各类型文献基金论文比

根据 CSTPCD 数据统计，论著、综述与评论类型论文的基金论文比高于其他类型的文献。2020 年 CSTPCD 收录论著类型论文 364013 篇，其中 283428 篇由基金资助产生，基金论文比为 77.86%；收录综述与评论类型论文 33028 篇，其中 24940 篇由基金资助产生，基金论文比为 75.51%。其他类型文献（短篇论文和研究快报、工业工程设计）共计 54293 篇，其中 26935 篇由基金资助产生，基金论文比为 49.61%。论著、综述与评论这两种类型论文的基金论文比远高于其他类型的文献。

CSTPCD 收录的基金论文中，论著、综述与评论类型的论文占据了主体地位。2020 年 CSTPCD 收录由基金资助产出的论文共计 335303 篇，其中论著 283428 篇，综述与评论 24940 篇，这两种类型的文献占全部基金论文总数的 91.97%。图 7-2 为 CSTPCD 收录的基金和非基金论文文献类型分布情况。

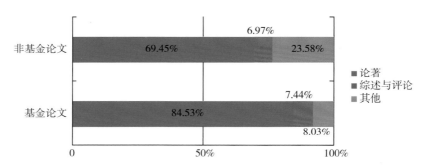

图 7-2　CSTPCD 基金和非基金论文文献类型分布

（2）SCI 收录基金论文的文献类型分布与各类型文献基金论文比

如表 7-9 所示，2020 年 SCI 收录中国论文 501576 篇（不包含港澳台地区），其中 A（Article）、R（Review）两种类型的论文有 479277 篇，其他类型（Bibliography、Biographical-Item、Book Review、Correction、Editorial Material、Letter、Meeting Abstract、News Item、Proceedings Paper、Reprint 等）论文 22299 篇。

SCI 收录基金论文中，A、R 类型论文占据绝对主体地位。如表 7-9 所示，2020 年 SCI 收录中国基金论文 430300 篇，其中 A、R 类型论文共计 422943 篇，A、R 论文所占比例达 95.55%。2020 年 SCI 收录 A、R 类型基金论文占收录中国所有论文的 84.32%。

表 7-9　2020 年基金资助产出论文的文献类型与基金论文比

	论文总篇数	基金论文篇数	基金论文比
AR 论文	479277	422943	88.25%
其他类型	22299	7357	32.99%
合计	501576	430300	85.79%

数据来源：SCIE 2020。

7.3.4　基金论文的机构分布

（1）CSTPCD 收录基金论文的机构分布

2020 年，CSTPCD 收录中国各类基金资助产出论文在各类机构中的分布情况见附

表 40 和图 7-3。多年来，高等院校一直是基金论文产出的主体力量，由其产出的基金论文占全部基金论文的比例长期保持在 70% 以上。从 CSTPCD 的统计数据可以看到，2020 年有 72.06% 的基金论文产自高等院校。自 2015 年起，高等院校产出基金论文连续 6 年保持在 22 万篇以上的水平；自 2017 年起，高等院校产出基金论文突破 23 万篇，2020 年高等院校产出基金论文突破 24 万篇。基金论文产出的第二力量来自科研机构，2020 年由科研机构产出的基金论文共计 39998 篇，占全部基金论文的 11.93%，该比例较 2019 年有所下降。

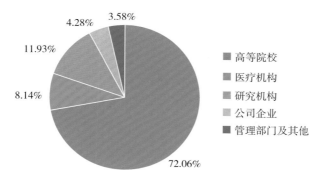

图 7-3　2020 年 CSTPCD 收录中国各类基金资助产出论文在各类机构中的分布

注：医疗机构数据不包括高等院校附属医院。

各类型机构产出基金论文数占该类型机构产出论文总数的比例，称为该种类型机构的基金论文比。根据 CSTPCD 数据统计，2020 年不同类型机构的基金论文比存在一定差异。如表 7-10 所示，高等院校和科研院所的基金论文比明显高于其他类型的机构。这一现象与科研中高等院校和科研院所是主体力量、基金资助在这两类机构的科研人员中有更高的覆盖率的事实是相一致的。

表 7-10　2020 年 CSTPCD 收录各类型机构的基金论文比

机构类型	基金论文篇数	论文总篇数	基金论文比
高等院校	241628	298812	80.86%
医疗机构	27298	52023	52.47%
研究机构	39998	51873	77.11%
公司企业	14361	30006	47.86%
管理部门及其他	12018	18620	64.54%
合计	335303	451334	74.29%

注：医疗机构数据不包括高等院校附属医院。

数据来源：CSTPCD 2020。

根据 CSTPCD 数据统计，2020 年产出基金论文数居前 50 位的高等院校见附表 43。表 7-11 列出了 2020 年产出基金论文数居前 10 位的高等院校。2020 年进入前 10 位的高等院校的基金论文有 7 所超过了 2000 篇，其数量与 2019 年保持一致，2017 年和 2018 年 8 所高等院校、2016 年 3 所高等院校、2015 年 5 所高等院校、2014 年 5 所高等院校、2013 年 10 所高等院校基金论文数超过 2000 篇。

表 7-11 2020 年 CSTPCD 产出基金论文居前 10 位的高等院校

排名	机构名称	基金论文篇数	占全部基金论文的比例
1	上海交通大学	3686	1.10%
2	首都医科大学	3575	1.07%
3	四川大学	2739	0.82%
4	浙江大学	2228	0.66%
5	北京大学	2208	0.66%
6	武汉大学	2179	0.65%
7	北京中医药大学	2175	0.65%
8	复旦大学	1942	0.58%
9	中南大学	1923	0.57%
10	郑州大学	1896	0.57%

注：高等院校数据包括其附属医院。

数据来源：CSTPCD 2020。

根据 CSTPCD 数据统计，2020 年中国科研院所产出基金论文居前 50 位的机构见附表 44。表 7-12 列出了 2020 年产出基金论文居前 10 位的科研院所。2014 年，基金论文数超过 600 篇的科研机构有 4 家，分别是中国林业科学院 655 篇、中国科学院长春光学精密机械与物理研究所 634 篇、中国医学科学院 603 篇、中国水产科学研究院 602 篇；2015 年仅中国科学院长春光学精密机械与物理研究所 1 家科研机构的基金论文数超过 600 篇；2016 年，基金论文数超过 600 篇的科研机构有 2 家，分别是中国林业科学研究院 658 篇和中国水产科学研究院 656 篇；2017 年，中国林业科学研究院和中国水产科学研究院分别以 674 篇和 617 篇居 CSTPCD 产出基金论文前两位；2018 年，基金论文数超过 600 篇的机构有 2 家，分别是中国林业科学研究院 601 篇和中国水产科学研究院 600 篇。2019 年和 2020 年基金论文数超过 600 篇的仅有中国林业科学研究院 1 家。

表 7-12 2020 年 CSTPCD 产出基金论文数居前 10 位的科研院所

排名	机构名称	基金论文篇数	占全部基金论文的比例
1	中国林业科学研究院	600	0.18%
2	中国疾病预防控制中心	561	0.17%
3	中国科学院地理科学与资源研究所	529	0.16%
4	中国中医科学院	507	0.15%
5	中国水产科学研究院	493	0.15%
6	中国热带农业科学院	389	0.12%
7	中国科学院西北生态环境资源研究院	357	0.11%
8	广东省农业科学院	333	0.10%
9	中国工程物理研究院	324	0.10%
10	江苏省农业科学院	290	0.09%

数据来源：CSTPCD 2020。

（2）SCI 收录基金论文的机构分布

2020 年，SCI 收录中国各类基金资助产出论文在各类机构中的分布情况如图 7-4 所示。根据 SCI 数据统计，2020 年高等院校共产出基金论文 368667 篇，占 87.17%；科研院所共产出基金论文 39164 篇，占 9.26%；医疗机构共产出基金论文 8662 篇，占 2.05%；公司企业基金论文 1445 篇，占比不足总数的 1%。

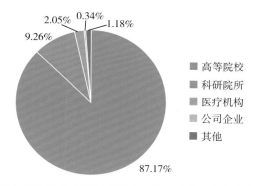

图 7-4　2020 年 SCI 收录中国各类基金资助产出论文在各类机构中的分布

注：医疗机构数据不包括高等院校附属医院。

数据来源：SCIE 2020。

如表 7-13 所示，不同类型机构的基金论文比存在一定差异的现象同样存在于 SCI 数据库中。根据 SCI 数据统计，医疗机构、公司企业等的基金论文比明显低于高等院校和科研院所。科研院所产出论文的基金论文比为 91.82%，高等院校产出论文的基金论文比为 89.45%。

表 7-13　2020 年 SCI 收录各类型机构的基金论文比

机构类型	基金论文篇数	论文总篇数	基金论文比
高等院校	368667	412168	89.45%
科研院所	39164	42655	91.82%
医疗机构	8662	16185	53.52%
公司企业	1445	1839	78.58%
其他	5005	6430	77.84%
合计	422943	479277	88.25%

注：医疗机构数据不包括高等院校附属医院。

数据来源：SCIE 2020。

表 7-14 列出了根据 SCI 数据统计出的 2020 年中国产出基金论文数居前 10 位的高等院校。在高等院校中，浙江大学是 SCI 基金论文最大的产出机构，共产出 8472 篇，占全部基金论文的 2.00%；其次是上海交通大学，共产出 8161 篇，占全部基金论文的 1.93%；排在第 3 位的是中南大学，共产出 6305 篇，占全部基金论文的 1.49%。

表 7-14　2020 年中国产出 SCI 收录基金论文居前 10 位的高等院校

排名	机构名称	基金论文篇数	占全部基金论文的比例
1	浙江大学	8472	2.00%
2	上海交通大学	8161	1.93%
3	中南大学	6305	1.49%
4	四川大学	6158	1.46%
5	华中科技大学	5979	1.41%
6	中山大学	5837	1.38%
7	清华大学	5473	1.29%
8	西安交通大学	5426	1.28%
9	北京大学	5334	1.26%
10	复旦大学	5068	1.20%

注：高等院校数据包括其附属医院。

数据来源：SCIE 2020。

表 7-15 列出了根据 SCI 数据统计出的 2020 年中国产出基金论文数居前 10 位的科研院所。在科研院所中，基金论文产出最多的科研机构是中国工程物理研究院，共产出 804 篇论文，占全部基金论文的 0.19%；其次是中国科学院合肥物质科学研究院，产出 695 篇，占全部基金论文的 0.18%；排在第 3 位的是中国科学院化学研究所，共产出 659 篇，占全部基金论文的 0.16%。

表 7-15　2020 年中国产出 SCI 收录基金论文数居前 10 位的科研院所

排名	机构名称	基金论文篇数	占全部基金论文的比例
1	中国工程物理研究院	804	0.19%
2	中国科学院合肥物质科学研究院	746	0.18%
3	中国科学院化学研究所	659	0.16%
4	中国科学院生态环境研究中心	656	0.16%
5	中国科学院地理科学与资源研究所	647	0.15%
6	中国科学院长春应用化学研究所	628	0.15%
7	中国科学院大连化学物理研究所	600	0.14%
8	中国科学院西北生态环境资源研究院	562	0.13%
9	中国科学院深圳先进技术研究院	524	0.12%
10	中国科学院海洋研究所	507	0.12%

数据来源：SCIE 2020。

（3）CSTPCD 和 SCI 收录基金论文机构分布的异同

长期以来，高等院校和科研院所一直是中国科学研究的主体力量，也是中国各类基金资助的主要资金流向。高等院校和科研院所的这一主体地位反映在基金论文上便是：无论是在 CSTPCD 或是在 SCI 数据库中，基金论文机构分布具有相同之处——高等院校和科研院所产出的基金论文数量较多，所占的比例也最大。2020 年，CSTPCD 数据库收录高等院校和科研院所产出的基金论文共 281626 篇，占该数据库收录基金论文总数的

83.99%；SCI 数据库收录高等院校和科研院所产出的基金论文共 407831 篇，占该数据库收录基金论文总数的 96.42%。

CSTPSD 和 SCI 数据库收录基金论文的机构分布也存在一些不同。例如，①在两个数据库中 2020 年产出基金论文数居前 10 位的高等院校和科研院所的名单存在较大差异；② SCI 数据库中，基金论文集中在少数机构中产生，而在 CSTPCD 数据库中，基金论文的机构分布较 SCI 数据库更为分散。

7.3.5　基金论文的学科分布

（1）CSTPCD 收录基金论文的学科分布

根据 CSTPCD 数据统计，2020 年中国各类基金资助产出论文在各学科中的分布情况见附表 41。如表 7-16 所示为 2020 年基金论文数居前 10 位的学科，进入该名单的学科与 2019 年位次略有差别。2019 年中医学基金论文篇数排在第 5 位，电子、通信与自动控制的论文篇数排在第 4 位，生物学基金论文篇数排在第 9 位，土木建筑基金论文篇数排在第 10 位。2020 年中医学基金论文篇数排在第 4 位，电子、通信与自动控制的论文篇数排在第 5 位，生物学基金论文篇数排在第 10 位，预防医学与卫生学基金论文篇数排在第 9 位。其他学科基金论文篇数排位与 2019 年保持一致。生物学基金论文篇数已经连续 3 年下降。

表 7-16　2020 年和 2019 年 CSTPCD 收录基金论文数居前 10 位的学科

学科	2020 年			2019 年		
	基金论文篇数	占全部基金论文的比例	排名	基金论文篇数	占全部基金论文的比例	排名
临床医学	71740	21.40%	1	67897	20.69%	1
计算技术	21806	6.50%	2	21977	6.70%	2
农学	20269	6.04%	3	20267	6.17%	3
中医学	19040	5.68%	4	17616	5.37%	5
电子、通信与自动控制	19004	5.67%	5	18404	5.61%	4
地学	12943	3.86%	6	12940	3.94%	6
环境科学	12279	3.66%	7	12035	3.67%	7
土木建筑	10690	3.19%	8	10013	3.05%	8
预防医学与卫生学	9068	2.70%	9	8931	2.72%	10
生物学	9049	2.70%	10	9569	2.92%	9

数据来源：CSTPCD 2020。

（2）SCI 收录基金论文的学科分布

根据 SCI 数据统计，2020 年中国各类基金资助产出论文在各学科中的分布情况如表 7-17 所示。基金论文最多的来自于化学领域，共计 58839 篇，占全部基金论文的 13.91%；其次是生物学，47118 篇基金论文来自该领域，占全部基金论文的 11.14%；排在第 3 位的是临床医学，35354 篇基金论文来自该领域，占全部基金论文的 8.36%。

表 7-17　2020 年 SCI 收录各学科基金论文数及基金论文比

学科	基金论文篇数	占全部基金论文的比例	基金论文数排名	论文总篇数	基金论文比
化学	58839	13.91%	1	62961	93.45%
生物学	47118	11.14%	2	52342	90.02%
临床医学	35354	8.36%	3	48040	73.59%
物理学	34673	8.20%	4	37820	91.68%
材料科学	32293	7.64%	5	34950	92.40%
电子、通信与自动控制	28999	6.86%	6	32286	89.82%
环境科学	20748	4.91%	7	22197	93.47%
基础医学	20624	4.88%	8	26272	78.50%
地学	17894	4.23%	9	20383	87.79%
计算技术	16379	3.87%	10	19466	84.14%
能源科学技术	13130	3.10%	11	14000	93.79%
药物学	13125	3.10%	12	16402	80.02%
化工	12311	2.91%	13	12881	95.57%
数学	11378	2.69%	14	12813	88.80%
土木建筑	7045	1.67%	15	7529	93.57%
预防医学与卫生学	6373	1.51%	16	7629	83.54%
农学	5955	1.41%	17	6283	94.78%
机械、仪表	5825	1.38%	18	6447	90.35%
食品	4690	1.11%	19	4844	96.82%
力学	4360	1.03%	20	4860	89.71%
工程与技术基础学科	2689	0.64%	21	2976	90.36%
畜牧、兽医	2368	0.56%	22	2467	95.99%
天文学	2207	0.52%	23	2281	96.76%
水产学	2015	0.48%	24	2109	95.54%
水利	1943	0.46%	25	2079	93.46%
核科学技术	1674	0.40%	26	2033	82.34%
冶金、金属学	1562	0.37%	27	1888	82.73%
中医学	1385	0.33%	28	1601	86.51%
交通运输	1322	0.31%	29	1452	91.05%
航空航天	1254	0.30%	30	1461	85.83%
轻工、纺织	1185	0.28%	31	1343	88.24%
信息、系统科学	1152	0.27%	32	1390	82.88%
林学	1068	0.25%	33	1184	90.20%
管理学	976	0.23%	34	1146	85.17%
动力与电气	911	0.22%	35	988	92.21%
矿业工程技术	800	0.19%	36	903	88.59%
其他	588	0.14%	37	723	81.33%
军事医学与特种医学	454	0.11%	38	540	84.07%
安全科学技术	277	0.07%	39	308	89.94%
总计	422943	100.00%		479277	88.25%

数据来源：SCIE 2020。

（3）CSTPCD 和 SCI 收录基金论文学科分布的异同

通过以上两节的分析可以看出，CSTPCD 和 SCI 数据库收录基金论文在学科分布上存在较大差异：

① CSTPCD 收录基金论文数居前 3 位的学科分别是临床医学、计算技术和农学；SCI 收录基金论文数居前 3 位的学科分别是化学、生物学和临床医学。

②与 CSTPCD 数据库相比，SCI 数据库收录的基金论文在学科分布上呈现了更明显的集中趋势。在 CSTPCD 数据库中，基金论文数量排名居前 7 位的学科集中了 50% 以上的基金论文；居前 19 位的学科集中了 80% 以上的基金论文。在 SCI 数据库中，基金论文数量排名居前 6 位的学科集中了 50% 以上的基金论文；居前 12 位的学科集中了80% 以上的基金论文。

7.3.6 基金论文的地区分布

（1）CSTPCD 收录基金论文的地区分布

2020 年 CSTPCD 收录各类基金资助产出论文的地区分布情况见附表 42。表 7–18 给出了 2019 年和 2020 年基金资助产出论文数居前 10 位的地区。根据 CSTPCD 数据统计，2020 年基金论文数居首位的仍然是北京，产出 43484 篇，占全部基金论文的 12.97%。排在第 2 位的是江苏，产出 28939 篇基金论文，占全部基金论文的 8.63%。位列其后是上海、陕西、广东、湖北、四川、山东、河南和浙江地区基金论文数也均超过了 12000 篇。相较于 2019 年，上海、河南的位次有所上升，陕西、浙江的位次有所下降。

表 7–18 2020 年和 2019 年 CSTPCD 产出基金论文数居前 10 位的地区

地区	2020 年			2019 年		
	基金论文篇数	占全部基金论文的比例	排名	基金论文篇数	占全部基金论文的比例	排名
北京	43484	12.97%	1	41958	12.78%	1
江苏	28939	8.63%	2	28726	8.75%	2
上海	19902	5.94%	3	19547	5.96%	4
陕西	19179	5.72%	4	19700	6.00%	3
广东	18914	5.64%	5	18607	5.67%	5
湖北	15796	4.71%	6	15806	4.82%	6
四川	15506	4.62%	7	14846	4.52%	7
山东	14642	4.37%	8	14175	4.32%	8
河南	13053	3.89%	9	12216	3.72%	11
浙江	12601	3.76%	10	12720	3.88%	9

数据来源：CSTPCD 2020。

各地区的基金论文数占该地区全部论文数的比例，称之为该地区的基金论文比。2019—2020 年各地区产出基金论文比与基金论文变化情况如表 7–19 所示。2020 年基金论文比最高的地区是贵州，其基金论文比为 85.74%；最低的地区是湖北，其基金论文比为 69.34%。

表 7-19 2019—2020 年 CSTPCD 各地区基金论文比与基金论文数变化情况

地区	基金论文比			基金论文篇数		增长率
	2020 年	2019 年	变化（百分点）	2020 年	2019 年	
北京	71.02%	69.67%	1.35	43484	41958	3.64%
江苏	75.06%	74.68%	0.39	28939	28726	0.74%
上海	71.99%	70.67%	1.32	19902	19547	1.82%
陕西	74.97%	73.60%	1.37	19179	19700	−2.64%
广东	73.70%	72.26%	1.44	18914	18607	1.65%
湖北	69.34%	68.56%	0.78	15796	15806	−0.06%
四川	69.80%	69.03%	0.77	15506	14846	4.45%
山东	70.82%	70.18%	0.63	14642	14175	3.29%
河南	71.65%	69.73%	1.92	13053	12216	6.85%
浙江	72.78%	72.91%	−0.13	12601	12720	−0.94%
辽宁	73.73%	72.59%	1.14	12491	12482	0.07%
河北	72.44%	70.82%	1.62	11277	10494	7.46%
湖南	79.65%	79.05%	0.60	10016	9484	5.61%
安徽	72.03%	72.95%	−0.93	9121	8791	3.75%
天津	74.95%	72.81%	2.14	9092	9223	−1.42%
重庆	75.15%	74.60%	0.55	8271	7969	3.79%
黑龙江	80.20%	79.15%	1.05	7594	7964	−4.65%
广西	85.18%	84.83%	0.35	7099	6732	5.45%
甘肃	81.76%	81.52%	0.24	6768	6430	5.26%
云南	80.78%	79.28%	1.50	6615	6175	7.13%
山西	75.22%	73.38%	1.84	6585	6235	5.61%
福建	79.93%	80.27%	−0.35	6407	6291	1.84%
新疆	84.10%	82.96%	1.14	5762	5518	4.42%
吉林	77.47%	77.03%	0.44	5546	5849	−5.18%
贵州	85.74%	85.52%	0.22	5513	5604	−1.62%
江西	83.77%	84.65%	−0.88	5429	5353	1.42%
内蒙古	79.29%	78.22%	1.07	3717	3436	8.18%
海南	71.75%	73.45%	−1.70	2550	2545	0.20%
宁夏	84.19%	82.79%	1.40	1747	1578	10.71%
青海	72.27%	62.26%	10.00	1368	1353	1.11%
西藏	79.35%	80.65%	−1.30	319	321	−0.62%
合计	74.29%	73.29%	1.00	335303	328128	2.19%

数据来源：CSTPCD 2020。

（2）SCI 收录基金论文的地区分布

根据 SCI 数据统计，2020 年各地区基金论文与基金论文数变化情况如表 7-20 所示。
2020 年，中国各类基金资助产出论文最多的地区是北京，产出 59568 篇，占全部基金论文的 14.08%；其次是江苏，产出 44514 篇，占全部基金论文的 10.52%；排在第3 位的是广东，产出 32742 篇，占全部基金论文的 7.74%。

表 7-20 2020 年各地区 SCI 基金论文比与基金论文数变化情况

排名	地区	基金论文篇数	占全部基金论文的比例	论文篇数	基金论文比
1	北京	59568	14.08%	67145	88.72%
2	江苏	44514	10.52%	49435	90.05%
3	广东	32742	7.74%	36205	90.44%
4	上海	32526	7.69%	36370	89.43%
5	陕西	23127	5.47%	25761	89.78%
6	山东	22998	5.44%	27676	83.10%
7	湖北	22757	5.38%	26100	87.19%
8	浙江	21823	5.16%	25072	87.04%
9	四川	19016	4.50%	22081	86.12%
10	湖南	15810	3.74%	17544	90.12%
11	辽宁	15061	3.56%	17203	87.55%
12	天津	12544	2.97%	14016	89.50%
13	安徽	11519	2.72%	12715	90.59%
14	黑龙江	10675	2.52%	11925	89.52%
15	河南	10380	2.45%	12363	83.96%
16	重庆	9589	2.27%	10853	88.35%
17	福建	9454	2.24%	10509	89.96%
18	吉林	9367	2.21%	11040	84.85%
19	江西	5624	1.33%	6471	86.91%
20	甘肃	5582	1.32%	6293	88.70%
21	河北	5035	1.19%	6505	77.40%
22	山西	4817	1.14%	5499	87.60%
23	云南	4542	1.07%	5018	90.51%
24	广西	4306	1.02%	4788	89.93%
25	贵州	2787	0.66%	3055	91.23%
26	新疆	2304	0.54%	2563	89.89%
27	内蒙古	1782	0.42%	2080	85.67%
28	海南	1295	0.31%	1450	89.31%
29	宁夏	770	0.18%	847	90.91%
30	青海	547	0.13%	608	89.97%
31	西藏	82	0.02%	87	94.25%
	合计	422943	100.00%	479277	88.25%

数据来源：SCIE 2020。

（3）CSTPCD 与 SCI 收录基金论文地区分布的异同

CSTPCD 和 SCI 两个数据库收录基金论文地区分布的相同点主要表现在：无论在 CSTPCD 数据库还是在 SCI 数据库中，产出基金论文数居前 5 位的地区都是北京、江苏、陕西、上海和广东。不同之处在于城市的位次不同，在 CSTPCD 数据库中，上海产出基金论文数量排在第 3 位，陕西排在第 4 位，广东排在第 5 位；在 SCI 数据库中，广东超越上海和陕西，排在第 3 位，上海排在第 4 位，陕西排在第 5 位。

CSTPCD 和 SCI 两个数据库收录基金论文地区分布的不同点主要表现在：SCI 数据库中基金论文的地区分布更为集中。例如，在 CSTPCD 数据库中，基金论文数居前 8 位的地区产出了 50% 以上的基金论文，基金论文数居前 17 位的地区产出了 80% 以上的基金论文；在 SCI 数据库中，基金论文数居前 6 位的地区产出了 50% 以上的基金论文，基金论文居前 14 位的地区产出了 80% 以上的基金论文。

7.3.7 基金论文的合著情况分析

（1）CSTPCD 收录基金论文合著情况分析

如图 7-5 所示，2020 年 CSTPCD 收录所有论文 451334 篇，其中合著论文 428093 篇，合著论文占比 94.85%。2020 年 CSTPCD 收录基金论文 335303 篇，其中合著论文 325387 篇，合著论文占比为 97.04%。这一值较 CSTPCD 收录所有论文的合著比例 94.85% 高了 2.19 个百分点。

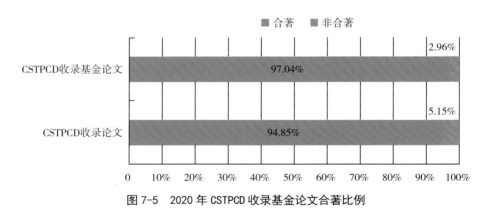

图 7-5　2020 年 CSTPCD 收录基金论文合著比例

数据来源：CSTPCD 2020。

2020 年，CSTPCD 收录所有论文的篇均作者数为 4.59 人/篇，该数据库收录基金论文篇均作者数为 4.84 人/篇，基金论文的篇均作者数较所有论文的篇均作者数高出 0.25 人/篇。

如表 7-21 所示，CSTPCD 收录基金论文中的合著论文以 4 作者论文最多，共计 62599 篇，占全部基金论文总数的 18.67%；5 作者论文所占比例排在第 2 位，共计 62425 篇，占全部基金论文总数的 18.62%；排在第 3 位的是 3 作者论文，共计 52555 篇，占全部基金论文总数的 15.67%。

表 7-21　2020 年 CSTPCD 收录不同作者数的基金论文数

作者数	基金论文篇数	占全部基金论文的比例	作者数	基金论文篇数	占全部基金论文的比例
1	9909	2.96%	7	28281	8.43%
2	34608	10.32%	8	16826	5.02%
3	52555	15.67%	9	8450	2.52%
4	62599	18.67%	10	4908	1.46%
5	62425	18.62%	≥ 11 及不详	5402	1.61%
6	49340	14.72%	总计	335303	100.00%

数据来源：CSTPCD 2020。

　　表 7-22 列出了 2020 年 CSTPCD 基金论文的合著论文比例与篇均作者数的学科分布。根据 CSTPCD 数据统计，各学科基金论文合著论文比例最高的是水产学，为 99.27%；畜牧、兽医，药物学，核科学技术，农学，材料科学，动力与电气，生物学，军事医学与特种医学，化学，基础医学，航空航天，林学，工程与技术基础学科这 13 个学科基金论文的合著论文比例也都超过了 98.00%；数学学科基金论文的合著比例最低，为 87.22%。各学科篇均作者数在 2.55 ～ 6.44 人 / 篇，篇均作者数最高的是畜牧、兽医，为 6.44 人 / 篇，其次是农学，为 5.94 人 / 篇；排在第 3 位的是核科学技术，为 5.85 人 / 篇。

表 7-22　2020 年 CSTPCD 基金论文的合著论文比例与篇均作者数的学科分布

学科	基金论文篇数	合著基金论文篇数	合著论文比例	篇均作者数 /（人 / 篇）
临床医学	71740	70253	97.93%	5.12
计算技术	21806	20782	95.30%	3.66
农学	20269	20020	98.77%	5.94
中医学	19040	18645	97.93%	5.22
电子、通信与自动控制	19004	18334	96.47%	4.38
地学	12943	12548	96.95%	5.00
环境科学	12279	12028	97.96%	5.05
土木建筑	10690	10238	95.77%	3.99
预防医学与卫生学	9068	8811	97.17%	5.32
生物学	9049	8917	98.54%	5.51
食品	8216	8037	97.82%	5.50
基础医学	8118	7986	98.37%	5.42
交通运输	8033	7670	95.48%	3.91
化工	7791	7577	97.25%	4.93
机械、仪表	7518	7286	96.91%	4.04
冶金、金属学	7403	7220	97.53%	4.73
药物学	7256	7188	99.06%	5.21
化学	6831	6724	98.43%	5.09
畜牧、兽医	6164	6112	99.16%	6.44
材料科学	5074	5003	98.60%	5.35
矿山工程技术	4316	3786	87.72%	4.02

续表

学科	基金论文篇数	合著基金论文篇数	合著论文比例	篇均作者数/（人/篇）
物理学	4108	3947	96.08%	5.07
能源科学技术	4097	3856	94.12%	5.11
数学	3747	3268	87.22%	2.55
林学	3555	3496	98.34%	5.24
航空航天	3411	3355	98.36%	4.24
工程与技术基础学科	3213	3155	98.19%	4.64
动力与电气	2860	2819	98.57%	4.68
水利	2828	2754	97.38%	4.22
测绘科学技术	2367	2293	96.87%	4.18
水产学	2041	2026	99.27%	5.84
轻工、纺织	1693	1550	91.55%	4.44
力学	1585	1546	97.54%	4.02
军事医学与特种医学	1103	1086	98.46%	5.63
管理学	740	716	96.76%	3.03
核科学技术	666	659	98.95%	5.85
天文学	437	419	95.88%	5.68
信息、系统科学	254	237	93.31%	3.17
安全科学技术	216	201	93.06%	4.15
其他	13774	12839	93.21%	3.5
合计	335303	325387	97.04%	4.84

数据来源：CSTPCD 2020。

（2）SCI 收录基金论文合著情况分析

2020 年 SCI 收录中国论文 479277 篇，合著中国论文 473020 篇，合著论文占比 98.69%。2020 年 SCI 收录中国基金论文 422943 篇，合著中国基金论文 418929，合著论文占比为 99.05%。这一值较 SCI 收录所有论文的合著比例高了 0.36 个百分点（图 7-6）。

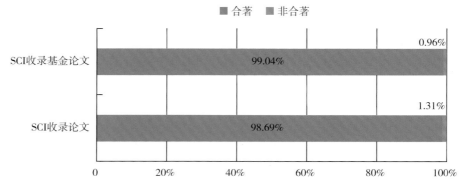

图 7-6　2020 年 SCI 收录基金论文合著比例

数据来源：SCIE 2020。

2020 年，SCI 收录所有论文的篇均作者数为 6.15 人 / 篇，该数据库收录基金论文篇均作者数为 6.29 人 / 篇，基金论文的篇均作者数较所有论文的篇均作者数高出 0.14 人 / 篇。

如表 7-23 所示，SCI 收录基金论文中的合著论文以 5 作者最多，共计 68945 篇，占全部基金论文总数的 16.30%；其次是 6 作者论文，共计 63943 篇，占全部基金论文总数的 15.12%；排在第 3 位的是 4 作者论文，共计 59615 篇，占全部基金论文总数的 14.10%。

表 7-23 2020 年 SCI 收录不同作者数的基金论文数

作者数	基金论文篇数	占全部基金论文的比例	作者数	基金论文篇数	占全部基金论文的比例
1	4014	0.95%	8	36425	8.61%
2	22034	5.21%	9	26119	6.18%
3	41810	9.89%	10	19267	4.56%
4	59615	14.10%	11	10261	2.43%
5	68945	16.30%	12	7022	1.66%
6	63943	15.12%	≥ 13	15076	3.56%
7	48412	11.45%	总计	422943	100.00%

数据来源：SCIE 2020。

表 7-24 列出了 2020 年 SCI 基金论文的合著论文比例与篇均作者数的学科分布。根据 SCI 数据统计，合著论文比例最高的是中医学，合著论文比例为 100%。合著论文比例最低的是数学专业，合著论文比例是 89.61%。如表 7-24 所示，各学科篇均作者数在 2.87 ～ 11.9 人 / 篇，篇均作者数最高的是天文学，为 11.9 人 / 篇；其次是临床医学，为 7.99 人 / 篇。

表 7-24 2020 年 SCI 基金论文的合著论文比例与篇均作者数的学科分布

学科	基金论文篇数	合著基金论文篇数	合著基金论文比例	篇均作者数 /（人 / 篇）
化学	58839	58665	99.70%	6.56
生物学	47118	46938	99.62%	7.34
临床医学	35354	35297	99.84%	7.99
物理学	34673	34058	98.23%	5.93
材料科学	32293	32152	99.56%	6.43
电子、通信与自动控制	28999	28683	98.91%	4.67
环境科学	20748	20624	99.40%	6.11
基础医学	20624	20597	99.87%	7.9
地学	17894	17593	98.32%	5.32
计算技术	16379	16079	98.17%	4.41
能源科学技术	13130	13092	99.71%	5.73
药物学	13125	13100	99.81%	7.58
化工	12311	12296	99.88%	6.06
数学	11378	10196	89.61%	2.87
土木建筑	7045	7011	99.52%	4.66

续表

学科	基金论文篇数	合著基金论文篇数	合著基金论文比例	篇均作者数 /（人 / 篇）
预防医学与卫生学	6373	6349	99.62%	7.26
农学	5955	5940	99.75%	7.02
机械、仪表	5825	5783	99.28%	4.8
食品	4690	4685	99.89%	6.83
力学	4360	4307	98.78%	4.28
工程与技术基础学科	2689	2613	97.17%	4.09
畜牧、兽医	2368	2362	99.75%	7.7
天文学	2207	2102	95.24%	11.9
水产学	2015	2009	99.70%	6.86
水利	1943	1929	99.28%	5.67
核科学技术	1674	1666	99.52%	7
冶金、金属学	1562	1557	99.68%	5.4
中医学	1385	1385	100.00%	7.6
交通运输	1322	1307	98.87%	4.33
航空航天	1254	1242	99.04%	4.34
轻工、纺织	1185	1181	99.66%	6.03
信息、系统科学	1152	1119	97.14%	3.82
林学	1068	1065	99.72%	6.22
管理学	976	948	97.13%	3.7
动力与电气	911	910	99.89%	5.03
矿业工程技术	800	796	99.50%	5.3
军事医学与特种医学	454	453	99.78%	7.89
安全科学技术	277	272	98.19%	3.92
其他	588	568	96.60%	4.54
合计	422943	418929	99.05%	6.29

数据来源：SCIE 2020。

7.3.8　国家自然科学基金委员会项目投入与论文产出的效率

根据 CSTPCD 数据统计，2020 年国家自然科学基金委员会项目论文产出效率如表 7-25 所示。一般说来，国家科技计划项目资助时间 1 ～ 3 年。我们以统计当年以前 3 年的投入总量作为产出的成本，计算中国科技论文的产出效率，即用 2020 年基金项目论文数量除以 2017—2019 年基金项目投入的总额。从表 7-25 可以看出，2017—2019 年，国家自然科学基金项目的基金论文产出效率约达 125.80 篇 / 亿元。

表 7-25　2020 年国家自然科学基金委员会项目 CSTPCD 论文产出效率

基金资助项目	2020 年论文篇数	资助总额 / 亿元				基金论文产出效率 /（篇 / 亿元）
		2017 年	2018 年	2019 年	总计	
国家自然科学基金委员会项目	117652	298.03	307.03	330.17	935.23	125.80

注：2020 年论文数的数据来源于 CSTPCD，资助金额数据来源于国家自然科学基金委 2019 年度统计报告。

根据 SCI 数据统计，2020 年国家自然科学基金委员会项目论文产出效率如表 7-26 所示。2017—2019 年，国家自然科学基金委员会项目的投入产出效率约达 245.49 篇 / 亿元。

表 7-26   2020 年国家自然科学基金委员会项目 SCI 论文产出效率

基金资助项目	2020 年论文篇数	资助总额 / 亿元				基金论文产出效率 /（篇 / 亿元）
		2017 年	2018 年	2019 年	总计	
国家自然科学基金委员会项目	229591	298.03	307.03	330.17	935.23	245.49

注：2020 年论文数的数据来源于 SCI，资助金额数据来源于国家自然科学基金委 2019 年度统计报告。

7.4   讨论

本章对 CSTPCD 和 SCI 收录的基金论文从多个维度进行了分析，包括基金资助来源、基金论文的文献类型分布、机构分布、学科分布、地区分布、合著情况及 3 个国家级科技计划项目的投入产出效率。通过以上分析，主要得到了以下结论：

① 中国各类基金资助产出论文数量在整体上维持稳定状态，基金论文在所有论文中所占比重不断增长，基金资助正在对中国科技事业的发展发挥越来越大的作用。

② 中国目前已经形成了一个以国家自然科学基金、科技部计划项目资助为主，其他部委基金和地方基金、机构基金、公司基金、个人基金和海外基金为补充的多层次的基金资助体系。

③ CSTPCD 和 SCI 收录的基金论文在文献类型分布、机构分布、地区分布上具有一定的相似性；其各种分布情况与 2019 年相比也具有一定的稳定性。SCI 收录基金论文在文献类型分布、机构分布和地区分布上与 CSTPCD 数据库表现出了许多相近的特征。

④ 基金论文的合著论文比例和篇均作者数高于平均水平，这一现象同时存在于 CSTPCD 和 SCI 数据库中。

⑤ 2020 年国家自然科学基金项目资助的 SCI 论文产出效率有所提升，CSTPCD 论文产出效率有所下降，这一趋势与 2019 年一致。由此可见，国家自然科学基金项目资助对 SCI 论文的产出影响更大。

参考文献

[1]   培根 . 学术的进展 [M]. 刘运同，译 . 上海：上海人民出版社，2007：58.

[2]   中国科学技术信息研究所 .2019 年度中国科技论文统计与分析（年度研究报告）[M]. 北京：科学技术文献出版社，2020.

[3]   国家自然科学基金委员会 . 2019 年度报告 [EB/OL]. [2022-04-21]. https://www.nsfc.gov.cn/publish/portal0/ndbg/2019/01/info78220.htm.

[4]   国家自然科学基金委员会 . 2018 年度报告 [EB/OL]. [2022-04-22]. https://www.nsfc.gov.cn/nsfc/cen/ndbg/2018ndbg/01/02.html.

[5]   国家自然科学基金委员会 . 2017 年度报告 [EB/OL].[2022-04-22]. https://www.nsfc.gov.cn/nsfc/cen/ndbg/2017ndbg/01/01.html.

8 中国科技论文合著情况统计分析

科技合作是科学研究工作发展的重要模式。随着科技的进步、全球化趋势的推动，以及先进通讯方式的广泛应用，科学家能够克服地域的限制，参与合作的方式越来越灵活，合著论文的数量一直保持着增长的趋势。中国科技论文统计与分析项目自 1990 年起对中国科技论文的合著情况进行了统计分析。2020 年合著论文数量及所占比例与 2019 年基本持平。2020 年数据显示，无论西部地区还是其他地区，都十分重视并积极参与科研合作。各个学科领域内的合著论文比例与其自身特点相关。同时，对国内论文和国际论文的统计分析表明，中国与其他国家（地区）的合作论文情况总体保持稳定。

8.1 CSTPCD 2020 收录的合著论文统计与分析

8.1.1 概述

"2020 年中国科技论文与引文数据库"（CSTPCD 2020）收录中国机构作为第一作者单位的自然科学领域论文 451555 篇，这些论文的作者总人次达到 2071192 人次，平均每篇论文由 4.59 个作者完成，其中合著论文总数为 428230 篇，所占比例为 94.8%，比 2019 年的 94.3% 增加了 0.5 个百分点。有 23325 篇是由一位作者独立完成的，数量比 2019 年的 25403 篇有所减少，在全部中国论文中所占的比例为 5.2%，比 2019 年的 5.7% 下降了 0.5 个百分点。

表 8-1 列出了 1995—2020 年 CSTPCD 论文篇数、作者人数、篇均作者人数、合著论文篇数及比例的变化情况。从表中可以看出，篇均作者的数值除 2007 年和 2012 年略有波动外，一直保持增长的趋势，2014 年之后篇均作者人数一直保持在 4 人以上。

由表 8-1 还可以看出，合著论文的比例在 2005 年以后一般都保持在 88% 以上，虽然在 2007 年略有下降，但是在 2008 年以后又开始回升，保持在 88% 以上的水平波动，2014 年后的合著论文的比例一直保持在 90% 以上。

如图 8-1 所示，合著论文的数量在持续快速增长，但是在 2008 年合著论文数量的变化幅度明显小于相邻年度。这主要是 2008 年论文总数增长幅度也比较小，比 2007 年仅增长 8898 篇，增幅只有 2%，因此导致尽管合著论文比例增加，但是数量增幅较小。而在 2009 年，随着论文总数增幅的回升，在比例保持相当水平的情况下，合著论文数量的增幅也有较明显的回升。2009 年以后合著论文的增减幅度基本持平。相对 2010 年，2011 年合著论文减少了 977 篇，降幅约为 0.2%。相对 2011 年，2012 年论文总数减少了 6498 篇，降幅约为 1.2%，合著论文的数量和 2011 年相对持平，论文的合著比例显著增加。2020 年合著论文数确有所增加，合著比例较 2019 年有所上升。

表 8-1　1995—2020 年 CSTPCD 收录论文作者数及合作情况

年份	论文篇数	作者人数	篇均作者人数	合著论文篇数	合著比例
1995	107991	304651	2.82	81110	75.1%
1996	116239	340473	2.93	88673	76.3%
1997	120851	366473	3.03	95510	79.0%
1998	133341	413989	3.10	107989	81.0%
1999	162779	511695	3.14	132078	81.5%
2000	180848	580005	3.21	151802	83.9%
2001	203299	662536	3.25	169813	83.5%
2002	240117	796245	3.32	203152	84.6%
2003	274604	929617	3.39	235333	85.7%
2004	311737	1077595	3.46	272082	87.3%
2005	355070	1244505	3.50	314049	88.4%
2006	404858	1430127	3.53	358950	88.7%
2007	463122	1615208	3.49	403914	87.2%
2008	472020	1702949	3.61	419738	88.9%
2009	521327	1887483	3.62	461678	88.6%
2010	530635	1980698	3.73	467857	88.2%
2011	530087	1975173	3.72	466880	88.0%
2012	523589	2155230	4.12	466864	89.2%
2013	513157	1994679	3.89	460100	89.7%
2014	497849	1996166	4.01	454528	91.3%
2015	493530	2074142	4.20	455678	92.3%
2016	494207	2057194	4.16	456857	92.4%
2017	472120	2022722	4.28	439785	93.2%
2018	454402	1985234	4.37	424906	93.5%
2019	447830	2003167	4.47	422427	94.3%
2020	451555	2071192	4.59	428230	94.8%

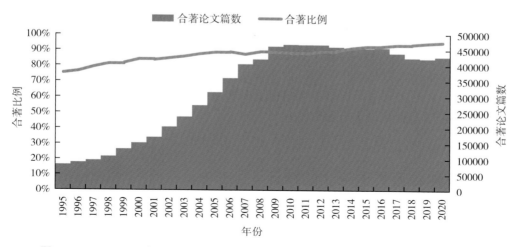

图 8-1　1995—2020 年 CSTPCD 收录中国科技论文合著论文数量和合著论文比例的变化

如图 8-2 所示为 1995—2020 年 CSTPCD 收录中国科技论文论文数和篇均作者的变化情况。CSTPCD 收录的论文数由于收录的期刊数量增加而持续增长，特别是在 2001—2008 年，每年增幅一直持续保持在 15% 左右；2009 年以后增长的幅度趋缓，2010 年的增幅约为 1.8%，2011 年和 2013 两年相对持平。论文篇均作者数量的曲线显示，尽管在 2007 年出现下降，但是从整体上看仍然呈现缓慢增长的趋势，至 2009 年以后呈平稳趋势。2011 年论文篇均作者数量是 3.72 人，与 2010 年的 3.73 人基本持平。2020 年论文篇均作者数量是 4.59 人，与 2018 年相比略有上升。

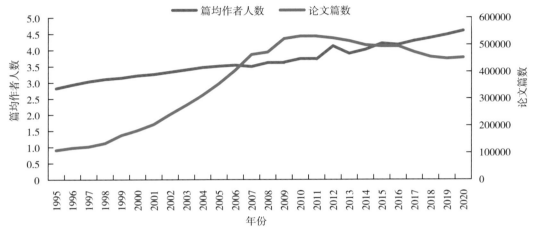

图 8-2   1995—2020 年 CSTPCD 收录中国科技论文论文数和篇均作者的变化情况

论文体现了科学家进行科研活动的成果，近年的数据显示大部分的科研成果由越来越多的科学家参与完成，并且这一比例还保持着增长的趋势。这表明中国的科学技术研究活动，越来越依靠科研团队的协作，同时数据也反映出合作研究有利于学术发展和研究成果的产出。2007 年数据显示，合著论文的比例和篇均作者人数开始下降，这是由于论文篇数的快速增长导致这些相对指标的数值降低。2007 年合著论文比例和篇均作者人数两项指标同时下降，到了 2008 年又开始回升，而在 2009 年和 2010 年数值又恢复到 2006 年水平，2011 年基本与 2010 年的数值持平，2012 年合著论文的比例持续上升，同时篇均作者指标大幅上升。2013 年论文数继续下降，篇均作者人数回落到了 2011 年的水平，2014 年论文数仍然在下降，但是篇均作者数又出现小幅回升。这种数据的波动有可能是合著论文比例增长态势从快速上升转变为相对稳定的信号，合著论文的比例稳定在 90% 以上；篇均作者数维持在 4 人以上，2020 年依旧延续了这种趋势，达到 4.59 人。

8.1.2   各种合著类型论文的统计

与往年一样，我们将中国作者参与的合著论文按照参与合著的作者所在机构的地域关系进行了分类，按照 4 种合著类型分别统计。这 4 种合著类型分别是：同机构合著、同省不同机构合著、省际合著和国际合著。表 8-2 分类列出了 2018—2020 年不同合著类型论文的数和在合著论文总数中所占的比例。

表 8-2　2018—2020 年 CSTPCD 收录各种类型合著论文数和比例

合著类型	论文篇数			占合著论文总数的比例		
	2018 年	2019 年	2020 年	2018 年	2019 年	2020 年
同机构合著	263771	264683	253123	62.1%	62.7%	59.1%
同省不同机构合著	89620	83879	96808	21.1%	19.9%	22.6%
省际合著	67010	69084	73218	15.8%	16.4%	17.1%
国际合著	4505	4781	5081	1.1%	1.1%	1.2%
总数	424906	422427	428230	100.0%	100.0%	100.0%

通过 3 年数值的对比，可以看到各种合著类型所占比例大体保持稳定。图 8-3 显示了各种合著类型论文所占比例，从中可以看出，2018 年、2019 年与 2020 年这 3 年的论文数和各种类型论文的比例有些变化，合作范围呈现轻微扩大的趋势，整体来看，各合著类型比例较为稳定。省际合著和国际合著略有增加，其中 2020 年比 2019 年分别提高 0.7 个和 0.1 个百分点。

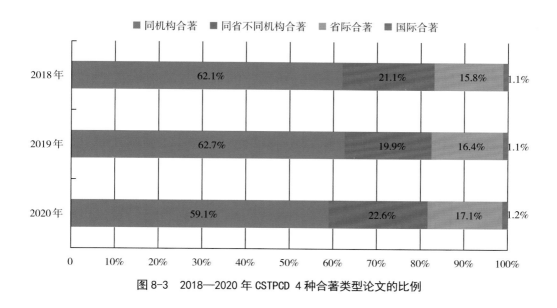

图 8-3　2018—2020 年 CSTPCD 4 种合著类型论文的比例

CSTPCD 2020 收录中国科技论文合著关系的学科分布详见附表 45，地区分布详见附表 46。

以下分别详细分析论文的各种类型的合著情况。

（1）同机构合著情况

2020 年同机构合著论文在合著论文中所占的比例为 59.1%，与 2019 年的 62.7% 相比略有下降，在各个学科和各个地区的统计中，同机构合著论文所占比例同样是最高的。

由附表 45 中的数据可以看到，临床医学学科同机构合著论文比值为 63.0%，也就说该学科论文有超过六成是同机构的作者合著完成。由附表 45 还可以看到，这一类型合作论文比例最低的学科与往年一样，仍然是能源科学技术，比例为 35.9%，与 2019 年相比有所下降。

由附表 46 可以看出，同机构合著论文所占比例最高的地区是黑龙江，为 61.3%。这一比例数值最小的地区是西藏，比例为 37.3%。同时，由附表 46 还可以看出，同一机构合著论文比例数值较小的地区大都为整体科技实力相对薄弱的西部地区。

（2）同省不同机构合著论文情况

2020 年同省内不同机构间的合著论文占合著论文总数的 22.6%。

由附表 45 可以看出，中医学同省不同机构间的合著论文比例最高，达到了 36.3%；基础医学和预防医学与卫生学同省不同机构间的合著论文比例次之。比例最低的学科是核科学技术和天文学，为 12.7%。

附表 46 显示，各个省的同省不同机构合著论文比例数值大都集中在 16%～25%。比例数值最高的省份是贵州，比例均为 26.7%。数值最低的是西藏，为 12.2%。

（3）省际合著论文情况

2020 年不同省区的科研人员合著论文占合著论文总数的 17.1%。

由附表 45 可以看出，能源科学技术是省际合著比例最高的学科，比例数值达 39.0%。比例数值超过 25% 的学科还有地学、天文学、测绘科学技术、安全科学技术和水利。比例最低的学科是临床医学，仅为 8.5%。同时由表中还可以看出，医学领域这个比例数值普遍较低，预防医学与卫生学、中医学、药物学、军事医学与特种医学等学科的比例都比较低。不同学科省际合著论文比例的差异与各个学科论文总数及研究机构的地域分布有关。研究机构地区分布较广的学科，省际合作的机会比较多，省际合著论文比例就会比较高，如地学、矿山工程技术和林学。而医学领域的研究活动的组织方式具有地域特点，这使得其同单位的合作比例最高，同省次之，省际合作的比例较少。

附表 46 中所列出的各省省际合著论文比例最高的是西藏（46.5%），比例最低的是广西（13.3%）。大体上可以看出这样的规律：科技论文产出能力比较强的地区省际合著论文比例低一些，反之论文产出数量较少的地区省际合著论文比例就高一些。这表明科技实力较弱的地区在科研产出上，对外依靠的程度相对高一些。但是对比北京、江苏、广东和上海这几个论文产出数量较多的地区，可以看到北京省际合著论文比例为 18.9%，明显高于江苏（15.1%）、广东（14.7%）和上海（13.4%）。

（4）国际合著论文情况

如附表 45 所示，2020 年国际合著论文比例最高的学科是天文学，比例数值达到 9.0%，其后是物理学、材料科学和生物学都超过了 3.0%。国际合著论文比例最低的是临床医学和军事医学与特种医学，比例均为 0.4%。

如附表 46 所示，2020 年国际合著论文比例最高的地区是北京和上海，均为 1.7%。北京地区的国际合著论文数量为 1041 篇，远远领先于其他省区。江苏、上海和广东的国际合著论文数量都超过了 300 篇，排在第二阵营。

（5）西部地区合著论文情况

交流与合作是西部地区科技发展与进步的重要途径。将各省的省际合著论文比例与国际合著论文比例的数值相加，作为考察各地区与外界合作的指标。图 8-4 对比了西部地区和其他地区的这一指标值，可以看出西部地区和其他地区之间并没有明显差异，13个西部地区省际合著论文比例与国际合著论文比例的数值超过 15% 的有 12 个，特别是西藏地区对外合著的比例高达 46.8%，明显高于其他省区。

图 8-5 是各省的合著论文比例与论文总数对照的散点图。从横坐标方向数据点分布可以看到，西部地区的合著论文产出数量明显少于其他地区；但是从纵坐标方向数据点分布看，西部地区数据点的分布在纵坐标方向整体上与其他地区没有十分明显的差异。所有地区均超过 90%；宁夏地区合作论文比例最高，达到 97.3%。

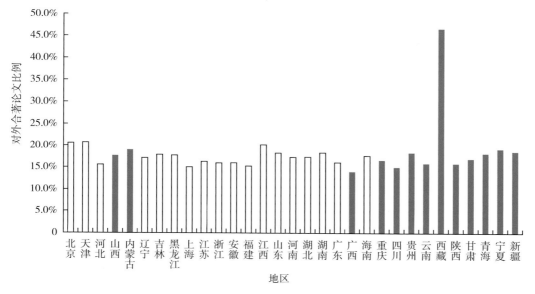

图 8-4　西部地区和其他地区对外合作论文比例的比较

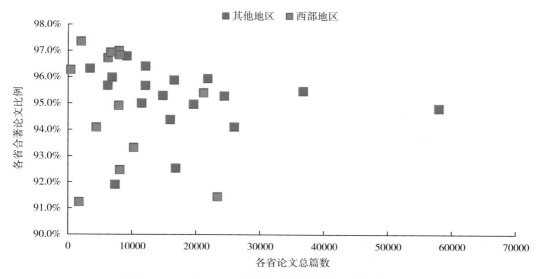

图 8-5　2020 年 CSTPCD 收录各省论文总数和合著论文比例

表 8-3 列出了 2020 年西部各省区的各种合著类型论文比例的分布数值。从数值上看，大部分西部省区的各种类型合作论文的分布情况与全部论文计算的数值差别并不是很大，但国际合著论文的比例数值除个别省外，普遍低于整体水平。

表 8-3　2020 年西部各省区的各种合著类型论文比例

地区	单一作者比例	同机构合著比例	同省不同机构合著比例	省际合著比例	国际合著比例
山西	7.5%	54.0%	20.8%	16.6%	1.1%
内蒙古	5.9%	52.4%	22.7%	18.3%	0.7%
广西	5.1%	54.8%	26.0%	13.3%	0.7%
重庆	6.7%	58.9%	17.7%	15.7%	1.0%
四川	4.6%	57.6%	22.7%	14.1%	1.0%
贵州	3.3%	51.5%	26.7%	18.1%	0.4%
云南	3.0%	55.2%	25.9%	15.0%	1.0%
西藏	3.7%	37.3%	12.2%	46.5%	0.2%
陕西	8.6%	54.6%	20.9%	15.1%	0.9%
甘肃	3.2%	56.6%	23.1%	16.5%	0.6%
青海	8.8%	54.1%	18.7%	18.2%	0.2%
宁夏	2.7%	53.9%	24.0%	18.8%	0.6%
新疆	3.1%	55.1%	23.0%	18.3%	0.5%
全部省区论文	5.2%	56.1%	21.4%	16.2%	1.1%

8.1.3　不同类型机构之间的合著论文情况

表 8-4 列出了 CSTPCD 2020 收录的不同机构之间各种类型的合著论文数，反映了各类机构合作伙伴的分布。数据显示，高等院校之间的合著论文数量最多，而且无论是高等院校主导、其他类型机构参与的合作，还是其他类型机构主导、高等院校参与的合作，论文产出量都很多。科研机构和高等院校的合作也非常紧密，而且更多地依赖于高等院校。高等院校主导、研究机构参加的合著论文数超过了研究机构之间的合著论文数，更比研究机构主导、高等院校参加的合著论文数量多出了 1 倍多。与农业机构合著论文的数据和公司企业合著论文的数据也体现出类似的情况，也是高等院校在合作中发挥重要作用。医疗机构之间的合作论文数比较多，这与其专业领域比较集中的特点有关。同时，由于高等院校中有一些医学专业院校和附属医院，在医学和相关领域的科学研究中发挥重要作用，所以医疗机构和高等院校合作产生的论文数也很多。

表 8-4　CSTPCD 2020 收录的不同机构之间各种类型的合著论文数

机构类型	高等院校	研究机构	医疗机构	农业机构	公司企业
高等院校[1] / 篇	64282	22901	35024	874	20747
研究机构[1] / 篇	10570	7367	1380	696	4484
医疗机构[1][2] / 篇	28488	2144	34540	2	925

续表

机构类型	高等院校	研究机构	医疗机构	农业机构	公司企业
农业机构[①]/篇	138	157	0	131	42
公司企业[①]/篇	6563	2066	128	34	6348

注：①　表示在发表合著论文时作为第一作者。

②　医疗机构包括独立机构和高校附属医疗机构。

8.1.4　国际合著论文的情况

CSTPCD 2020收录的中国科技人员为第一作者参与的国际合著论文总数为5081篇，与2019年的4781篇相比增加了300篇。

（1）地区和机构类型分布

2020年在中国科技人员作为第一作者发表的国际合著论文中，有1041篇论文的第一作者分布在北京地区，所占比例达到20.5%。

对比表8-5中所列出的各省数量和比例，可以看到，与往年的统计结果一样，北京远远高于其他的省区，其他地区国际合著论文数最高的是辽宁，为477篇，占全国总量的9.4%，但是仍不及北京地区的一半。这一方面是由于北京的高等院校和大型科研院所比较集中，论文产出的数量比其他地区多很多；另一方面北京作为全国科技教育文化中心，有更多的机会参与国际科技合作。

在北京、辽宁之后，所占比例较高的地区还有四川和吉林，它们所占的比例分别是9.0%和7.5%。不足10篇的地区是宁夏和江西。

表 8-5　CSTPCD 2020 收录的中国科技人员作为第一作者的国际合著论文按国内地区分布情况

地区	第一作者		地区	第一作者	
	论文数篇数	比例		论文数篇数	比例
北京	1041	20.5%	重庆	255	5.0%
江苏	133	2.6%	山西	169	3.3%
上海	53	1.0%	吉林	383	7.5%
广东	92	1.8%	云南	59	1.2%
湖北	32	0.6%	甘肃	20	0.4%
浙江	171	3.4%	新疆	109	2.1%
陕西	86	1.7%	河北	216	4.3%
山东	104	2.0%	贵州	24	0.5%
四川	459	9.0%	广西	78	1.5%
辽宁	477	9.4%	江西	1	0.0%
湖南	217	4.3%	内蒙古	228	4.5%
天津	112	2.2%	海南	52	1.0%
黑龙江	102	2.0%	宁夏	4	0.1%
福建	54	1.1%	青海	13	0.3%
河南	211	4.2%	西藏	34	0.7%
安徽	92	1.8%			

2020 年国际合著论文的机构类型分布如表 8-6 所示，依照第一作者单位的机构类型统计，高等院校仍然占据最主要的地位，所占比例为 78.9%，与 2019 年相比，增长了 0.6 个百分点。

表 8-6　CSTPCD 2020 收录的中国科技人员作为第一作者的国际合著论文按机构分布情况

机构类型	国际合著论文篇数	国际合著论文比例
高等院校	4009	78.9%
研究机构	736	14.5%
医疗机构①	115	2.3%
公司企业	108	2.1%
其他机构	113	2.2%

注：①此处医疗机构的数据不包括高校附属医疗机构数据。

CSTPCD 2020 年收录的中国作为第一作者发表的国际合著论文中，其国际合著伙伴分布在 101 个国家（地区），比 2019 年减少了 5 个。表 8-7 列出了 2020 年中国国际合著论文数较多的国家（地区）的合著论文情况。从表中可以看出，与中国合著论文的数量超过 100 篇的国家（地区）有 9 个。与美国合著 1704 篇论文排在第 1 位，比 2019 年度减少了 215 篇；中国与英国合著论文数为 502 篇。美国、英国、澳大利亚、中国香港和日本是对外科技合作（以中国为主）的主要国家（地区）。

表 8-7　2020 年中国国际合著论文数较多的国家（地区）合著论文情况

国家（地区）	国际合著论文篇数	国家（地区）	国际合著论文篇数
美国	1704	中国澳门	94
英国	502	韩国	89
澳大利亚	415	俄罗斯	76
中国香港	398	荷兰	70
日本	333	瑞典	68
加拿大	259	丹麦	60
德国	239	巴基斯坦	49
新加坡	166	意大利	46
法国	126	挪威	44
中国台湾	99	新西兰	38

（2）学科分布

从 CSTPCD 2020 收录的中国国际合著论文分布（表 8-8）来看，数量最多的学科是临床医学（528 篇），远远高于其他学科，在所有国际合著论文中所占的比例为 10.4%。合著论文数量比较多的还有地学和计算技术，数量分别为 348 篇和 327 篇。

表 8-8 CSTPCD 2020 收录的中国国际合著论文学科分布

学科	论文篇数	比例	学科	论文篇数	比例
数学	79	1.6%	工程与技术基础学科	73	1.4%
力学	37	0.7%	矿山工程技术	30	0.6%
信息、系统科学	5	0.1%	能源科学技术	51	1.0%
物理学	211	4.2%	冶金、金属学	104	2.0%
化学	154	3.0%	机械、仪表	64	1.3%
天文学	42	0.8%	动力与电气	56	1.1%
地学	348	6.8%	核科学技术	15	0.3%
生物学	310	6.1%	电子、通信与自动控制	312	6.1%
预防医学与卫生学	108	2.1%	计算技术	327	6.4%
基础医学	101	2.0%	化工	146	2.9%
药物学	97	1.9%	轻工、纺织	15	0.3%
临床医学	528	10.4%	食品	69	1.4%
中医学	153	3.0%	土木建筑	251	4.9%
军事医学与特种医学	9	0.2%	水利	41	0.8%
农学	213	4.2%	交通运输	147	2.9%
林学	32	0.6%	航空航天	52	1.0%
畜牧、兽医	53	1.0%	安全科学技术	4	0.1%
水产学	24	0.5%	环境科学	200	3.9%
测绘科学技术	31	0.6%	管理学	23	0.5%
材料科学	228	4.5%	社会科学	329	6.5%

8.1.5 CSTPCD 2020 海外作者发表论文的情况

CSTPCD 2020 中还收录了一部分海外作者在中国科技期刊上作为第一作者发表的论文（表 8-9），这些论文同样可以起到增进国际交流的作用，促进中国的研究工作进入全球的科技舞台。

表 8-9 CSTPCD 2020 收录的第一作者为海外作者论文分布情况

国家（地区）	论文篇数	国家（地区）	论文篇数
美国	1012	西班牙	156
印度	362	加拿大	150
伊朗	357	法国	148
英国	290	巴西	116
德国	254	土耳其	108
澳大利亚	232	俄罗斯	107
意大利	210	新加坡	82
韩国	198	巴基斯坦	74
日本	196	中国澳门	73
中国香港	172	沙特阿拉伯	71

CSTPCD 2020 共收录了海外作者发表的论文 5094 篇，比 2019 年减少了 196 篇。这些海外作者来自于 120 个国家（地区），表 8-9 列出了 CSTPCD 2020 年收录的论文数较多的国家（地区），其中美国作者发表的论文数最多，其次是印度、伊朗和英国的作者。CSTPCD 2019 收录海外作者论文学科分布也十分广泛，覆盖了 39 个学科。表 8-10 列出了各个学科的论文数量和所占比例，从中可以看到，自然科学学科临床医学的论文数最多达 469 篇，所占比例 9.2%；超过 100 篇的学科共有 16 个，其中数量较多的学科还有生物学，论文数超过 400 篇。

表 8-10　CSTPCD 2020 收录的海外论文学科分布情况

学科	论文篇数	比例	学科	论文篇数	比例
数学	87	1.7%	工程与技术基础学科	93	1.8%
力学	47	0.9%	矿山工程技术	68	1.3%
信息、系统科学	5	0.1%	能源科学技术	21	0.4%
物理学	298	5.9%	冶金、金属学	127	2.5%
化学	87	1.7%	机械、仪表	45	0.9%
天文学	84	1.6%	动力与电气	29	0.6%
地学	283	5.6%	核科学技术	3	0.1%
生物学	432	8.5%	电子、通信与自动控制	167	3.3%
预防医学与卫生学	48	0.9%	计算技术	119	2.3%
基础医学	177	3.5%	化工	158	3.1%
药物学	74	1.5%	轻工、纺织	8	0.2%
临床医学	469	9.2%	食品	13	0.3%
中医学	120	2.4%	土木建筑	232	4.6%
军事医学与特种医学	25	0.5%	水利	31	0.6%
农学	117	2.3%	交通运输	115	2.3%
林学	36	0.7%	航空航天	30	0.6%
畜牧、兽医	65	1.3%	环境科学	158	3.1%
水产学	5	0.1%	管理学	3	0.1%
测绘科学技术	7	0.1%	社会科学	849	16.7%
材料科学	351	6.9%			

8.2　SCI 2020 收录的中国国际合著论文

据 SCI 数据库统计，2020 年收录的中国论文中，国际合作产生的论文为 14.45 万篇，比 2019 年增加了 1.44 万篇，增长了 11.1%。国际合著论文占中国发表论文总数的 26.2%。

2020 年中国作者为第一作者的国际合著论文共计 100155 篇，占中国全部国际合著论文的 69.3%，合作伙伴涉及 169 个国家（地区）；其他国家作者为第一作者、中国作者参与工作的国际合著论文为 44363 篇，合作伙伴涉及 190 个国家（地区）。与 2019 年统计时相比，三方合作、多方合作的比例有所增加（表 8-11）。

表 8-11　2020 年科技论文的国际合著形式分布

合著形式	中国第一作者篇数	占比	中国参与合著篇数	占比
双边合作	82651	82.52%	24634	55.53%
三方合作	13275	13.25%	10298	23.21%
多方合作	4229	4.23%	9431	21.26%

注：双边指 2 个国家（地区）参与合作，三方指 3 个国家（地区）参与合作，多方指 3 个以上国家（地区）参与合作。

（1）合作国家（地区）分布

中国作者作为第一作者的合著论文 100155 篇，涉及的国家（地区）数为 169 个，合作论文篇数居前 6 位的合作伙伴分别是：美国、英国、澳大利亚、加拿大、德国和日本（表 8-12）。

表 8-12　中国作为第一作者与合作国家（地区）发表的论文

排名	国家（地区）	论文篇数	排名	国家（地区）	论文篇数
1	美国	39345	4	加拿大	7184
2	英国	11266	5	德国	5271
3	澳大利亚	10107	6	日本	4955

中国参与工作、其他国家（地区）作者为第一作者的合著论文 44363 篇，涉及 190 个国家（地区），合作论文篇数居前 6 位的合作伙伴分别是：美国、英国、德国、澳大利亚、日本和加拿大（表 8-13 和图 8-6）。

表 8-13　中国作为参与方与合作国家（地区）发表的论文

排名	国家（地区）	论文篇数	排名	国家（地区）	论文篇数
1	美国	18580	4	澳大利亚	5350
2	英国	7792	5	日本	4270
3	德国	5415	6	加拿大	3839

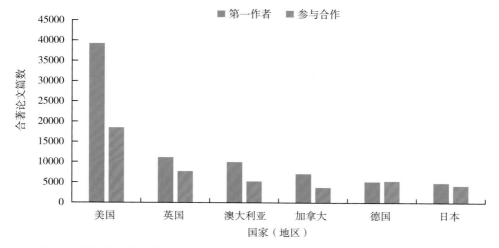

图 8-6　中国作者作为第一作者和作为参与方产出合著论文较多的合作国家（地区）

（2）国际合著论文的学科分布

如表 8-14 和表 8-15 所示为中国国际合著论文较多的学科分布情况。

表 8-14 中国作者为第一作者的国际合著论文数居前 6 位的学科

学科	论文篇数	占本学科论文比例	学科	论文篇数	占本学科论文比例
化学	11316	16.31%	临床医学	7433	11.36%
生物学	10388	17.24%	物理学	6817	16.12%
电子、通信与自动控制	8009	22.74%	材料科学	6524	17.09%

表 8-15 中国作者参与的国际合著论文数居前 6 位的学科

学科	论文篇数	占本学科论文比例	学科	论文篇数	占本学科论文比例
临床医学	6113	9.34%	物理学	3582	8.47%
生物学	5487	9.11%	材料科学	2611	6.84%
化学	4951	7.14%	基础医学	2522	8.11%

（3）国际合著论文数居前 6 位的中国地区

如表 8-16 所示为中国作者作为第一作者的国际合著论文数居前 6 位的地区。

表 8-16 中国作者作为第一作者的国际合著论文数居前 6 位的地区

地区	论文篇数	占本地区论文比例	地区	论文篇数	占本地区论文比例
北京	16432	23.10%	上海	8361	21.59%
江苏	11444	22.35%	湖北	6240	22.77%
广东	8685	22.47%	浙江	5461	20.70%

（4）中国已具备参与国际大科学合作能力

近年来，通过参与国际热核聚变实验堆（ITER）计划、国际综合大洋钻探计划和全球对地观测系统等一系列"大科学"计划，中国与美国、欧盟、日本、俄罗斯等主要科技大国和地区开展平等合作，为参与制定国际标准、解决全球性重大问题做出了应有贡献。国家级国际科技合作基地成为中国开展国际科技合作的重要平台。随着综合国力和科技实力的增强，中国已具备参与国际"大科学"合作的能力。

"大科学"研究一般来说是指具有投资强度大、多学科交叉、实验设备复杂、研究目标宏大等特点的研究活动。"大科学"工程是科学技术高度发展的综合体现，是显示各国科技实力的重要标志。

2020 年中国发表的国际论文中，作者数大于 1000、合作机构数大于 150 个的论文共有 219 篇。作者数超过 100 人且合作机构数量大于 50 个的论文共计 485 篇。涉及的主要学科均与物理学相关，如粒子与场物理、天文与天体物理、多学科物理、核物理研究等。其中，中国机构作为第一作者机构的论文 47 篇，中国科学院高能物理所 38 篇。曲靖师范学院作为第一作者机构撰写的"Outline of fungi and fungus-like taxa"当年引用最高，该论文共有 40 个国家（地区）、149 个机构参加完成。

8.3 讨论

通过对 CSTPCD 2020 和 SCI 2020 收录的中国科技人员参与的合著论文情况的分析，我们可以看到，更加广泛和深入的合作仍然是科学研究方式的发展方向。中国的合著论文数量及其在全部论文中所占的比例显示出稳定的趋势。

各种合著类型的论文所占比例与往年相比变化不大，同机构内的合作仍然是主要的合著类型，但比重有所下降。

不同地区由于其具体情况不同，合著情况有所差别。但是从整体上看，西部地区和其他地区相比，尽管在合著论文数量上有一定的差距，但是在合著论文的比例上并没有明显的差异。而且在用国际合著和省际合著的比例考查地区对外合作情况时，西部地区的合作势头还略强一些。

由于研究方法和学科特点的不同，不同学科之间的合著论文的数量和规模差别较大，基础学科的合著论文数量往往比较多，应用工程和工业技术方面的合著论文相对较少。

参考文献

[1] 中国科学技术信息研究所 . 2004 年度中国科技论文统计与分析（年度研究报告）[M]. 北京：科学技术文献出版社，2006.

[2] 中国科学技术信息研究所 . 2005 年度中国科技论文统计与分析（年度研究报告）[M]. 北京：科学技术文献出版社，2007.

[3] 中国科学技术信息研究所 . 2007 年版中国科技期刊引证报告（核心版）[M]. 北京：科学技术文献出版社，2007.

[4] 中国科学技术信息研究所 . 2006 年度中国科技论文统计与分析（年度研究报告）[M]. 北京：科学技术文献出版社，2008.

[5] 中国科学技术信息研究所 . 2008 年版中国科技期刊引证报告（核心版）[M]. 北京：科学技术文献出版社，2008.

[6] 中国科学技术信息研究所 . 2007 年度中国科技论文统计与分析（年度研究报告）[M]. 北京：科学技术文献出版社，2009.

[7] 中国科学技术信息研究所 . 2009 年版中国科技期刊引证报告（核心版）[M]. 北京：科学技术文献出版社，2009.

[8] 中国科学技术信息研究所 . 2008 年度中国科技论文统计与分析（年度研究报告）[M]. 北京：科学技术文献出版社，2010.

[9] 中国科学技术信息研究所 . 2010 年版中国科技期刊引证报告（核心版）[M]. 北京：科学技术文献出版社，2010.

[10] 中国科学技术信息研究所 . 2011 年版中国科技期刊引证报告（核心版）[M]. 北京：科学技术文献出版社，2011.

[11] 中国科学技术信息研究所 . 2012 年版中国科技期刊引证报告（核心版）[M]. 北京：科学技术文献出版社，2012.

[12] 中国科学技术信息研究所.2012 年度中国科技论文统计与分析（年度研究报告）[M].北京：科学技术文献出版社，2014.

[13] 中国科学技术信息研究所.2013 年度中国科技论文统计与分析（年度研究报告）[M].北京：科学技术文献出版社，2015.

[14] 中国科学技术信息研究所.2014 年度中国科技论文统计与分析（年度研究报告）[M].北京：科学技术文献出版社，2016.

[15] 中国科学技术信息研究所.2015 年度中国科技论文统计与分析（年度研究报告）[M].北京：科学技术文献出版社，2017.

[16] 中国科学技术信息研究所.2016 年度中国科技论文统计与分析（年度研究报告）[M].北京：科学技术文献出版社，2018.

[17] 中国科学技术信息研究所.2017 年度中国科技论文统计与分析（年度研究报告）[M].北京：科学技术文献出版社，2019.

[18] 中国科学技术信息研究所.2018 年度中国科技论文统计与分析（年度研究报告）[M].北京：科学技术文献出版社，2020.

9 中国卓越科技论文的统计与分析

9.1 引言

　　根据 SCI、Ei、CPCI-S、SSCI 等国际权威检索数据库的统计结果，中国的国际论文数量排名均位于世界前列，经过多年的努力，中国已经成为科技论文产出大国。但也应清楚地看到，中国国际论文的质量与一些科技强国相比仍存在一定差距，所以在提高论文数量的同时，我们也应重视论文影响力的提升，真正实现中国科技论文从"量变"向"质变"的转变。为了引导科技管理部门和科研人员从关注论文数量向重视论文质量和影响转变，考量中国当前科技发展趋势及水平，既鼓励科研人员发表国际高水平论文，也重视发表在中国国内期刊的优秀论文，中国科学技术信息研究所从 2016 年开始，采用中国卓越科技论文这一指标进行评价。

　　中国卓越科技论文，由中国科研人员发表在国际、国内的论文共同组成。其中，国际论文部分即为之前所说的表现不俗论文，指的是各学科领域内被引次数超过均值的论文，即在每个学科领域内，按统计年度的论文被引用次数世界均值画一条线，高于均线的论文入选，表示论文发表后的影响超过其所在学科的一般水平。在此基础上，2020年加入高质量国际论文、高被引论文、热点论文、各学科最具影响力论文、顶尖学术期刊论文等不同维度选出的国际论文。国内部分取近 5 年在"中国科技论文与引文数据库"（CSTPCD）中收录的发表在中国科技核心期刊，且论文"累计被引用时序指标"超越本学科期望值的高影响力论文。

　　以下我们将对 2020 年度中国卓越科技论文的学科、地区、机构、期刊、基金和合著等方面的情况进行统计与分析。

9.2 中国卓越国际科技论文的研究分析和结论

　　若在每个学科领域内，按统计年度的论文被引用次数世界均值画一条线，则高于均线的论文为卓越论文，即论文发表后的影响超过其所在学科的一般水平。2009 年我们第一次公布了利用这一方法指标进行的统计结果，当时称为"表现不俗论文"，受到国内外学术界的普遍关注。2020 年首次加入高质量国际论文、高被引论文、热点论文、各学科最具影响力论文、顶尖学术期刊论文等不同维度选出的国际论文。

　　以"科学引文索引数据库"（SCI）统计，2020 年，中国机构作者为第一作者的论文共 50.16 万篇，其中卓越论文数为 21.60 万篇，占论文总数的 43.1%，较 2019 年减少了 7 个百分点。 按文献类型分，中国卓越国际科技论文的 94% 是原创论文，6% 是述评类文章。

9.2.1 学科影响力关系分析

2020 年，中国卓越国际论文主要分布在 38 个学科中（表 9-1），与 2019 年一致。38 个学科的卓越国际论文数超过 100 篇；卓越国际论文达 1000 篇及以上的学科数量为 22 个；500 篇以上的学科数量为 34 个。

表 9-1 2020 年中国卓越国际论文的学科分布

学科	卓越国际论文篇数	全部论文篇数	2020 卓越国际论文占全部论文的比例	2019 卓越国际论文占全部论文的比例
数学	6552	12896	50.81%	50.75%
力学	3523	4884	72.13%	73.90%
信息、系统科学	970	1405	69.04%	64.71%
物理学	14930	38358	38.92%	37.14%
化学	33912	63740	53.20%	61.84%
天文学	1087	2320	46.85%	45.75%
地学	9130	20666	44.18%	45.60%
生物学	19764	54259	36.43%	46.37%
预防医学与卫生学	2553	8430	30.28%	50.64%
基础医学	7879	28185	27.95%	48.13%
药物学	6118	19969	30.64%	56.29%
临床医学	12168	57754	21.07%	45.50%
中医学	282	1635	17.25%	50.43%
军事医学与特种医学	172	926	18.57%	43.00%
农学	3416	6373	53.60%	63.71%
林学	556	1200	46.33%	64.55%
畜牧、兽医	869	2519	34.50%	48.32%
水产学	1263	2132	59.24%	67.35%
测绘科学技术	0	2	0	0
材料科学	19396	35282	54.97%	51.07%
工程与技术基础学科	555	3032	18.30%	32.04%
矿山工程技术	440	913	48.19%	44.06%
能源科学技术	9652	14086	68.52%	67.16%
冶金、金属学	548	1898	28.87%	21.78%
机械、仪表	2973	6486	45.84%	37.79%
动力与电气	846	998	84.77%	89.67%
核科学技术	647	2050	31.56%	28.87%
电子、通信与自动控制	12325	32537	37.88%	36.36%
计算技术	9308	19928	46.71%	44.15%
化工	8386	12985	64.58%	61.56%
轻工、纺织	827	1347	61.40%	62.55%
食品	3658	4923	74.30%	62.56%
土木建筑	4380	7575	57.82%	56.12%

续表

学科	卓越国际论文篇数	全部论文篇数	2020卓越国际论文占全部论文的比例	2019卓越国际论文占全部论文的比例
水利	918	2110	43.51%	35.72%
交通运输	612	1460	41.92%	46.11%
航空航天	746	1477	50.51%	30.93%
安全科学技术	192	310	61.94%	40.43%
环境科学	13647	22423	60.86%	64.48%
管理学	598	1164	51.37%	50.49%
自然科学类其他	203	939	21.62%	4.05%

数据来源：SCIE 2020。

卓越国际论文的数量一定程度上可以反映学科影响力的大小，卓越国际论文越多，表明该学科的论文越受到关注，中国在该学科的影响力也就越大。卓越国际论文数达1000篇的22个学科中，食品的论文比例最高，为74.30%；力学、能源科学技术、化工和环境科学4个学科的卓越国际论文比例也超过60%。

9.2.2　中国各地区卓越国际科技论文的分布特征

2020年，中国31个省（区、市）卓越国际科技论文的发表情况如表9-2所示。

按发表数量计，100篇以上的省（区、市）为30个；1000篇以上的省（区、市）有25个。从卓越国际论文的篇数来看，绝大多数地区较2019年有不同程度的减少。

按卓越国际论文数占全部论文数（所有文献类型）的百分比例看，高于40%的省（区、市）共有18个，占所有地区数量的58.06%。卓越国际论文的比例居前3位的是：湖北、天津和湖南，分别为47.37%、47.02%和46.11%。

表9-2　卓越国际论文的地区分布及增长情况

地区	卓越国际论文数	年增长率	全部论文数	比例	地区	卓越国际论文数	年增长率	全部论文数	比例
北京	30738	-5.57%	71157	43.20%	湖北	12988	-0.78%	27416	47.37%
天津	6796	-0.42%	14452	47.02%	湖南	8380	-3.61%	18174	46.11%
河北	2272	-12.18%	6807	33.38%	广东	17038	-1.76%	38642	44.09%
山西	2153	-4.06%	5699	37.78%	广西	1876	-2.95%	5004	37.49%
内蒙古	658	2.49%	2163	30.42%	海南	503	-8.38%	1545	32.56%
辽宁	7782	-3.74%	17666	44.05%	重庆	4868	-4.46%	11287	43.13%
吉林	4637	-11.29%	11373	40.77%	四川	9321	-4.35%	23424	39.79%
黑龙江	5590	-5.38%	12230	45.71%	贵州	1042	1.46%	3207	32.49%
上海	16746	-7.23%	38727	43.24%	云南	1858	-7.38%	5235	35.49%
江苏	23349	-3.49%	51195	45.61%	西藏	21	-27.59%	90	23.33%
浙江	10831	-7.62%	26384	41.05%	陕西	11848	0.51%	26547	44.63%

续表

地区	卓越国际论文数	年增长率	全部论文数	比例	地区	卓越国际论文数	年增长率	全部论文数	比例
安徽	5629	-2.76%	13111	42.93%	甘肃	2657	-7.03%	6496	40.90%
福建	4894	-1.31%	10930	44.78%	青海	143	-24.74%	627	22.81%
江西	2670	0.45%	6634	40.25%	宁夏	300	-11.24%	890	33.71%
山东	12358	-5.43%	28773	42.95%	新疆	850	-10.15%	2628	32.34%
河南	5205	-5.43%	13063	39.85%					

数据来源：SCIE 2020。

9.2.3 不同机构卓越国际论文的比例机构分布特征

2020 年中国 21.60 万篇卓越国际论文中，高等学校发表 189582 篇，研究院所发表 19742 篇，医疗机构发表 4378 篇，其他部门发表 2299 篇，机构分布如图 9-1 所示。与 2019 年相比，高等学校的卓越国际论文占总数的比例有所上升，由 2019 年的 86.84% 升为 87.77%，研究院所和医疗机构比例有所下降，分别由 2019 年的 9.38% 和 3.20% 降为 9.14% 和 2.03%。

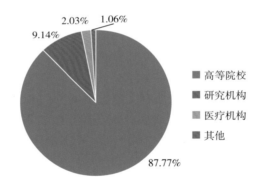

图 9-1 2020 年中国卓越国际论文的机构分布

（1）高等学校

2020 年，共有 765 所高校有卓越国际论文产出，比 2019 年的 802 所高等院校有所减少，减少了 37 所。其中，卓越国际论文超过 1000 篇的高等院校有 52 所，与 2019 年的 55 所高等院校相比，减少了 3 所高等院校。发表卓越国际论文数超过 3000 篇的高等院校有 6 所，分别是：浙江大学、上海交通大学、华中科技大学、中南大学、清华大学和四川大学。发表卓越国际论文数居前 20 位的高等院校如表 9-3 所示，其卓越国际论文占本校 SCI 论文（Article 和 Review 两种文献类型）的比例均已超过 41%，其中，清华大学、中国科学技术大学和华南理工大学的卓越国际论文比例排名居前 3 位。

表 9-3 发表卓越国际论文数居前 20 位的高等院校

单位名称	卓越国际论文篇数	全部论文篇数	卓越国际论文占全部论文的比例
浙江大学	4461	9546	46.73%
上海交通大学	4211	9168	45.93%
华中科技大学	3590	6939	51.74%
中南大学	3506	7046	49.76%
清华大学	3382	5983	56.53%
四川大学	3112	7213	43.14%
哈尔滨工业大学	2945	5335	55.20%
西安交通大学	2854	6010	47.49%
中山大学	2831	6546	43.25%
天津大学	2721	4914	55.37%
北京大学	2640	6113	43.19%
武汉大学	2579	5150	50.08%
吉林大学	2447	5955	41.09%
山东大学	2432	5448	44.64%
复旦大学	2406	5767	41.72%
华南理工大学	2321	4174	55.61%
东南大学	2157	4340	49.70%
大连理工大学	1984	3631	54.64%
同济大学	1955	4004	48.83%
中国科学技术大学	1932	3444	56.10%

数据来源：SCIE 2020。

（2）研究机构

2020 年，共有 294 个研究机构有卓越国际论文产出，比 2019 年的 300 个减少了 6 个。其中，发表卓越论文数大于 100 篇的有 55 个。发表卓越国际论文数居前 20 位的研究机构如表 9-4 所示，占本研究机构论文数（Article 和 Review 两种文献类型）的比例超过 60% 的有 9 个，其中，中国科学院生态环境研究中心发表卓越国际论文比例最高，为 75.23%。

表 9-4 发表卓越国际论文数居前 20 位的研究机构

单位名称	卓越国际论文篇数	全部论文篇数	卓越国际论文占全部论文的比例
中国科学院生态环境研究中心	501	666	75.23%
中国科学院化学研究所	444	704	63.07%
中国科学院长春应用化学研究所	433	657	65.91%
中国科学院大连化学物理研究所	427	621	68.76%
中国科学院地理科学与资源研究所	356	669	53.21%
中国工程物理研究院	343	886	38.71%
中国科学院金属研究所	316	513	61.60%

续表

单位名称	卓越国际论文篇数	全部论文篇数	卓越国际论文占全部论文的比例
中国科学院合肥物质科学研究院	314	787	39.90%
中国科学院深圳先进技术研究院	309	549	56.28%
中国科学院海西研究院	308	484	63.64%
中国科学院宁波材料技术与工程研究所	288	448	64.29%
中国科学院物理研究所	282	495	56.97%
中国科学院上海硅酸盐研究所	270	432	62.50%
中国科学院西北生态环境资源研究院	259	587	44.12%
中国科学院地质与地球物理研究所	250	543	46.04%
中国科学院空天信息创新研究院	243	580	41.90%
中国科学院大气物理研究所	238	430	55.35%
中国科学院上海生命科学研究院	238	362	65.75%
中国科学院海洋研究所	234	564	41.49%
中国科学院过程工程研究所	226	398	56.78%

数据来源：SCIE 2020。

（3）医疗机构

2020 年，共有 658 个医疗机构有卓越国际论文产出，与 2019 年的 813 个相对有较大减少。其中，发表卓越国际论文大于 100 篇的医疗机构有 60 个。卓越国际论文数居前 20 位的医疗机构如表 9-5 所示，发表卓越国际论文最多的医疗机构是四川大学华西医院，共产出论文 726 篇，而华中科技大学同济医学院附属协和医院的卓越国际论文比例最高，为 43.24%。

表 9-5　发表卓越国际论文居前 20 位的医疗机构

单位名称	卓越国际论文篇数	全部论文篇数	卓越国际论文占全部论文的比例
四川大学华西医院	726	2276	31.90%
华中科技大学同济医学院附属协和医院	454	1050	43.24%
华中科技大学同济医学院附属同济医院	428	1104	38.77%
中南大学湘雅医院	384	1043	36.82%
郑州大学第一附属医院	382	1044	36.59%
浙江大学第一附属医院	367	1211	30.31%
北京协和医院	333	1328	25.08%
武汉大学人民医院	312	772	40.41%
中南大学湘雅二医院	292	889	32.85%
解放军总医院	291	1169	24.89%
复旦大学附属中山医院	279	805	34.66%
吉林大学白求恩第一医院	274	985	27.82%
浙江大学医学院附属第二医院	267	814	32.80%

续表

单位名称	卓越国际论文篇数	全部论文篇数	卓越国际论文占全部论文的比例
武汉大学中南医院	260	618	42.07%
南方医科大学南方医院	246	650	37.85%
江苏省人民医院	244	775	31.48%
上海交通大学医学院附属第九人民医院	242	767	31.55%
中国医科大学附属第一医院	234	832	28.13%
上海交通大学医学院附属仁济医院	234	589	39.73%
西安交通大学医学院第一附属医院	230	713	32.26%

数据来源：SCIE 2020。

9.2.4　卓越国际论文的期刊分布

2020年，中国的卓越国际论文共发表在6230种期刊中，比2019年的6553种减少了4.93%。其中在中国大陆编辑出版的期刊为221种，共8598篇，占全部卓越国际论文数的3.98%，比2019年的3.2%有所增长。2020年，在发表卓越国际论文的全部期刊中，1000篇以上的期刊有17种，如表9-6所示。发表卓越国际论文数大于100篇的中国科技期刊共15种，如表9-7所示。

表9-6　发表卓越国际论文大于1000篇的国际科技期刊

期刊名称	论文篇数
SCIENCE OF THE TOTAL ENVIRONMENT	3033
IEEE ACCESS	2659
CHEMICAL ENGINEERING JOURNAL	2517
JOURNAL OF ALLOYS AND COMPOUNDS	2463
JOURNAL OF CLEANER PRODUCTION	2334
ACS APPLIED MATERIALS & INTERFACES	2319
APPLIED SURFACE SCIENCE	1874
CONSTRUCTION AND BUILDING MATERIALS	1650
INTERNATIONAL JOURNAL OF BIOLOGICAL MACROMOLECULES	1585
JOURNAL OF HAZARDOUS MATERIALS	1441
JOURNAL OF MATERIALS CHEMISTRY A	1410
ANGEWANDTE CHEMIE-INTERNATIONAL EDITION	1197
CERAMICS INTERNATIONAL	1182
ENVIRONMENTAL POLLUTION	1147
CHEMOSPHERE	1072
NATURE COMMUNICATIONS	1055
ENERGY	1008

数据来源：SCIE 2020。

表 9-7　发表卓越国际论文 100 篇以上的中国科技期刊

期刊名称	论文篇数
JOURNAL OF MATERIALS SCIENCE & TECHNOLOGY	397
CHINESE CHEMICAL LETTERS	376
JOURNAL OF ENERGY CHEMISTRY	321
NANO RESEARCH	202
CHINESE PHYSICS B	174
SCIENCE CHINA–MATERIALS	171
HORTICULTURE RESEARCH	150
CHINESE JOURNAL OF CATALYSIS	149
SCIENCE BULLETIN	146
JOURNAL OF ENVIRONMENTAL SCIENCES	145
NANO–MICRO LETTERS	124
SCIENCE CHINA–CHEMISTRY	119
NATIONAL SCIENCE REVIEW	118
CHINESE JOURNAL OF AERONAUTICS	112
PHOTONICS RESEARCH	110

数据来源：SCIE 2020。

9.2.5　卓越国际论文的国际国内合作情况分析

2020 年，合作（包括国际国内合作）研究产生的卓越国际论文为 174918 篇，占全部卓越国际论文的 80.98%，比 2019 年的 67.2% 上升了 13.78 个百分点。其中，高等学校合作产生 150999 篇，占合作产生的 86.33%；研究机构 18316 篇，占合作产生的 10.47%。高等院校合作产生的卓越国际论文占高等院校卓越国际论文（189582 篇）的 79.65%，而研究机构的合作卓越国际论文占研究机构卓越国际论文（19742 篇）的比例是 92.78%。与 2019 年相比，高等院校的合作卓越国际论文在全部合作卓越国际论文中的比例均有所上升，研究机构的合作卓越国际论文在全部合作卓越国际论文中的比例有所下降，高等院校和研究机构的合作卓越国际论文分别占高等院校和研究机构的全部卓越国际论文的比例均有所上升。

2020 年，以中国为主的国际合作卓越国际论文共有 55591 篇，地区分布如表 9-8 所示。其中，数量超过 100 篇的省（区、市）为 28 个，北京和江苏的国际合作卓越国际论文数最多并均超过 6000 篇，这两个地区的国际合作的卓越国际论文分别为 9066 篇、6586 篇。国际合作卓越国际论文占卓越国际论文比大于 20% 的有 24 个省（区、市）[均只计卓越国际论文数大于 100 篇的省（区、市）]。

从中国为主的国际合作的卓越国际论文学科分布看（表 9-9），数量超过 100 篇的学科为 34 个；超过 300 篇的学科为 23 个，其中，数量最多的为化学，卓越国际合作论文数为 7504 篇，其次为生物学、环境科学、材料科学、电子通信与自动控制、地学、物理学、计算技术、能源科学技术和临床医学卓越国际合作论文均达到 2000 篇以上。卓越国际合作论文占卓越国际论文比大于 20%（只计卓越国际论文大于 100 篇的学科）的有 29 个学科，大于 30% 的学科为 12 个。

表 9-8 以中国为主的卓越国际合作论文的地区分布

地区	卓越国际合作论文篇数	卓越国际论文总篇数	国际合作论文占全部论文比例
北京	9066	30738	29.49%
天津	1702	6796	25.04%
河北	389	2272	17.12%
山西	466	2153	21.64%
内蒙古	109	658	16.57%
辽宁	1616	7782	20.77%
吉林	1020	4637	22.00%
黑龙江	1228	5590	21.97%
上海	4576	16746	27.33%
江苏	6586	23349	28.21%
浙江	2985	10831	27.56%
安徽	1236	5629	21.96%
福建	1412	4894	28.85%
江西	581	2670	21.76%
山东	2529	12358	20.46%
河南	987	5205	18.96%
湖北	3718	12988	28.63%
湖南	2035	8380	24.28%
广东	4780	17038	28.05%
广西	387	1876	20.63%
海南	105	503	20.87%
重庆	1169	4868	24.01%
四川	2387	9321	25.61%
贵州	222	1042	21.31%
云南	471	1858	25.35%
西藏	6	21	28.57%
陕西	3055	11848	25.78%
甘肃	546	2657	20.55%
青海	26	143	18.18%
宁夏	38	300	12.67%
新疆	158	850	18.59%

数据来源：SCIE 2020。

表 9-9 以中国为主的卓越国际合作论文的学科分布

学科	卓越国际合作论文篇数	卓越国际论文总篇数	合作论文占全部论文比例
数学	1682	6552	25.67%
力学	1001	3523	28.41%
信息、系统科学	363	970	37.42%
物理学	3443	14930	23.06%
化学	7504	33912	22.13%

续表

学科	卓越国际合作论文篇数	卓越国际论文总篇数	合作论文占全部论文比例
天文学	567	1087	52.16%
地学	3648	9130	39.96%
生物学	4609	19764	23.32%
预防医学与卫生学	734	2553	28.75%
基础医学	1613	7879	20.47%
药物学	850	6118	13.89%
临床医学	2491	12168	20.47%
中医学	36	282	12.77%
军事医学与特种医学	53	172	30.81%
农学	1108	3416	32.44%
林学	224	556	40.29%
畜牧、兽医	167	869	19.22%
水产学	191	1263	15.12%
测绘科学技术	0	0	0.00%
材料科学	4244	19396	21.88%
工程与技术基础学科	170	555	30.63%
矿山工程技术	114	440	25.91%
能源科学技术	2556	9652	26.48%
冶金、金属学	85	548	15.51%
机械、仪表	728	2973	24.49%
动力与电气	198	846	23.40%
核科学技术	162	647	25.04%
电子、通信与自动控制	4160	12325	33.75%
计算技术	3430	9308	36.85%
化工	1836	8386	21.89%
轻工、纺织	113	827	13.66%
食品	849	3658	23.21%
土木建筑	1240	4380	28.31%
水利	305	918	33.22%
交通运输	280	612	45.75%
航空航天	117	746	15.68%
安全科学技术	72	192	37.50%
环境科学	4309	13647	31.57%
管理学	258	598	43.14%
自然科学类其他	81	203	39.90%

数据来源：SCIE 2020。

9.2.6 卓越国际论文的创新性分析

中国实行的科学基金资助体系是为了扶持中国的基础研究和应用研究，但要获得基金的资助，要求科技项目的立意具有新颖性和前瞻性，即要有创新性。下面我们将从由各类基金（这里所指的基金是广泛意义的，包括各省部级以上的各类资助项目和各项国家大型研究和工程计划）资助产生的论文来了解科学研究中的一些创新情况。

2020 年，中国的卓越国际论文中得到基金资助产生的论文为 199001 篇，占卓越国际论文数的 92.1%，比 2019 年的 92.4% 下降 0.3 个百分点。

从卓越国际基金论文的学科分布看（如表 9-10 所示），论文数量最多的学科是化学，其卓越国际基金论文数超过 32000 篇，超过 10000 篇的学科还有材料科学、生物学、物理学、环境科学和电子、通信与自动控制。97% 的学科中，卓越国际基金论文占学科卓越国际论文的比例在 80% 以上。

表 9-10　卓越国际基金论文的学科分布

学科	卓越国际基金论文数	卓越国际论文总数	卓越国际基金论文比例	
			2020 年	2019 年
数学	5887	6552	89.85%	93.32%
力学	3200	3523	90.83%	94.24%
信息、系统科学	821	970	84.64%	94.81%
物理学	14199	14930	95.10%	95.62%
化学	32576	33912	96.06%	97.51%
天文学	1069	1087	98.34%	97.97%
地学	8499	9130	93.09%	96.98%
生物学	17891	19764	90.52%	90.69%
预防医学与卫生学	2190	2553	85.78%	88.64%
基础医学	6555	7879	83.20%	83.07%
药物学	5300	6118	86.63%	82.33%
临床医学	9474	12168	77.86%	77.87%
中医学	230	282	81.56%	90.83%
军事医学与特种医学	141	172	81.98%	84.46%
农学	3283	3416	96.11%	97.36%
林学	509	556	91.55%	96.69%
畜牧、兽医	839	869	96.55%	96.48%
水产学	1231	1263	97.47%	98.48%
测绘科学技术	0	0	—	—
材料科学	18399	19396	94.86%	96.57%
工程与技术基础学科	501	555	90.27%	96.17%
矿山工程技术	397	440	90.23%	98.15%
能源科学技术	9164	9652	94.94%	95.76%
冶金、金属学	445	548	81.20%	92.52%
机械、仪表	2739	2973	92.13%	94.16%
动力与电气	789	846	93.26%	93.79%
核科学技术	570	647	88.10%	92.18%
电子、通信与自动控制	11349	12325	92.08%	94.61%

续表

学科	卓越国际基金论文数	卓越国际论文总数	卓越国际基金论文比例	
			2020 年	2019 年
计算技术	8133	9308	87.38%	93.07%
化工	8125	8386	96.89%	97.26%
轻工、纺织	725	827	87.67%	96.18%
食品	3582	3658	97.92%	96.53%
土木建筑	4142	4380	94.57%	95.46%
水利	867	918	94.44%	97.75%
交通运输	566	612	92.48%	94.04%
航空航天	656	746	87.94%	85.71%
安全科学技术	177	192	92.19%	91.96%
环境科学	13103	13647	96.01%	97.38%
管理学	517	598	86.45%	91.15%
自然科学类其他	161	203	79.31%	81.82%

数据来源：SCIE 2020。

卓越国际基金论文数居前的地区仍是科技资源配置丰富、高等院校和研究机构较为集中的地区。例如，卓越国际基金论文数居前 6 位的地区：北京、江苏、广东、上海、湖北和山东。2020 年，卓越国际基金论文比在 90% 以上的地区有 27 个。从表 9-11 所列数据也可看出，各地区基金论文比的数值差距不是很大。

表 9-11　卓越国际基金论文的地区分布

地区	卓越国际基金论文数	卓越国际论文总数	卓越国际基金论文比例	
			2020 年	2019 年
北京	28473	30738	92.63%	93.65%
天津	6324	6796	93.05%	92.66%
河北	1974	2272	86.88%	83.73%
山西	1991	2153	92.48%	93.40%
内蒙古	606	658	92.10%	90.65%
辽宁	7134	7782	91.67%	91.20%
吉林	4170	4637	89.93%	87.53%
黑龙江	5189	5590	92.83%	92.60%
上海	15449	16746	92.25%	92.87%
江苏	21714	23349	93.00%	94.09%
浙江	9980	10831	92.14%	91.72%
安徽	5300	5629	94.16%	94.75%
福建	4586	4894	93.71%	94.31%
江西	2446	2670	91.61%	92.10%
山东	11103	12358	89.84%	87.55%
河南	4527	5205	86.97%	85.88%
湖北	11847	12988	91.21%	92.71%

续表

地区	卓越国际基金论文数	卓越国际论文总数	卓越国际基金论文比例	
			2020 年	2019 年
湖南	7769	8380	92.71%	93.80%
广东	15935	17038	93.53%	93.84%
广西	1748	1876	93.18%	93.43%
海南	472	503	93.84%	96.17%
重庆	4477	4868	91.97%	92.68%
四川	8395	9321	90.07%	90.87%
贵州	978	1042	93.86%	95.03%
云南	1739	1858	93.60%	93.52%
西藏	21	21	100.00%	93.10%
陕西	10998	11848	92.83%	93.64%
甘肃	2450	2657	92.21%	93.11%
青海	136	143	95.10%	95.26%
宁夏	278	300	92.67%	95.56%
新疆	792	850	93.18%	91.86%

数据来源：SCIE 2020。

9.3 中国卓越国内科技论文的研究分析和结论

根据学术文献的传播规律，科技论文发表后在 3 ～ 5 年形成被引用的峰值。这个时间窗口内较高质量科技论文的学术影响力会通过论文的引用水平表现出来。为了遴选学术影响力较高的论文，我们为近 5 年中国科技核心期刊收录的每篇论文计算了"累计被引用时序指标"——n 指数。

n 指数的定义方法是：若一篇论文发表 n 年之内累计被引用次数达到 n 次，同时在 $n+1$ 年累计被引用次数不能达到 $n+1$ 次，则该论文的"累计被引用时序指标"的数值为 n。

对各个年度发表在中国科技核心期刊上的论文被引用次数设定一个 n 指数分界线，各年度发表的论文中，被引用次数超越这一分界线的就被遴选为"卓越国内科技论文"。我们经过数据分析测算后，对近 5 年的"卓越国内科技论文"分界线定义为：论文 n 指数大于发表时间的论文是"卓越国内科技论文"。例如，论文发表 1 年之内累计被引用达到 1 次的论文，n 指数为 1；发表 2 年之内累计被引用超过 2 次，n 指数为 2。以此类推，发表 5 年之内累计被引用达到 5 次，n 指数为 5。

按照这一统计方法，我们据近 5 年（2016—2020 年）的"中国科技论文与引文数据库"（CSTPCD）统计，共遴选出"卓越国内科技论文" 24.78 万篇，占这 5 年 CSTPCD 收录全部论文的比例约为 10.7%。

9.3.1 卓越国内论文的学科分布

2020 年，中国 31 个省（区、市）卓越国内论文主要分布在 39 个学科中（如表 9–12

所示），论文数最多的学科是临床医学，发表了 58879 篇卓越国内论文，说明中国的临床医学在国内和国际均具有较大的影响力；其次是电子、通信自动控制，为 16431 篇，卓越国内论文数超过 10000 篇的学科还有农学、中医学、计算技术、地学和环境科学，分别为 15227 篇、14842 篇、13586 篇、10858 篇和 10374 篇。

表 9-12　卓越国内论文的学科分布

学科	卓越国内论文篇数	学科	卓越国内论文篇数
数学	474	工程基础	964
力学	576	矿业	3281
信息科学	128	能源	4391
物理	1008	金属、冶金学	3150
化学	2407	机械、仪表	3200
天文	102	动力电器	1196
地学	10858	核技术	103
生物	6069	电子通信与自动控制	16431
预防医学与卫生学	8954	计算技术	13586
基础医学	5137	化工	2798
药物学	5215	轻工、纺织	605
临床医学	58879	食品科学	6360
中医药	14842	土木建筑	5207
军事医学与特种医学	905	水利	1422
农学	15227	交通运输	3368
林学	2752	航空航天	1642
畜牧、兽医	2749	安全科学	186
水产	1008	环境科学	10374
测绘科学技术	1466	管理学	834
材料科学	1688		

数据来源：CSTPCD。

9.3.2　中国各地区国内卓越论文的分布特征

2020 年，中国 31 个省（区、市）卓越国内科技论文的发表情况如表 9-13 所示，其中北京发表的卓越国内论文数量最多，达到 45781 篇。卓越国内科技论文数达到 20000 篇以上的地区还有江苏，为 20919 篇。卓越国内论文数排名居前 10 位地区的还有上海、广东、湖北、陕西、四川、山东、浙江和河南。对比卓越国际论文的地区分布可以看出，这些地区的卓越国际论文数也较多，说明这些地区无论是国际科技产出还是国内科技产出，其影响力均较国内其他地区大。

表 9-13 卓越国内论文的地区分布

地区	卓越国内论文篇数	地区	卓越国内论文篇数
北京	45781	湖北	13269
天津	6792	湖南	7351
河北	6757	广东	14169
山西	3376	广西	3386
内蒙古	1868	海南	1353
辽宁	8322	重庆	5830
吉林	4041	四川	10913
黑龙江	5146	贵州	3014
上海	14585	云南	3315
江苏	20919	西藏	117
浙江	9618	陕西	12789
安徽	5589	甘肃	4588
福建	4327	青海	738
江西	3530	宁夏	920
山东	10210	新疆	3621
河南	8719		

数据来源：CSTPCD。

9.3.3 国内卓越论文的机构分布特征

2020 年中国 247764 篇卓越国内科技论文中，高等院校发表 102972 篇，研究机构 27202 篇，医疗机构 54013 篇，公司企业 6364 篇，其他部门 57213 篇，各机构发表论文数占比分布如图 9-2 所示。

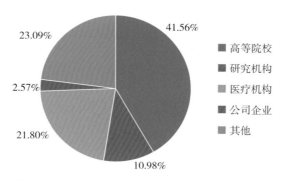

图 9-2 2020 年中国卓越国内论文的机构占比分布

（1）高等院校

2020 年，卓越国内论文数居前 20 位高等院校的如表 9-14 所示，其中，北京大学、首都医科大学和上海交通大学居前 3 位，其发表的国内卓越论文数分别为 3200 篇、3042 篇和 2680 篇。

表 9-14　卓越国内论文居前 20 位的高等院校

单位名称	卓越国内论文篇数	单位名称	卓越国内论文篇数
北京大学	3200	华北电力大学	1656
首都医科大学	3042	清华大学	1588
上海交通大学	2680	同济大学	1569
武汉大学	2589	吉林大学	1463
四川大学	2071	中国地质大学	1458
华中科技大学	1990	西安交通大学	1447
浙江大学	1957	北京中医药大学	1435
复旦大学	1728	西北农林科技大学	1420
中南大学	1690	中国矿业大学	1404
中山大学	1675	中国石油大学	1367

数据来源：CSTPCD。

（2）研究机构

2020 年，卓越国内论文数居前 20 位的研究机构如表 9-15 所示。其中，中国中医科学院、中国科学院地理科学与资源研究所和中国疾病预防控制中心居前 3 位，卓越国内论文数分别为 1139 篇、888 篇和 824 篇。论文数超过 300 篇的研究机构还有中国林业科学研究院、中国水产科学研究院和中国地质科学院。

表 9-15　卓越国内论文数居前 20 位的研究机构

单位名称	卓越国内论文篇数	单位名称	卓越国内论文篇数
中国中医科学院	1139	中国科学院长春光学精密机械与物理研究所	231
中国科学院地理科学与资源研究所	888	中国科学院空天信息创新研究院	229
中国疾病预防控制中心	824	中国科学院地质与地球物理研究所	226
中国林业科学研究院	560	江苏省农业科学院	225
中国水产科学研究院	427	中国农业科学院农业质量标准与检测技术研究所	212
中国地质科学院	303	中国环境科学研究院	208
中国科学院生态环境研究中心	283	中国食品药品检定研究院	207
中国科学院西北生态环境资源研究院	260	山东省农业科学院	206
中国医学科学院肿瘤研究所	259	中国热带农业科学院	200
山西省农业科学院	249	广东省农业科学院	199

数据来源：CSTPCD。

（3）医疗机构

2020 年，卓越国内论文数居前 20 位的医疗机构如表 9-16 所示。其中，解放军总医院、四川大学华西医院和北京协和医院居前 3 位，卓越国内论文数分别为 1328 篇、806 篇和 779 篇。

表 9-16 卓越国内论文数居前 20 位的医疗机构

单位名称	卓越国内论文篇数	单位名称	卓越国内论文篇数
解放军总医院	1328	首都医科大学附属北京安贞医院	346
四川大学华西医院	806	海军军医大学第一附属医院（上海长海医院）	345
北京协和医院	779	华中科技大学同济医学院附属协和医院	341
华中科技大学同济医学院附属同济医院	537	中南大学湘雅医院	332
郑州大学第一附属医院	524	北京大学人民医院	325
武汉大学人民医院	503	首都医科大学宣武医院	323
北京大学第三医院	488	中国中医科学院广安门医院	319
中国医科大学附属盛京医院	471	复旦大学附属中山医院	309
北京大学第一医院	440	西安交通大学医学院第一附属医院	309
江苏省人民医院	369	南京鼓楼医院	309

数据来源：CSTPCD。

9.3.4 国内卓越论文的期刊分布

2020 年，中国的卓越国内论文共发表在 2563 种中国期刊中，其中，《生态学报》的卓越国内论文数最多，为 1898 篇，其次为《农业工程学报》和《食品科学》，发表卓越国内论文分别为 1701 篇和 1663 篇。2020 年，在发表卓越国内论文的全部期刊中，1000 篇以上的期刊有 14 种，比 2019 年增加 3 种，如表 9-17 所示。

表 9-17 发表卓越国内论文大于 1000 篇的国内科技期刊

期刊名称	论文篇数	期刊名称	论文篇数
生态学报	1898	中国中药杂志	1391
农业工程学报	1701	中国实验方剂学杂志	1381
食品科学	1663	电网技术	1372
电力系统自动化	1559	中草药	1359
中国电机工程学报	1482	电工技术学报	1348
电力系统保护与控制	1433	环境科学	1341
中华中医药杂志	1427	食品工业科技	1077

数据来源：CSTPCD。

9.4 小结

2020 年，中国机构作者为第一作者的 SCI 收录论文共 50.16 万篇，其中卓越国际论文数为 21.60 万篇，占论文总数的 43.1%，较 2019 年略有下降。合作（包括国际国内合作）研究产生的卓越国际论文为 17.49 万篇，占全部卓越国际论文的 80.98%，比 2019 年的 67.2% 上升了 13.78 个百分点。

2016—2020 年，中国的卓越国内论文为 24.78 万篇，占这 5 年 CSTPCD 收录全部论文的比例为 10.7%。卓越国内论文的机构分布与卓越国际论文相似，高等院校均为论文产出最多机构类型。地区分布也较为相似，发表卓越国际论文较多的地区，其卓越国内论文也较多，说明这些地区无论是国际科技产出还是国内科技产出，其影响力均较国内其他地区较大。从学科分布来看，优势学科稍有不同，但中国的临床医学在国内和国际均具有较大的影响力。

从 SCI、Ei、CPCI-S 等重要国际检索系统收录的论文数看，中国经过多年的努力，已经成为论文的产出大国。2020 年，SCI 收录中国内地科技论文（不包括港澳地区）55.26 万篇，占世界的比重为 23.7%，连续 12 年排在世界第 2 位，仅次于美国。中国已进入论文产出大国的行列，但是论文的影响力还有待进一步提高。

卓越论文，主要是指在各学科领域，论文被引次数高于世界或国内均值的论文，2020 年国际部分首次加入高质量国际论文、高被引论文、热点论文、各学科最具影响力论文、顶尖学术期刊论文等不同维度选出的国际论文。因此，要提高这类论文的数量，关键是继续加大对基础研究工作的支持力度，以产生好的创新成果，从而产生优秀论文和有影响的论文，增加国际和国内同行的引用。从文献计量角度看，文献能不能获得引用，与很多因素有关，如文献类型、语种、期刊的影响、合作研究情况等。我们深信，在中国广大科技人员不断潜心钻研和锐意进取的过程中，中国论文的国际国内影响力会越来越大，卓越论文会越来越多。

参考文献

[1] 中国科学技术信息研究所 .2019 年度中国科技论文统计与分析（年度研究报告）[M]. 北京：科学技术文献出版社，2021.

[2] 张玉华，潘云涛 . 科技论文影响力相关因素研究 [J]. 编辑学报， 2007（1）：1-4.

[3] 中国科技论文统计与分析课题组 . 2019 年中国科技论文统计与分析简报 [J]. 中国科技期刊研究，2021，32（1）：99-109.

[4] 中国科技论文统计与分析课题组 . 2020 年中国科技论文统计与分析简报 [J]. 中国科技期刊研究，2022，33（1）：103-112.

10 领跑者 5000 论文情况分析

为了进一步推动中国科技期刊的发展，提高其整体水平，更好地宣传和利用中国的优秀学术成果，推动更多的科研成果走向世界，参与国际学术交流，扩大国际影响，起到引领和示范的作用，中国科学技术信息研究所利用科学计量指标和同行评议结合的方法，在中国精品科技期刊中遴选优秀学术论文，建设了"领跑者5000——中国精品科技期刊顶尖学术论文平台（F5000）"，用英文长文摘的形式，集中对外展示和交流中国的优秀学术论文。通过与国际重要信息服务机构和国际出版机构的合作，将F5000论文集中链接和推送给国际同行。为中文发表的论文、作者和中文学术期刊融入国际学术共同体提供了一条高效渠道。

2000年以来，中国科学技术信息研究所承担科技部中国科技期刊战略相关研究任务，在国内首先提出了精品科技期刊战略的概念，2005年研制完成中国精品科技期刊评价指标体系，并承担了建设中国精品科技期刊服务与保障系统的任务，该项目领导小组成员来自科技部、国家新闻出版署、中共中央宣传部、国家卫生健康委、中国术协、教育部等科技期刊的管理部门。2008年、2011年、2014年、2017年和2020年公布了五届"中国精品科技期刊"的评选结果，对提升优秀学术期刊质量和影响力、带动中国科技期刊整体水平进步起到了推动作用。

在前五届"中国精品科技期刊"的基础上，2020年我们公布了新一届的"中国精品科技期刊"的评选结果，并以此为基础遴选了2021年度F5000论文。

本研究以2021年度F5000提名论文为基础，分析F5000论文的学科、地区、机构、基金及被引情况等。

10.1 引言

中国科学技术信息研究所于2012年集中力量启动了"中国精品科技期刊顶尖学术论文——领跑者5000"（F5000）项目，同时为此打造了向国内外展示F5000论文的平台（f5000.istic.ac.cn），并已与国际专业信息服务提供商科睿唯安、爱思唯尔（Elsevier）集团、Wiley集团、泰勒弗朗西斯集团、加拿大Trend MD公司等展开深入合作。

F5000展示平台的总体目标是充分利用精品科技期刊评价成果，形成面向宏观科技期刊管理和科研评价工作直接需求，具有一定社会显示度和国际国内影响的新型论文数据平台。平台通过与国际知名信息服务商的合作，最终将国内优秀的科研成果和科研人才推向世界。

10.2　2021 年度 F5000 论文遴选方式

①强化单篇论文定量评估方法的研究和实践。在"中国科技论文与引文数据库"（CSTPCD）的基础上，采用定量分析和定性分析相结合的方法，从第五届"中国精品科技期刊"中择优选取 2016—2020 年发表的学术论文作为 F5000 的提名论文，每刊最多 20 篇。

具体评价方法为：

a. 以"中国科技论文与引文数据库"（CSTPCD）为基础，计算每篇论文在 2016—2020 年这个 5 年时间窗口内累计被引次数排名。

b. 根据论文发表时间的不同和论文所在学科的差异，分别进行归类，并且对论文按照累计被引次数排名。

c. 对各个学科类别每个年度发表的论文，分别计算前 1% 高被引论文的基准线（表10–1）。

d. 在各个学科领域各年度基准线以上的论文中，遴选各个精品期刊的提名论文。如果一个期刊在基准线以上的论文数量超过 20 篇，则根据累计被引用次数相对基准线标准的情况，择优选取其中 20 篇作为提名论文；如果一个核心期刊在基准线以上的论文不足 20 篇，则只有过线论文作为提名论文。

根据统计，2016—2020 年累计被引次数达到其所在学科领域和发表年度基准线以上的论文中最终通过定量分析方式获得精品期刊顶尖论文提名的论文共有 2035 篇。

②中国科学技术信息研究所将继续与各个精品科技期刊编辑部协作配合推进 F5000项目工作。各个精品科技期刊编辑部通过同行评议或期刊推荐的方式遴选 2 篇 2021 年发表的学术水平较高的研究论文作为提名论文。

提名论文的具体条件包括：

a. 遴选范围是在 2021 年期刊上发表的学术论文，增刊的论文不列入遴选范围。已经收录并且确定在 2021 年正刊出版，但是尚未正式印刷出版的论文，可以列入遴选范围。

b. 论文内容科学、严谨，报道原创性的科学发现和技术创新成果，能够反映期刊所在学科领域的最高学术水平。

③为非精品科技期刊提供入选 F5000 的渠道。期刊可参照提名论文的具体条件，提交经过编委会认可的 2 篇评审当年发表的论文，F5000 平台组织专家评审后确认入选，给予证书。

④中国科学技术信息研究所依托各个精品科技期刊编辑部的支持和协作，联系和组织作者，补充获得提名论文的详细完整资料（包括全文或中英文长摘要、其他合著作者的信息、论文图表、编委会评价和推荐意见等），提交到"领跑者 F5000"工作平台参加综合评估。

⑤中国科学技术信息研究所进行综合评价，根据定量分析数据和同行评议结果，从信息完整的提名论文中评定出 2021 年度 F5000 论文，颁发入选证书，收录入"领跑者5000——中国精品科技期刊顶尖学术论文"（f5000.istic.ac.cn）展示平台。

表 10-1 2016—2020 年中国各学科 1% 高被引论文基准线

	2016 年	2017 年	2018 年	2019 年	2020 年
数学	9	8	6	4	2
力学	13	11	8	5	3
信息、系统科学	17	17	10	6	3
物理学	11	10	7	5	3
化学	12	10	8	6	3
天文学	18	21	5	4	3
地学	25	20	13	8	4
生物学	21	17	12	8	3
预防医学与卫生学	19	16	11	8	6
基础医学	15	12	9	6	3
药物学	15	12	9	6	4
临床医学	16	14	9	7	4
中医学	18	17	12	8	6
军事医学与特种医学	13	12	9	6	5
农学	22	17	13	8	3
林学	19	15	13	8	3
畜牧、兽医	15	13	10	6	3
水产学	17	13	10	6	3
测绘科学技术	21	18	11	8	3
材料科学	12	10	7	5	3
工程与技术基础学科	12	10	8	6	3
矿山工程技术	20	15	12	9	4
能源科学技术	27	22	16	11	4
冶金、金属学	12	10	8	6	3
机械、仪表	14	12	8	6	2
动力与电气	15	12	10	6	3
核科学技术	8	6	5	4	2
电子、通信与自动控制	29	22	16	10	3
计算技术	20	16	12	8	3
化工	12	9	7	5	3
轻工、纺织	13	10	8	6	3
食品	17	14	11	8	3
土木建筑	16	14	10	7	3
水利	18	16	10	8	3
交通运输	14	12	8	6	3
航空航天	14	11	8	6	3
安全科学技术	21	18	13	8	3
环境科学	23	19	14	9	4
管理学	18	17	15	7	4

10.3   数据与方法

2021 年度的 F5000 提名论文包括定量评估的论文和编辑部推荐的论文，后者由于时间（报告编写时间为 2022 年 1 月）关系，并不完整，为此，后续 F5000 论文的分析仅基于定量评估的 2035 篇论文。

论文归属：按国际文献计量学研究的通行做法，论文的归属按照第一作者所在第一地区和第一单位确定。

论文学科：依据国家质量监督检验检疫总局颁布的《学科分类与代码》，在具体进行分类时，一般是依据刊载论文期刊的学科类别和每篇论文的具体内容。由于学科交叉和细分，论文的学科分类问题十分复杂，先暂且分类至一级学科，共划分了 40 个学科类别，且是按主分类划分，一篇文献只做一次分类。

10.4   研究分析与结论

10.4.1   F5000 论文概况

（1）F5000 论文的参考文献研究

在科学计量学领域，通过大量的研究分析发现，论文的参考文献数量与论文的科学研究水平有较强的相关性。2021 年度 F5000 论文的平均参考文献数为 30.84 篇，具体分布情况如表 10-2 所示。

表 10-2   2021 年度 F5000 论文参考文献数分布情况

序号	参考文献数	论文篇数	比例	序号	参考文献数	论文篇数	比例
1	0～10	182	8.94%	4	31～50	440	21.62%
2	11～20	631	31.01%	5	51～100	151	7.42%
3	21～30	568	27.91%	6	>100	63	3.10%

可以看出，参考文献数在 11～20 篇的论文数最多，为 631 篇，占总量的 31.01%；其次为参考文献数在 21～30 篇的论文数，占总量的 27.91%；有 63 篇论文的参考文献数超过 100 篇。与 2020 年度相比，参考文献数在 0～10 篇、11～20 篇两个范围内的论文数占比有所下降，其他范围内的论文占比均有所提升，在 31～50 篇的论文占比增幅较大，上升 5.42 个百分点。

其中，引用参考文献数最多的 1 篇 F5000 论文是 2019 年中国科学院地球化学研究所温汉捷等发表在《岩石学报》上的《稀散金属超常富集的主要科学问题》，共引用参考文献 333 篇；其次为 2019 年中国科学院南京地质古生物研究所朱茂炎等发表在《中国科学：地球科学》上的《中国寒武纪综合地层和时间框架》，共引用参考文献 318 篇。

（2）F5000 论文的作者数研究

在全球化日益明显的今天，不同学科、不同身份、不同国家的科研合作已经成为非常普遍的现象。科研合作通过科技资源的共享、团队协作的方式，有利于提高科研生产率和促进科研创新。

2021 年度的 F5000 论文中，由单一作者完成的论文有 77 篇，约占全部论文数的 3.78%，说明 2021 年度的 F5000 论文合著率高达 96.22%，相比 2019 年度下降 0.68 个百分点。由 4 人和 5 人合作完成的论文数最多，分别为 323 篇和 331 篇，各占全部论文数的 15.87% 和 16.27%（图 10-1）。

合作者数量最多的 1 篇论文是由首都医科大学附属北京儿童医院的朱亮等 40 位学者于 2018 年发表在《中华儿科杂志》上的《2012 至 2017 年 1138 例儿童侵袭性肺炎链球菌病多中心临床研究》（图 10-1）。

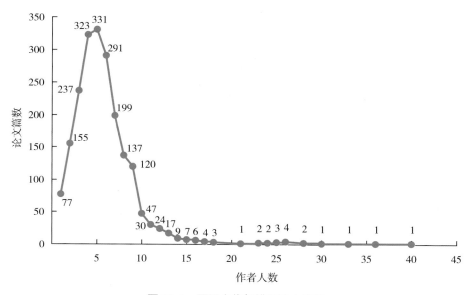

图 10-1　不同合作规模的论文产出

10.4.2　F5000 论文学科分布

学科建设与发展是科学技术发展的基础，了解论文的学科分布情况是十分必要的。论文学科的划分一般是依据刊载论文的期刊的学科类别进行的。在 CSTPCD 统计分析中，论文的学科分类除了依据论文所在期刊进行划分外，还会进一步根据论文的具体研究内容进行区分。

在 CSTPCD 中，所有的科技论文被划分为 40 个学科，包括数学、力学、物理学、化学、天文学、地学、生物学、药物学、农学、林学、水产学、化工和食品等。在此基础上，40 个学科被进一步归并为五大类，分别是基础学科、医药卫生、农林牧渔、工业技术和管理及其他。

如图 10-2 所示，2021 年度 F5000 论文主要来自工业技术和医药卫生两大领域。其中，工业技术领域的 F5000 论文最多，为 806 篇，占全部论文数的 39.61%；其次为医药卫生领域，论文数为 723 篇，占全部论文数的 35.53%，这两大领域的 F5000 论文数量占总量的 75.14%，与 2019 年度相比，工业技术领域 F5000 论文占比下降 2.79 个百分点，医药卫生领域的论文占比上升 2.03 个百分点。管理及其他大类的 F5000 论文数量最少，为 6 篇，占总论文数的 0.29%，与 2019 年度基本保持一致。基础学科（303 篇）和农林牧渔（197 篇）领域的 F5000 论文数量分别占总量的 14.89% 和 9.68%。

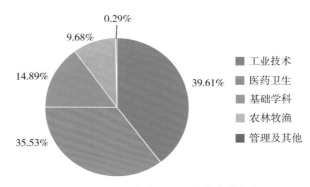

图 10-2   2021 年度 F5000 论文大类分布

对 2021 年度 F5000 论文进行学科分析发现，2035 篇论文广泛分布在各学科领域，表 10-3 为 2021 年度 F5000 论文数居前 10 位的学科，这些学科的论文数占论文总数的 66.78%。可以看出，临床医学学科的论文数明显高于其他学科，共发表 F5000 论文 429 篇，占总量的 21.08%，相比 2020 年度提升 0.18 个百分点；其次是农学学科，共发表 F5000 论文 151 篇，占总量的 7.42%，相比 2020 年度有大幅提升，上升 2.12 个百分点；居第 3 位的是地学学科，共发表 F5000 论文 143 篇，占总量的 7.03%。

F5000 论文量不足 5 篇的学科有 5 个，分别为天文学（3 篇），轻工、纺织（2 篇），信息、系统科学（1 篇），安全科学技术（1 篇），核科学技术（1 篇），这 5 个学科的论文量占论文总量的比例均不足 0.20%。

表 10-3   2021 年度 F5000 论文数居前 10 位的学科

排名	学科	论文篇数	比例	所属大类	排名	学科	论文篇数	比例	所属大类
1	临床医学	429	21.08%	医药卫生	6	中医学	91	4.47%	医药卫生
2	农学	151	7.42%	农林牧渔	7	环境科学	90	4.42%	工业技术
3	地学	143	7.03%	基础学科	8	土木建筑	88	4.32%	工业技术
4	计算技术	134	6.58%	工业技术	9	电子、通信与自动控制	80	3.93%	工业技术
5	预防医学与卫生学	92	4.52%	医药卫生	10	基础医学	61	3.00%	医药卫生

10.4.3   F5000 论文地区分布

对全国各地区的 F5000 论文进行统计，可以从一个侧面反映出中国具体地区的科研实力、技术水平，而这也是了解区域发展状况及区域科研优劣势的重要参考。

　　除了西藏外，2021 年度 F5000 论文广泛分布在 30 个省（区、市），其中，论文数排名居前 10 位的地区分布如表 10-4 所示。可以看出，北京以论文数 528 篇居首位，占总量的 25.95%；排在第 2 位的是江苏，论文数为 163 篇，占总量的 8.01%；排在第 3 位的是湖北，论文数为 125 篇，占总量的 6.14%。2020 年度排名居第 3 位的上海市 2021 年度排在第 5 位，但 F5000 论文数占比相比 2020 年度有所提升（2020 年度为 5.2%）。海南、青海和宁夏 3 个省份的 F5000 论文数较少，均不足 10 篇，论文数分别为 7 篇、6 篇和 6 篇。

表 10-4　2021 年度 F5000 论文数排名居前 10 位的地区分布

排名	地区	论文篇数	比例	排名	地区	论文篇数	比例
1	北京	528	25.95%	5	广东	123	6.04%
2	江苏	163	8.01%	7	浙江	74	3.64%
3	湖北	125	6.14%	8	湖南	66	3.24%
4	陕西	124	6.09%	9	四川	63	3.10%
5	上海	123	6.04%	10	天津	58	2.85%

10.4.4　F5000 论文机构分布

　　2021 年度 F5000 论文的机构分布情况如图 10-3 所示。高等院校（包括其附属医院）共发表 1303 篇，占总数的 64.03%，相比 2020 年度下降 2.67 个百分点；科研机构的论文数排名居第 2 位，共发表 393 篇，占总数的 19.31%；排名居第 3 位的是医疗机构，共发表 145 篇，占总数的 7.13%。

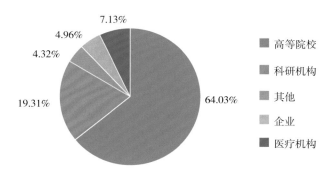

图 10-3　2021 年度 F5000 论文机构分布情况

　　2021 年度 F5000 论文分布在多所高等院校中，F5000 论文数居前 5 位的高等院校是北京大学、华中科技大学、同济大学、首都医科大学、上海交通大学和清华大学。排在第 1 位的是北京大学和华中科技大学，北京大学包括北京大学本部、北京大学第六医院、北京大学第三医院、北京大学第一医院、北京大学回龙观医院、北京大学口腔医学院、北京大学民航临床医学院、北京大学人民医院、北京大学深圳研究生院、北京大学首钢医院共 10 所机构，论文数为 35 篇；华中科技大学包括华中科技大学本部、华中科技大学同济医学院、华中科技大学同济医学院附属普爱医院、华中科技大学同济医学院附属同济医院、华中科技大学同济医学院附属武汉儿童医院、华中科技大学同济医学院附属武汉中心医院、华中科技大学同济医学院附属协和医院共 7 所机构，论文数为 35 篇（如表 10-5）。

表 10-5   2021 年度 F5000 论文数居前 5 位的高等院校

排名	高等院校	论文篇数
1	北京大学	35
1	华中科技大学	35
3	同济大学	23
3	首都医科大学	23
3	上海交通大学	23
3	清华大学	23

在医疗机构方面，将高校附属医院和普通医疗机构进行统一排序比较。华中科技大学同济医学院附属同济医院的 F5000 论文数最多，共 14 篇；其次为北京协和医院，共 9 篇；中国人民解放军总医院、四川大学华西医院和中国医学科学院肿瘤医院紧随其后，排在第 3 位，均为 8 篇（表 10-6）。

表 10-6   2021 年度 F5000 论文数居前 5 位的医疗机构

排名	医疗机构	论文篇数
1	华中科技大学同济医学院附属同济医院	14
2	北京协和医院	9
3	中国人民解放军总医院	8
3	四川大学华西医院	8
3	中国医学科学院肿瘤医院	8

在科研机构方面，中国石油勘探开发研究院、中国疾病预防控制中心、中国科学院地理科学与资源研究所、中国地质科学院地球物理地球化学勘查研究所发表的 F5000 论文数较多，均在 10 篇及以上。其中，中国石油勘探开发研究院以 21 篇排在第 1 位，其次为中国疾病预防控制中心，其论文数为 20 篇（表 10-7）。

表 10-7   2021 年度 F5000 论文数居前 5 位的科研机构

排名	科研机构	论文篇数
1	中国石油勘探开发研究院	21
2	中国疾病预防控制中心	20
3	中国科学院地理科学与资源研究所	17
4	中国地质科学院地球物理地球化学勘查研究所	10
5	中国地址科学院	7
5	中国水利水电科学研究院	7
5	中国中医科学院中药研究所	7

10.4.5　F5000 论文基金分布情况

　　基金资助课题研究一般都是在充分调研论证的基础上展开的，是属于某个学科当前或者未来一段时间内的研究热点或者研究前沿。本节主要分析 2021 年度 F5000 论文的基金资助情况。

　　2021 年度产出 F5000 论文被资助最多的项目是国家自然科学基金委员会各项基金项目，包括国家自然科学基金面上项目、国家自然科学基金青年基金项目、国家自然科学基金委创新研究群体科学基金资助项目、国家自然科学基金委重大研究计划重点研究项目等，共产出 553 篇，占论文总数的 27.17%；排名第 2 位的是科学技术部资助项目 / 计划，共产出 194 篇论文，占论文总数的 9.53%（表 10-8）。

表 10-8　2021 年度 F5000 论文数居前 5 位的基金项目

排名	基金	论文篇数
1	国家自然科学基金委员会各项基金	553
2	科学技术部资助项目 / 计划	194
3	国内大学、研究机构和公益组织资助	79
4	国家科技重大专项	71
5	国家科技支撑计划	60

10.4.6　F5000 论文被引情况

　　论文的被引情况可以用来评价一篇论文的学术影响力。这里 F5000 论文的被引情况指的是论文从发表当年到 2021 年的累计被引用情况，亦即 F5000 论文定量遴选时的累计被引次数。其中，被引次数为 11 次的论文数最多，为 128 篇，之后则是被引次数为 17 次和 9 次，其论文量分别为 111 篇和 105 篇（图 10-4）。

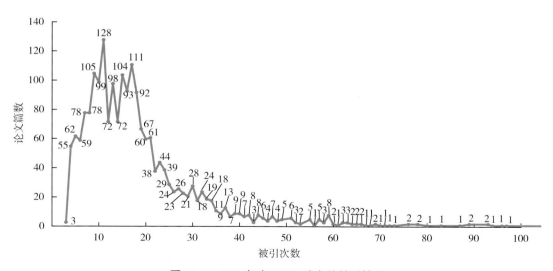

图 10-4　2021 年度 F5000 论文的被引情况

数据来源：CSTPCD。

其中，2021 年度的 F5000 论文中，累计被引次数最高的前 3 篇论文分别为 2020 年首都医科大学附属北京中医医院王玉光等学者发表在《中医杂志》的《新型冠状病毒肺炎中医临床特征与辨证治疗初探》，累计被引 271 次；2020 年中国中医科学院广安门医院仝小林等学者发表在《中医杂志》的《从寒湿疫角度探讨新型冠状病毒肺炎的中医药防治策略》，累计被引 173 次；2017 年清华大学康重庆等学者发表在《电力系统自动化》的"高比例可再生能源电力系统的关键科学问题与理论研究框架"，累计被引 167 次。

鉴于 2021 年度 F5000 论文是精品期刊发表在 2016—2020 年的高被引论文，故不同发表年论文的统计时段是不同的。相对而言，发表较早的论文累计被引次数会相对较高。由表 10-9 可以看出，不同发表年的 F5000 论文在被引次数方面有显著差异。2016 年发表 416 篇 F5000 论文，篇均被引为 26.91 次；其次为 2017 年发表 395 篇 F5000 论文，篇均被引 22.07 次。

表 10-9　2021 年度 F5000 论文在不同年份的分布及引用情况

发表年份	论文篇数	总被引次数	篇均被引次数 /（次 / 篇）
2016	416	11195	26.91
2017	395	8719	22.07
2018	376	7105	18.90
2019	469	5664	12.08
2020	379	5871	15.49

由 2021 年度 F5000 论文的学科分布来看，军事医学与特种医学、管理学等学科虽然论文数较少，但其篇均被引次数处于较高水平。电子、通信与自动控制学科的篇均被引次数远高于其他学科，为 45.15 次（表 10-10）。

表 10-10　2021 年度 F5000 论文的学科分布及其引用情况

学科	论文篇数	总被引次数	篇均被引次数 /（次 / 篇）
电子、通信与自动控制	80	3612	45.15
中医学	91	2618	28.77
矿山工程技术	46	1141	24.80
环境科学	90	2197	24.41
能源科学技术	46	1082	23.52
军事医学与特种医学	14	314	22.43
农学	151	3130	20.73
食品	28	575	20.54
预防医学与卫生学	92	1774	19.28
计算技术	134	2551	19.04
管理学	6	112	18.67
生物	51	932	18.27
地学	143	2549	17.83
临床医学	429	7439	17.34
林学	14	242	17.29

续表

学科	论文篇数	总被引次数	篇均被引次数 / (次 / 篇)
土木建筑	88	1502	17.07
机械、仪表	50	837	16.74
水利	31	507	16.35
动力与电气	13	212	16.31
水产学	6	97	16.17
力学	19	279	14.68
轻工、纺织	2	29	14.50
测绘科学技术	22	311	14.14
交通运输	43	607	14.12
药物学	36	488	13.56
航空航天	23	306	13.30
基础医学	61	787	12.90
化学	36	417	11.58
物理学	30	322	10.73
化工	34	347	10.21
畜牧、兽医	26	264	10.15
冶金、金属学	47	475	10.11
数学	20	201	10.05
材料科学	20	194	9.70
安全科学技术	1	9	9.00
工程与技术基础学科	7	63	9.00
核科学技术	1	9	9.00
信息、系统科学	1	9	9.00
天文学	3	14	4.67

10.5　小结

2021 年度 F5000 论文的平均参考文献数为 30.84 篇，其中，31.01% 的论文所引用的参考文献数分布在 11 ～ 20 篇，有 5 篇论文所引用的参考文献数高达 300 篇以上。有 96.22% 的论文是通过合著的方式完成的，其中，4 人和 5 人合作完成的论文数最多，表明高质量论文通常需要凝聚多人智慧。

在学科分布方面，工业技术和医药卫生仍然是产出 F5000 论文较多的领域，二者约占总量的 75.14%。具体来说，2021 年度 F5000 论文广泛分布在各学科领域，但临床医学、农学和地学等学科论文数较多。

在地区和机构分布方面，F5000 论文主要分布在北京、江苏、湖北等地，其中，北京大学、华中科技大学、同济大学、首都医科大学、上海交通大学、清华大学等的论文数位居高等院校前列；华中科技大学同济医学院附属同济医院、北京协和医院、中国人民解放军总医院、四川大学华西医院、中国医学科学院肿瘤医院的论文数位居医疗机构前列；中国石油勘探开发研究院、中国疾病预防控制中心等的论文数位居科研机构前列。

在基金分布方面，F5000 论文主要是由国家自然科学基金委员会下各项基金资助发表的，占论文总量的 27.17%，此外，科技部资助项目 / 计划，国内大学、研究机构和公益组织资助，国家科技重大专项，国家科技支撑计划等也是 F5000 论文主要的项目基金来源。

在被引方面，2021 年度所有 F5000 论文篇均被引次数为 18.95 次。论文的被引次数与其发表时间显著相关，其中，2016 年发表的 F5000 论文，篇均被引次数最大，为 26.91 次；而在 2020 年发表的论文，篇均被引次数最小，为 15.49 次。不同学科的论文其被引次数也有明显差异，电子、通信与自动控制学科领域的论文篇均被引次数最高，为 45.15 次 / 篇；天文学学科领域的论文篇均被引次数相对最低，为 4.67 次 / 篇。

11 中国科技论文引用文献与被引文献情况分析

11.1 引言

在学术领域中，科学研究是具有延续性的，研究人员撰写论文，通常是对前人观念或研究成果的改进、继承发展，完全自己原创的其实是少数。科研人员产出的学术作品如论文和专著等都会在末尾标注参考文献，表明对前人研究成果的借鉴、继承、修正、反驳、批判或是向读者提供更进一步研究的参考线索等，于是引文与正文之间建立起一种引证关系。因此，科技文献的引用与被引用，是科技知识和内容信息的一种继承与发展，也是科学不断发展的标志之一。

与此同时，一篇文章的被引情况也从某种程度上体现了文章的受关注程度，以及其影响和价值。随着数字化程度的不断加深，文献的可获得性越来越强，一篇文章被引用的机会也大幅增加。因此，若能够系统地分学科领域、分地区、分机构和文献类型来分析引用文献，便能够弄清楚学科领域的发展趋势、机构的发展和知识载体的变化等。

本章根据 CSTPCD 2020 的引文数据，详细分析了中国科技论文的参考文献情况和中国科技文献的被引情况，重点分析了不同文献类型、学科、地区、机构、作者的科技论文的被引情况，还包括了对图书文献、网络文献和专利文献的被引情况分析。

11.2 数据与方法

本文所涉及的数据主要来自 2020 年度 CSTPCD 论文与 1989—2020 年引文数据库，在数据的处理过程中，对长年累积的数据进行了大量清洗和处理的工作，在信息匹配和关联过程中，由于 CSTPCD 收录的是中国科技论文统计源期刊，是学术水平较高的期刊，因而并没有覆盖所有的科技期刊，以及限于部分著录信息不规范不完善等客观原因，并非所有的引用和被引信息都足够完整。

11.3 研究分析与结论

11.3.1 概况

CSTPCD 2020 共收录 451555 篇中国科技论文，较 CSTPCD 2019 增长 0.83%；共引用 10376850 次各类科技文献，同比增长 7.07%；篇均引文数量达到 22.98 篇，相比 2019 年的 21.64 篇有所上升（图 11−1）。

从图 11−1 可以看出，1995—2020 年除 2004 年、2007 年、2009 年、2013 年、2015 年、2018 年有所下降外，中国科技论文的篇均引文数总体保持上升态势。2020 年的篇均引文数量较 1995 年增加了 284.28%，可见这几十年来科研人员越来越重视对参考文献的引用。同时，各类学术文献的可获得性的增加也是论文篇均被引量增加的一个原因。

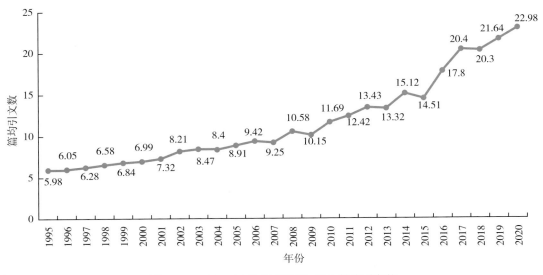

图 11-1 1995—2020 年 CSTPCD 论文篇均引文数

通过比较各类型的文献在知识传播中被使用的程度，可以从中发现文献在科学研究成果的传递中所起的作用。被引文献包括期刊、专著和论文集、学位论文、电子资源、标准、研究报告、报纸、专利等类型。图 11-2 显示了 2020 年被引用的各类型文献所占的比例，图中期刊论文所占的比例最高，达到了 84.61%，相比 2019 年的 84.18% 略有上升。这说明科技期刊仍然是科研人员在研究工作中使用最多的科技文献，所以本章重点讨论期刊论文的被引情况。列在期刊之后的专著和论文集被引次数所占比例为 9.11%。期刊及专著和论文集被引用次数所占比例之和超过 93%，值得注意的是，学位论文的被引用次数所占比例为 2.75%，与 2018 年、2019 年基本持平，相比 2016 年、2017 年增长的基础上有所提高，说明中国学者对学位论文研究成果的重视程度逐渐加强。

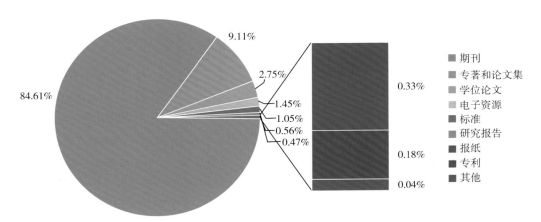

图 11-2 CSTPCD 2020 各类科技文献被引次数所占比例

11.3.2 期刊论文引用文献的学科和地区分布情况

（1）学科分布

为了更清楚地看到中文文献与外文文献施引上的不同，将 SCI 2020 收录的中国论文施引情况与 CSTPCD 2020 年收录中文论文的施引情况进行对比。

表 11-1 列出了 CSTPCD 2020 各学科的引文总数和篇均引文数。由表 11-1 可知，篇均引文数前 5 位的学科是天文学（44.41 次）、地学（37.77 次）、生物学（36.97 次）、水产学（33.00 次）和化学（32.41 次）。

表 11-1　CSTPCD 2020 各学科参考文献量

学科	论文篇数	引文总数 / 篇	篇均引文数
数学	4103	76307	18.60
力学	1837	44622	24.29
信息、系统科学	294	7386	25.12
物理学	4500	144721	32.16
化学	8124	263274	32.41
天文学	466	20695	44.41
地学	14142	534162	37.77
生物学	9673	357641	36.97
预防医学与卫生学	14568	255806	17.56
基础医学	10675	255343	23.92
药物学	11296	240607	21.30
临床医学	121637	2540368	20.88
中医学	22486	499799	22.23
军事医学与特种医学	2083	38411	18.44
农学	21386	587707	27.48
林学	3782	110014	29.09
畜牧、兽医	6662	186136	27.94
水产学	2097	69192	33.00
测绘科学技术	2829	55745	19.70
材料科学	5942	184134	30.99
工程与技术基础学科	4131	98626	23.87
矿山工程技术	6221	103517	16.64
能源科学技术	4997	114673	22.95
冶金、金属学	10383	196813	18.96
机械、仪表	10262	166750	16.25
动力与电气	3513	70308	20.01
核科学技术	1244	19941	16.03
电子、通信与自动控制	24952	494713	19.83
计算技术	27183	556128	20.46
化工	11592	264321	22.80

续表

学科	论文篇数	引文总数/篇	篇均引文数
轻工、纺织	2396	40561	16.93
食品	9866	267841	27.15
土木建筑	14138	262268	18.55
水利	3334	67268	20.18
交通运输	11627	181107	15.58
航空航天	5119	105619	20.63
安全科学技术	237	5420	22.87
环境科学	14332	412044	28.75
管理学	831	24344	29.29
其他	16615	452518	27.24

如表 11-2 所示，2020 年 SCI 收录的中国论文中学科的篇均引文数大于 20 篇以上；篇均引文数排在前 5 位的学科是天文学（67.02 次）、林学（56.06 次）、环境科学（54.96 次）、地学（53.97 次）和水产学（53.35 次）。

表 11-2　2020 年 SCI 和 CSTPCD 收录的中国学科论文和参考文献数对比

学科	SCI			CSTPCD		
	论文篇数	引文总篇数	篇均引文数	论文篇数	引文总篇数	篇均引文数
数学	14545	452156	31.09	4103	76307	18.60
力学	5322	224155	42.12	1837	44622	24.29
信息、系统科学	1570	56802	36.18	294	7386	25.12
物理学	42279	1751579	41.43	4500	144721	32.16
化学	69366	3616824	52.14	8124	263274	32.41
天文学	3504	234840	67.02	466	20695	44.41
地学	22952	1238702	53.97	14142	534162	37.77
生物学	60257	2983937	49.52	9673	357641	36.97
预防医学与卫生学	9991	400682	40.10	14568	255806	17.56
基础医学	31084	1281862	41.24	10675	255343	23.92
药物学	21008	843678	40.16	11296	240607	21.30
临床医学	65420	2144382	32.78	121637	2540368	20.88
中医学	1747	78250	44.79	22486	499799	22.23
军事医学与特种医学	1076	26882	24.98	2083	38411	18.44
农学	6840	346824	50.71	21386	587707	27.48
林学	1306	73211	56.06	3782	110014	29.09
畜牧、兽医	2729	113654	41.65	6662	186136	27.94
水产学	2285	121905	53.35	2097	69192	33.00
测绘科学技术	2	63	31.50	2829	55745	19.70
材料科学	38184	1706720	44.70	5942	184134	30.99
工程与技术基础学科	3173	110694	34.89	4131	98626	23.87
矿山工程技术	977	45536	46.61	6221	103517	16.64

续表

学科	SCI			CSTPCD		
	论文篇数	引文总篇数	篇均引文数	论文篇数	引文总篇数	篇均引文数
能源科学技术	15296	729731	47.71	4997	114673	22.95
冶金、金属学	1943	68369	35.19	10383	196813	18.96
机械、仪表	6993	251945	36.03	10262	166750	16.25
动力与电气	1077	40252	37.37	3513	70308	20.01
核科学技术	2246	70768	31.51	1244	19941	16.03
电子、通信与自动控制	35217	1242986	35.30	24952	494713	19.83
计算技术	22106	920929	41.66	27183	556128	20.46
化工	13802	666319	48.28	11592	264321	22.80
轻工、纺织	1413	57992	41.04	2396	40561	16.93
食品	5246	227431	43.35	9866	267841	27.15
土木建筑	8357	356273	42.63	14138	262268	18.55
水利	2370	111782	47.17	3334	67268	20.18
交通运输	1685	71439	42.40	11627	181107	15.58
航空航天	1516	54326	35.84	5119	105619	20.63
安全科学技术	357	16324	45.73	237	5420	22.87
环境科学	24652	1354932	54.96	14332	412044	28.75
管理学	1462	69272	47.38	831	24344	29.29

2020年，SCI各个学科收录文献的篇均引文数均大于CSTPCD各学科的篇均引文数。

（2）地区分布

统计2020年各省（区、市）发表期刊论文数及引文数，并比较这些省（区、市）的篇均引文数，如表11-3所示。可以看到，各省（区、市）论文引文数存在一定的差异，从篇均引文数量来看，排在前10位的分别是甘肃、北京、黑龙江、云南、贵州、福建、江西、湖南、西藏和上海。

表 11-3 CSTPCD 2020 各地区参考文献数

排名	地区	论文篇数	引文篇数	篇均引文数
1	甘肃	8278	214820	25.95
2	北京	61229	1565488	25.57
3	黑龙江	9469	235373	24.86
4	云南	8189	202476	24.73
5	贵州	6430	155301	24.15
6	福建	8016	192072	23.96
7	江西	6481	154991	23.91
8	湖南	12575	300676	23.91
9	西藏	402	9548	23.75
10	上海	27645	652696	23.61
11	天津	12130	284054	23.42

续表

排名	地区	论文篇数	引文篇数	篇均引文数
12	山东	20676	479120	23.17
13	吉林	7159	165487	23.12
14	广东	25665	592799	23.10
15	宁夏	2075	47295	22.79
16	浙江	17315	392893	22.69
17	四川	22214	499189	22.47
18	内蒙古	4688	105276	22.46
19	江苏	38552	865261	22.44
20	重庆	11006	244304	22.20
21	广西	8334	184509	22.14
22	湖北	22782	503908	22.12
23	辽宁	16942	374620	22.11
24	山西	8754	191539	21.88
25	新疆	6851	149559	21.83
26	陕西	25583	554095	21.66
27	青海	1893	40079	21.17
28	安徽	12663	265772	20.99
29	海南	3554	74020	20.83
30	河南	18217	371373	20.39
31	河北	15567	304277	19.55

11.3.3　期刊论文被引用情况

在被引文献中，期刊论文所占比例超过八成，可以说期刊论文是目前最重要的一种学术科研知识传播和交流载体。CSTPCD 2020 共引用期刊论文 10380892 次，下文对被引用的期刊论文从学科分布、机构分布、地区分布等方面进行多角度分析，并分析基金论文、合著论文的被引情况。我们利用 2020 年度中文引文数据库与 1988—2020 年统计源期刊中文论文数据库的累积数据进行分级模糊关联，从而得到被引用的期刊论文的详细信息，并在此基础上进行各项统计工作。由于统计源期刊的范围是各个学科领域学术水平较高的刊物，并不能覆盖所有科技期刊，再加上部分期刊编辑著录不规范，因此并不是所有被引用的期刊论文都能得到其详细信息。

（1）各学科期刊论文被引情况

由于各个学科的发展历史和学科特点不同，论文数和被引次数都有显著差异。表 11-4 列出的是被 CSTPCD 2020 引用论文总次数最多的 10 个学科，数据显示，临床医学为被引最多的学科，其次是农学，地学，电子、通信与自动控制，中医学，计算技术，环境科学，生物学，预防医学与卫生学和土木建筑。

续表

研究机构名称	2020年论文发表情况		2020年被引情况	
	篇数	排名	次数	排名
中国水利水电科学研究院	219	25	2697	17
中国科学院大气物理研究所	132	55	2688	18
中国农业科学院农业资源与农业区划研究所	146	49	2667	19
中国地质科学院地质研究所	95	93	2647	20
中国气象科学研究院	82	114	2521	21
中国科学院长春光学精密机械与物理研究所	192	34	2463	22
中国科学院新疆生态与地理研究所	109	76	2316	23
广东省农业科学院	341	11	2301	24
山西省农业科学院	228	22	2269	25
中国科学院广州地球化学研究所	97	89	2240	26
中国科学院东北地理与农业生态研究所	92	98	2174	27
中国工程物理研究院	432	7	2120	28
中国科学院沈阳应用生态研究所	67	144	2111	29
中国科学院海洋研究所	275	15	2018	30
山东省农业科学院	271	16	1989	31
云南省农业科学院	302	12	1933	32
中国食品药品检定研究院	396	9	1925	33
中国科学院植物研究所	82	114	1913	34
中国科学院武汉岩土力学研究所	104	80	1897	35
福建省农业科学院	246	21	1839	36
中国科学院地球化学研究所	53	175	1761	37
中国农业科学院作物科学研究所	85	110	1728	38
河南省农业科学院	247	20	1627	39
中国科学院水利部成都山地灾害与环境研究所	103	82	1590	40
北京市农林科学院	159	42	1569	41
中国地质科学院	86	107	1527	42
中国地震局地质研究所	68	142	1502	43
南京水利科学研究院	199	30	1471	44
广西农业科学院	261	17	1372	45
中国医学科学院药用植物研究所	111	74	1351	46
中国科学院亚热带农业生态研究所	50	190	1333	47
中国科学院合肥物质科学研究院	279	14	1318	48
甘肃省农业科学院	120	63	1296	49
浙江省农业科学院	182	37	1283	50

表11-8期刊论文被CSTPCD 2020引用较多的前50所医疗机构的论文被引次数与排名，以及相应的被CSTPCD 2020收录的论文数与排名。由表中数据可以看出，解放军总医院被引用次数最多（15043次），其次是四川大学华西医院（7979次）、北京协和医院（7441次）。

表 11-8　期刊论文被 CSTPCD 2020 引用较多的前 50 所医疗机构

医疗机构名称	2020 年论文发表情况		2020 年被引情况	
	篇数	排名	次数	排名
解放军总医院	2053	1	15043	1
四川大学华西医院	1700	2	7979	2
北京协和医院	1223	3	7441	3
华中科技大学同济医学院附属同济医院	925	7	5458	4
武汉大学人民医院	1043	5	4648	5
郑州大学第一附属医院	1110	4	4413	6
北京大学第三医院	758	9	4369	7
北京大学第一医院	527	27	4306	8
中国医科大学附属盛京医院	936	6	4197	9
中国中医科学院广安门医院	507	36	3885	10
华中科技大学同济医学院附属协和医院	688	12	3548	11
北京大学人民医院	514	34	3520	12
中国人民解放军东部战区总医院	472	40	3507	13
江苏省人民医院	876	8	3468	14
海军军医大学第一附属医院（上海长海医院）	604	18	3273	15
首都医科大学宣武医院	664	14	3189	16
中国医学科学院阜外心血管病医院	469	41	3017	17
南方医院	452	45	3007	18
首都医科大学附属北京安贞医院	564	23	2968	19
复旦大学附属中山医院	538	26	2963	20
空军军医大学第一附属医院（西京医院）	693	11	2950	21
上海交通大学医学院附属瑞金医院	502	37	2933	22
重庆医科大学附属第一医院	584	21	2928	23
中南大学湘雅医院	409	51	2884	24
安徽医科大学第一附属医院	599	20	2852	25
复旦大学附属华山医院	359	63	2792	26
西安交通大学医学院第一附属医院	682	13	2757	27
南京鼓楼医院	577	22	2668	28
上海市第六人民医院	419	48	2658	29
首都医科大学附属北京友谊医院	659	15	2646	30
新疆医科大学第一附属医院	630	17	2640	31
中国医科大学附属第一医院	521	31	2616	32
哈尔滨医科大学附属第一医院	641	16	2498	33
中日友好医院	374	59	2478	34
北京中医药大学东直门医院	523	29	2429	35
安徽省立医院	600	19	2395	36
首都医科大学附属北京中医医院	328	74	2372	37
首都医科大学附属北京同仁医院	526	28	2370	38
上海中医药大学附属曙光医院	431	47	2367	39

续表

医疗机构名称	2020 年论文发表情况		2020 年被引情况	
	篇数	排名	次数	排名
中山大学附属第一医院	316	78	2347	40
上海交通大学医学院附属仁济医院	350	65	2331	41
首都医科大学附属北京朝阳医院	397	53	2328	42
广东省中医院	516	32	2294	43
武汉大学中南医院	515	33	2269	44
昆山市中医医院	226	125	2263	45
青岛大学附属医院	564	23	2202	46
上海交通大学医学院附属第九人民医院	539	25	2191	47
北京医院	406	52	2189	48
上海交通大学医学院附属新华医院	414	49	2166	49
广西医科大学第一附属医院	380	56	2161	50

（4）基金论文被引情况

表 11-9 列出了期刊论文被 CSTPCD 2020 引用较多的前 10 位基金资助项目的论文被引次数与排名。由表中数据可以看出，国家自然科学基金委各项基金资助的项目被引次数最高（669521 次），其次是科学技术部资助项目（278143 次）。

表 11-9　期刊论文被 CSTPCD 2020 引用较多的前 10 位基金资助项目

基金项目	2020 年被引情况	
	次数	排名
国家自然科学基金委员会基金项目	669521	1
科学技术部资助项目	278143	2
国内大学、研究机构和公益组织资助	75232	3
国家社会科学基金项目	47320	4
教育部基金项目	37560	5
江苏省基金项目	31685	6
广东省基金项目	31069	7
国内企业资助项目	28200	8
上海市基金项目	26990	9
北京市基金项目	24582	10

（5）被引用最多的作者

根据被引用论文的作者名字、机构来统计每个作者在CSTPCD 2020中被引用的次数。表 11-10 列出了期刊论文被 CSTPCD 2020 引用较多的前 20 位作者。从作者机构所在地来看，一半左右的机构在北京地区。从作者机构类型来看，9 位作者来自高等院校及附属医疗机构，被引最高的是中国医学科学院阜外心血管病医院的胡盛寿，其发表的论文在 2020 年被引 713 次。

表 11-10　期刊论文被 CSTPCD 2020 引用较多的前 20 位作者

作者	机构	被引次数
胡盛寿	中国医学科学院阜外心血管病医院	713
邹才能	中国石油勘探开发研究院	657
温忠麟	华南师范大学	636
陈万青	中国医学科学院肿瘤研究所	548
刘彦随	中国科学院地理科学与资源研究所	492
胡付品	复旦大学附属华山医院	448
谢高地	中国科学院地理科学与资源研究所	442
陈石林	湖南省肿瘤医院	434
方创琳	中国科学院地理科学与资源研究所	405
王成山	天津大学	394
龙花楼	中国科学院地理科学与资源研究所	361
吴福元	中国科学院地质与地球物理研究所	343
仝小林	中国中医科学院广安门医院	338
李德仁	武汉大学	337
丁明	合肥工业大学	332
何满潮	中国矿业大学	300
彭建	北京大学	285
谢和平	四川大学	281
王玉光	首都医科大学附属北京中医医院	275
刘纪远	中国科学院地理科学与资源研究所	274

11.3.4　图书文献被引用情况

图书文献，是对某一学科或某一专门课题进行全面系统论述的著作，具有明确的研究性和系统连贯性，是非常重要的知识载体。尤其在年代较为久远时，图书文献在学术的传播和继承中有着十分重要和不可替代的作用。它有着较高的学术价值，可用来评估科研人员的科研能力及研究学科发展的脉络。但是由于图书的一些外在特征，如数量少、篇幅大、周期长等，使其在统计学意义上不占有优势，并且较难阅读分析和快速传播。

而今学术交流形式变化鲜明，图书文献的被引用次数在所有类型文献的总被引用次数所占比例虽不及期刊论文，但数量仍然巨大，是仅次于期刊论文的第二大文献。图书文献以其学术性强，系统性和全面性的特点，是为学术和科研中不可或缺的一部分。

在 CSTPCD 2020 引文库中，2020 年中国科技核心期刊发表的论文共引用科技图书文献 73.62 万次，比 2019 年引用次数上升了 0.16%。表 11-11 列出了被 CSTPCD 2020 引用较多的图书文献情况。

这 10 部图书文献中有 5 部分布在医药学领域之中，这一方面是由于医学领域论文数量较多；另一方面是由于医学领域自身具有明确的研究体系和清晰的知识传承的学科特点。从这些图书文献的题目可以看出，大部分是用于指导实践的辞书、方法手册及用于教材的指导综述类图书。这些图书与实践结合密切，所以使用的频率较高，被引次数要高于基础理论研究类图书。

表 11-11　被 CSTPCD 2020 引用较多的图书文献情况

排名	作者	图书文献名称	被引次数
1	鲍士旦	土壤农化分析	1361
2	谢幸	妇产科学	1015
3	鲁如坤	土壤农业化学分析方法	805
4	李合生	植物生理生化实验原理和技术	668
5	葛均波	内科学	651
6	赵辨	中国临床皮肤病学	442
7	陈灏珠	实用内科学	357
8	周志华	机器学习	356
9	邵肖梅	实用新生儿学	315
10	杨世铭	传热学	307

11.3.5　网络资源被引用情况

在数字资源迅速发展的今天，网络中存在着大量的信息资源和学术材料。因此，对网络资源的引用越来越多。虽然网络资源被引次数在 CSTPCD 2020 数据库中所占的比例不大，也无法和期刊论文、专著相比，但是网络确实是获取最新研究热点和动态的一个较好的途径，互联网确实缩短了信息搜寻的周期，减少了信息搜索的成本。但由于网络资源引用的著录格式有些非常不完整和不规范，因此，在统计中只是尽可能地根据所能采集到的数据进行比较研究。

（1）网络文献的文件格式类型分布

网络文献的文件格式类型主要包括静态网页、动态网页两种。根据 CSTPCD 2020 统计，两者构成比例如图 11-4 所示。从数据可以看出，动态网页和其他格式是最主要类型，所占比例为 46.92%；其次是静态网页，所占比例为 39.97%；另外，PDF 格式比例为 13.10%

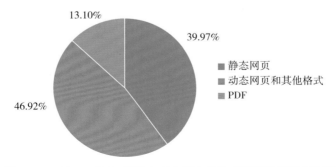

图 11-4　CSTPCD 2020 网络文献主要文件格式类型及其所占比例

（2）网络文献的来源

网络文献资源一半都会列出完整的域名，大部分网络文献资源可以根据顶级域名进行分类。被引用次数较多的文献资源类型包括商业网站、机构网站、高校网站和政府网站 4 类，分别对应着顶级域名中出现的 .com、.org、.edu、.gov 的网站资源。图 11-5 为这几类网络文献来源的构成情况，从图中可以看出，政府网站（.gov）所占比例最大，达到 31.87%；商业网站（.com）所占比例排在第 2 位，为 27.18%，研究机构网站（.org）和高校网站（.edu）份额小一些，分别居第 3 和第 4 位，所占比例分别为 20.47% 和 16.76%。

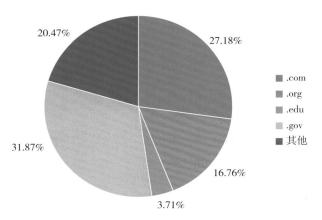

图 11-5 网络文献资源的域名分布

11.3.6 专利被引用情况

一般而言，专利不会马上被引用，而发表时间久远的专利也不会一直被引用。专利的引用高峰期普遍为发表后的 2 ～ 3 年，图 11-6 为 1994—2020 年专利被引时间分布对比，2017 年为被引最高峰，是符合专利被引的普遍律。

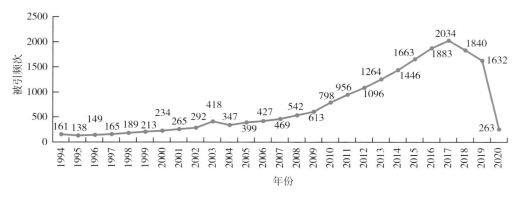

图 11-6 1994—2020 年专利被引用时间分布对比

11.4   小结

本章针对 CSTPCD 2020 收录的中国科技论文引用文献与被引文献，分别进行了 CSTPCD 2020 引用文献的学科分布、地区分布的情况分析，并分别对期刊论文、图书文献、网络资源和专利文献的引用与被引情况进行分析。2020 年度论文发表数量相比 2019 年度的论文发表数量增长 0.83%，引用文献数量增长 7.07%。期刊论文仍然是被引用文献的主要来源，图书文献和会议论文也是重要的引文来源，学位论文的被引比例与 2018 年、2019 年基本持平，相比 2016 年、2017 年增长的基础上有所提高，说明中国学者对学位论文研究成果的重视程度逐渐加强。在期刊论文引用方面被引用次数较多的学科是临床医学，农学，地学，电子、通信与自动控制，中医学和计算技术等，北京地区仍是科技论文发表数量和引用文献数量方面的领头羊。从论文被引的机构类型分布来看，高等院校占比最高，其次是研究机构和医疗机构，二者相差不大。从图书文献的引用情况来看，用于指导实践的辞书、方法手册及用于教材的指导综述类图书，使用的频率较高，被引用次数要高于基础理论研究类图书。从网络资源被引用情况来看，动态网页及其他格式是最主要引用的文献类型，政府网站（.gov）是占比最大的网络文献的来源，其次是商业网站（.com）和研究机构网站（.org）。

参考文献

[1]   中国科学技术信息研究所 .2003 年度中国科技论文统计与分析 [M]. 北京：科学技术文献出版社，2005.

[2]   中国科学技术信息研究所 .2004 年度中国科技论文统计与分析 [M]. 北京：科学技术文献出版社，2006.

[3]   中国科学技术信息研究所 .2005 年度中国科技论文统计与分析 [M]. 北京：科学技术文献出版社，2007.

[4]   中国科学技术信息研究所 .2006 年度中国科技论文统计与分析 [M]. 北京：科学技术文献出版社，2008.

[5]   中国科学技术信息研究所 .2007 年度中国科技论文统计与分析 [M]. 北京：科学技术文献出版社，2009.

[6]   中国科学技术信息研究所 .2008 年度中国科技论文统计与分析 [M]. 北京：科学技术文献出版社，2010.

[7]   中国科学技术信息研究所 .2009 年度中国科技论文统计与分析 [M]. 北京：科学技术文献出版社，2011.

[8]   中国科学技术信息研究所 .2010 年度中国科技论文统计与分析 [M]. 北京：科学技术文献出版社，2012.

[9]   中国科学技术信息研究所 .2011 年度中国科技论文统计与分析 [M]. 北京：科学技术文献出版社，2013.

[10]   中国科学技术信息研究所 .2012 年度中国科技论文统计与分析 [M]. 北京：科学技术文献出版社，2014.

[11] 中国科学技术信息研究所 .2013 年度中国科技论文统计与分析 [M]. 北京：科学技术文献出版社，2015.

[12] 中国科学技术信息研究所 .2014 年度中国科技论文统计与分析 [M]. 北京：科学技术文献出版社，2016.

[13] 中国科学技术信息研究所 .2015 年度中国科技论文统计与分析 [M]. 北京：科学技术文献出版社，2017.

[14] 中国科学技术信息研究所 .2016 年度中国科技论文统计与分析 [M]. 北京：科学技术文献出版社，2018.

[15] 中国科学技术信息研究所 .2017 年度中国科技论文统计与分析 [M]. 北京：科学技术文献出版社，2019.

[16] 中国科学技术信息研究所 .2018 年度中国科技论文统计与分析 [M]. 北京：科学技术文献出版社，2020.

[17] 中国科学技术信息研究所 .2019 年度中国科技论文统计与分析 [M]. 北京：科学技术文献出版社，2021.

12　中国科技期刊统计与分析

12.1　引言

根据国家新闻出版署《2020 年全国新闻出版业基本情况》调查结果统计，2020 年全国共出版期刊 10192 种，平均期印数 11133 万册，每种平均期印数 1.12 万册，总印数 20.35 亿册，总印张 116.40 亿印张，定价总金额 211.92 亿元。与 2019 年相比，种数增长 0.21%，平均期印数降低 6.89%，每种平均期印数降低 7.09%，总印数降低 7.04%，总印张降低 4.02%，定价总金额降低 3.60%。2009—2020 年 10 余年间，中国出版期刊的种数总体呈上升趋势，但平均期印数、总印数和总印张整体呈现下降趋势，定价总金额从 2014 年起持续下降，2019 年稍有所增长，但 2020 年又有所下降。

2009—2020 年中国期刊总量总体呈现微增长态势。10 余年间 2011 年出版期刊总数最低，为 9849 种，2015 年首次过万，随后持续增长；2009—2020 年中国期刊平均期印数连续下降；在总印张连续多年增长的态势下，2013—2020 年持续下降，2020 年达到最低；2009—2013 年间定价总金额持续上升，随后下降；2013 年定价总金额达到最高水平，2020 年期刊总定价相比 2019 年度稍有所下降。

2009—2020 年中国科技期刊总量的变化与中国期刊总量变化的态势总体相同，均呈微量上涨态势（表 12-1）。中国科技期刊的总量多年来一直占期刊总量的 50% 左右。2020 年自然科学、技术类期刊 5088 种，平均期印数 1732 万册，总印数 25354 万册，总印张 2567822 千印张；占期刊总种数的 49.92%，占总印数的 12.46%，占总印张的 22.06%。与 2019 年相比，种数增长 0.51%，平均期印数降低 8.46%，总印数降低 8.66%，总印张增长 6.91%。2009—2020 年，自然科学、技术类中国科技期刊种数微量增加，但平均期印数、总印数和总印张总体呈现下降趋势。

表 12-1　2009—2020 年中国期刊出版情况

年份	自然科学、技术类期刊种数（A）	期刊总种数（B）	A/B
2009	4926	9851	50.01%
2010	4936	9884	49.94%
2011	4920	9849	49.95%
2012	4953	9867	50.20%
2013	4944	9877	50.06%
2014	4974	9966	49.91%
2015	4983	10014	49.76%
2016	5014	10084	49.72%
2017	5027	10130	49.62%
2018	5037	10139	49.68%

续表

年份	自然科学、技术类期刊种数（A）	期刊总种数（B）	A/B
2019	5062	10171	49.77%
2020	5088	10192	49.92%

12.2 研究分析与结论

12.2.1 中国科技核心期刊

中国科学技术信息研究所受科技部委托，自 1987 年开始从事中国科技论文统计与分析工作，研制了"中国科技论文与引文数据库"（CSTPCD），并利用该数据库的数据，每年对中国科研产出状况进行各种分类统计和分析，以年度研究报告和新闻发布的形式定期向社会公布统计分析结果。由此出版的一系列研究报告，为政府管理部门和广大高等院校、研究机构提供了决策支持。

"中国科技论文与引文数据库"选择的期刊称为中国科技核心期刊（中国科技论文统计源期刊）。中国科技核心期刊的选取经过了严格的同行评议和定量评价，选取的是中国各学科领域中较重要的、能反映本学科发展水平的科技期刊，并且对中国科技核心期刊遴选设立动态退出机制。研究中国科技核心期刊（中国科技论文统计源期刊）的各项科学指标，可以从一个侧面反映中国科技期刊的发展状况，也可映射出中国各学科的研究力量。本章期刊指标的数据来源即为中国科技核心期刊（中国科技论文统计源期刊）。2020 年，"中国科技论文与引文数据库"（CSTPCD）共收录中国科技核心期刊（中国科技论文统计源期刊）2084 种（表 12-2）。

表 12-2　2009—2020 年中国科技核心期刊收录情况

年份	中国科技核心期刊种数（A）	自然科学、技术类期刊总种数（B）	A/B
2009	1946	4926	39.51%
2010	1998	4936	40.48%
2011	1998	4920	40.61%
2012	1994	4953	40.26%
2013	1989	4944	40.23%
2014	1989	4974	39.99%
2015	1985	4983	39.84%
2016	2008	5014	40.05%
2017	2028	5027	40.34%
2018	2049	5037	40.68%
2019	2070	5062	40.89%
2020	2084	5088	40.96%

图 12-1 显示了 2020 年 2084 种中国科技核心期刊的学科领域分布情况，其中工程技术领域占比最高，为 38.06%；其次为医学领域，占比为 32.96%；理学领域排名第三，

占比为 15.11%；农学领域排名第四，占比为 8.21%；自然科学综合和管理领域共占比 5.65%。与 2019 年度相比，收录的期刊总数增加 14 种，工程技术领域和医学领域的期刊数量依旧位于前 2 位。

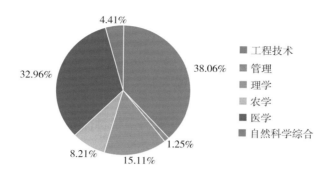

图 12-1 2020 年中国科技核心期刊学科领域分布情况

12.2.2 中国科技期刊引证报告

《中国科技期刊引证报告》（CJCR）的研制出版始于 1997 年，是一种专门用于期刊引用分析研究的重要检索评价工具。利用 CJCR 所提供的统计数据，可以清楚地了解期刊引用和被引用的情况，以及进行引用效率、引用网络、期刊自引等统计分析。同时，利用 CJCR 中的期刊评价指标，还可以方便地定量评价期刊的相互影响和相互作用，正确评估某种期刊在科学交流体系中的作用和地位。自 CJCR 问世以来，在开展科研管理和科学评价期刊方面一直发挥着巨大的作用。

《中国科技期刊引证报告》选用的"中国科技核心期刊（中国科技论文统计源期刊）"是在经过严格的定量和定性分析的基础上选取的各个学科的重要科技期刊。《2021 年版中国科技期刊引证报告（核心版）自然科学卷》中收录自然科学与工程技术领域期刊共 2084 种。"中国科技核心期刊（中国科技论文统计源期刊）"上刊发的论文构成了"中国科技论文与引文数据库"（CSTPCD），即中国科学技术信息研究所每年进行中国科技论文统计与分析的数据库。该数据库的统计结果编入国家统计局和科技部编制的《中国科技统计年鉴》，统计结果被科技管理部门和学术界广泛应用。

本项目在统计分析中国科技论文整体情况的同时，也对中国科技期刊的发展状况进行了跟踪研究，并形成了每年定期对中国科技核心期刊的各项计量指标进行公布的制度。此外，为了促进中国科技期刊的发展，为期刊界和期刊管理部门提供评估依据，同时为选取中国科技核心期刊做准备，自 1998 年起中国科学技术信息研究所还连续出版了《中国科技期刊引证报告（扩刊版）》，2007 年起，扩刊版引证报告与万方公司共同出版，涵盖中国 6000 余种科技期刊。

12.2.3 中国科技期刊的整体指标分析

为了全面、准确、公正、客观地评价和利用期刊，《中国科技期刊引证报告（核心版）》在与国际评价体系保持一致的基础上，结合中国期刊的实际情况，《2021 年版中国科技期刊引证报告（核心版）》选取了 25 项计量指标，这些指标基本涵盖和描述了期刊的各个方面。指标包括：

①期刊被引用计量指标：核心总被引频次、核心影响因子、核心即年指标、核心他引率、核心引用刊数、核心扩散因子、核心开放因子、核心权威因子和核心被引半衰期。

②期刊来源计量指标：来源文献量、文献选出率、参考文献量、平均引文数、平均作者数、地区分布数、机构分布数、海外论文比、基金论文比和引用半衰期、红点指标。

③学科分类内期刊计量指标：综合评价总分、学科扩散指标、学科影响指标、核心总被引频次的离均差率和核心影响因子的离均差率。

其中，期刊被引用计量指标主要显示该期刊被读者使用和重视的程度，以及在科学交流中的地位和作用，是评价期刊影响的重要依据和客观标准。

期刊来源计量指标通过对来源文献方面的统计分析，全面描述了该期刊的学术水平、编辑状况和科学交流程度，也是评价期刊的重要依据。综合评价总分则是对期刊整体状况的一个综合描述。

表 12-3 显示了中国科技核心期刊主要计量指标 2004—2020 年的变化情况。可以看到从 2004 年起，中国科技期刊的各项重要计量指标除期刊海外论文比在保持多年 0.02 的基础上，2016—2020 年稍有上升至 0.03 外，其余各项指标的趋势都是呈上升状态。2011 年中国期刊的核心总被引频次平均值首次突破 1000 次，达 1022 次，2012—2020 年核心总被引频次连续上升，2020 年为 1523 次，是 2004 年的 3.51 倍，年平均增长年率为 8.16%；核心影响因子 2020 年又有所提高，上升到 0.869，是 2004 年的 2.25 倍，年平均增长率为 5.20%。核心即年指标，即论文发表当年的被引用率，自 2004 年起折线上升，2020 年上升至 0.188。基金论文比显示的是在中国科技核心期刊中国家、省部级以上及其他各类重要基金资助的论文占全部论文的比例，也是衡量期刊学术水平的重要指标，2004—2020 年，中国科技核心期刊的基金论文比整体呈上升趋势，2017 年突破 0.60，2020 年达 0.62，说明 2020 年发表在 2084 种科技核心期刊中的论文有 62% 的都是由省部级以上基金资助的。显示期刊国际化水平的指标之一的海外论文比 2004—2020 年数值比变化不大，2007 年和 2008 年都是 0.01，2009—2015 年均为 0.02，2016—2020 年上升为 0.03。平均作者数呈上升趋势，2020 年为 4.6 人 / 篇；平均引文数 2004—2020 年除 2015 年有所下降外，其余年份逐年上升，2020 年为 24.7 条 / 篇。

表 12-3　2004—2020 年中国科技核心期刊主要计量指标平均值统计

年份	核心总被引频次	核心影响因子	核心即年指标	基金论文比	海外论文比	平均作者数	平均引文数
2004	434	0.386	0.053	0.41	0.02	3.4	9.3
2005	534	0.407	0.052	0.45	0.02	3.5	9.9
2006	650	0.444	0.055	0.47	0.02	3.6	10.6
2007	749	0.469	0.054	0.46	0.01	3.8	10.0

续表

年份	核心总被引频次	核心影响因子	核心即年指标	基金论文比	海外论文比	平均作者数	平均引文数
2008	804	0.445	0.055	0.46	0.01	3.7	12.0
2009	913	0.452	0.057	0.49	0.02	3.7	12.6
2010	971	0.463	0.060	0.51	0.02	3.9	13.4
2011	1022	0.454	0.059	0.53	0.02	3.8	14.0
2012	1023	0.493	0.068	0.53	0.02	3.9	14.9
2013	1180	0.523	0.072	0.56	0.02	4.0	15.9
2014	1265	0.560	0.070	0.54	0.02	4.1	17.1
2015	1327	0.594	0.084	0.59	0.02	4.3	15.8
2016	1361	0.628	0.087	0.58	0.03	4.2	19.6
2017	1381	0.648	0.091	0.63	0.03	4.3	20.3
2018	1410	0.689	0.099	0.62	0.03	4.4	21.9
2019	1429	0.740	0.113	0.64	0.03	4.5	23.2
2020	1523	0.869	0.188	0.62	0.03	4.6	24.7

图 12-2 显示的是 2004—2020 年核心总被引频次和核心影响因子的变化情况，由图可见，2004—2020 年中国科技核心期刊（中国科技论文统计源期刊）的平均核心总被引频次和核心影响因子总体呈上升趋势。核心总被引频次在 2005—2007 年 3 年间的增长幅度较大，增长率均超过 15.0%，随后在 2008 年增长幅度下降，2009 年增长幅度又稍有所提升。2013—2019 年，核心总被引频次整体呈现增长趋势，但增长幅度持续下降，2020 年相比 2019 年度增长幅度上升。核心影响因子 2004—2007 年逐年上升至 0.469，之后的 4 年数值有所下降，2012 年以后平均核心影响因子连续上升，均超过 2007 年，至 2020 年上升为 0.869。

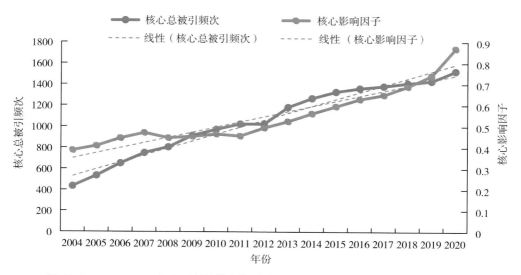

图 12-2 2004—2020 年中国科技核心期刊核心总被引频次和核心影响因子变化趋势

图 12-3 反映了各年与上一年比较的平均核心总被引频次和平均核心影响因子数值的变化情况。由图可见，2005—2020 年中国科技核心期刊（中国科技论文统计源期刊）的平均核心总被引频次和平均核心影响因子在保持增长的同时，增长速度趋缓；平均核心总被引频次增长率 2005—2017 年增长速度虽有起伏，但总体呈下降状态，2017 年之后保持增长趋势，最低点为 2012 年，增长率几乎为 0。

平均核心影响因子增长情况在 2005—2020 年呈波浪式发展，经历了 2008 年和 2011 年 2 个波谷期，增长率分别为 -5% 和 -2%，尤其是 2008 年达到最低值 -5%，平均核心影响因子不增反跌，2012—2017 年平均核心影响因子增长的速度持续放缓，2017 年开始连续 3 年增速有所提升。

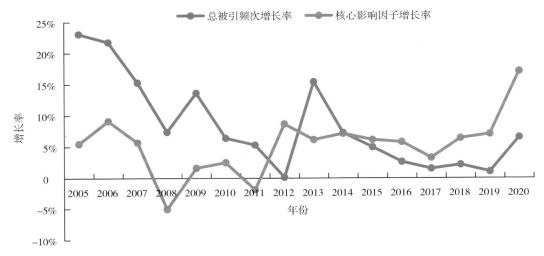

图 12-3 2004—2020 年中国科技核心期刊影响因子和总被引频次增长率的变化趋势

图 12-4 显示的是 2004—2020 年核心即年指标、基金论文比及海外论文比的变化情况。即年指标是指期刊当年发表的论文在当年的被引用情况，表征期刊即时反应速率。由图可见，平均核心即年指标从 2004 年至今整体呈上升趋势，2012—2020 年核心即年指标增长速度快于 2004—2011 年的增速，2020 年相比 2019 年度增长幅度最大。总体来说，中国科技核心期刊的即时反应速率在波动中逐步上升。

基金论文比是指期刊中国家级、省部级以上及其他各类重要基金资助的论文数量占全部论文数量的比例，是衡量期刊学术论文质量的重要指标。由图可见，2004—2020 年基金论文比整体呈上升趋势，2012 年之前基本平稳增长，2012 年之后的每年间都有涨有落，2017 年基金论文比首次超过 0.60。2020 年达 0.62，相比 2019 年度稍有所下降。总体来说，中国科技核心期刊中的论文大部分是由省部级以上的项目基金或资助产生的，且整体处于不断增长中，这与中国近年来加大科研投入密切相关。

海外论文比是指期刊中海外作者发表论文数量占全部论文数量的比例，是衡量期刊国际交流程度的指标。海外论文比 2004—2015 年在 0.01～0.02 浮动，2016—2020 年上升至 0.03。这说明，中国科技核心期刊的国际来稿量一直在较低水平徘徊，没有大的突破。

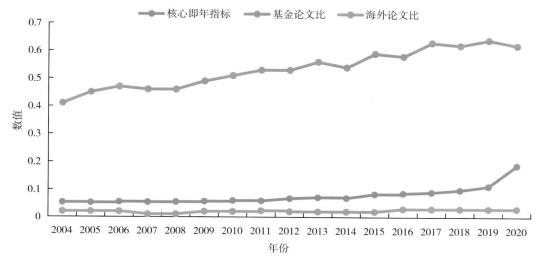

图 12-4　2004—2020 年中国科技核心期刊即年指标、基金论文比、海外论文比变化趋势

　　图 12-5 展示出 2004—2020 年中国科技核心期刊平均作者数和平均引文数的变化趋势。平均引文数指标是指期刊每一篇论文平均引用的参考文献数量，它是衡量科技期刊科学交流程度和吸收外部信息能力的相对指标，同时，参考文献的规范化标注，也是反映中国学术期刊规范化程度及与国际科学研究工作接轨的一个重要指标。由图可知，2004—2020 年中国科技核心期刊（中国科技论文统计源期刊）的平均引文数呈上升趋势，在 2007 年和 2015 年有所下降，2006 年首次超过了 10 条 / 篇，至 2017 年首次超过 20 条 / 篇，为 20.3 条 / 篇，2020 年达 24.7 条 / 篇，是 2004 年的 2.66 倍。中国科技论文统计与分析工作开展之初就倡导论文写作的规范，并对科技论文和科技期刊的著录规则进行讲解和辅导，每年的统计结果进行公布，30 多年来随着中国科技论文统计与分析工作的长期坚持开展，随着科技期刊评价体系的广泛宣传，随着越来越多的中国科研人

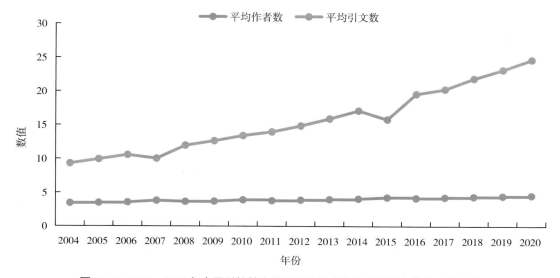

图 12-5　2004—2020 年中国科技核心期刊平均作者数和平均引文数的变化趋势

员与世界学术界加强交流，科研人员在发表论文时越来越重视论文的完整性和规范性，意识到了参考文献著录的重要性。同时，广大科技期刊编辑工作者也日益认识到保留客观完整的参考文献是期刊进行学术交流的重要渠道。因此，中国论文的平均引文数逐渐提高。2004—2012 年，中国科技核心期刊的平均作者数徘徊在 3.3 ~ 3.9，2013 年有所突破，上升至 4.0，2020 年为 4.6，相比 2019 年度稍有所增加。

12.2.4　中国科技期刊的载文状况

　　来源文献量，即期刊载文量，是衡量期刊所载信息量的大小的指标，具体说就是一种期刊年发表论文的数量。需要说明的是，中国科技论文与引文数据库在收录论文时，是对期刊论文进行选择的，我们所指的载文量是指学术性期刊中的科学论文和研究简报；技术类期刊的科学论文和阐明新技术、新材料、新工艺和新产品的研究成果论文；医学类期刊中的基础医学理论研究论文和重要的临床实践总结报告及综述类文献。

　　2020 年，2084 种中国科技核心期刊共发表论文 454346 篇，与 2019 年相比增加了 2110 篇，论文总数增加了 0.47%。平均每刊的来源文献量为 218 篇。2020 年，有 690 种期刊的来源文献量大于中国科技核心期刊来源文献量的平均水平，相比 2019 年增加 13 种。来源文献量大于 1500 篇的期刊有 3 种，分别为《科学技术与工程》2183 篇、《中国医药导报》1684 篇、《中华中医药杂志》1640 篇。相比 2019 年度的来源文献量最大值有所提升（2019 年来源文献量最大值为 1984 篇）；最小值为 8 篇，相比 2019 年度有所下降（2019 年来源文献量最小值为 14 篇）。

　　由表 12-4 和图 12-6 可知，2006—2020 年的 15 年间，来源文献量在 50 篇及以下的期刊所占期刊总数的比例一直是最低的，期刊数量最少，最高为 2018 年的 2.93%，2020 年相比 2019 年下降 0.4 个百分点，从 2016 年开始发文量小于或等于 50 篇的期刊数量在持续上升；发表论文在 100 ~ 200（含 200）篇的期刊所占的比例最高，15 年中均在 40.00% 左右浮动，2019 年超过 40.00%，2020 年又下降到 40.00% 以下；2020 年，载文量在 50 ~ 100（含 100）篇、200 ~ 300（含 300）篇及 400 ~ 500（含 500）篇 3 个范围内的论文比例相比 2019 年稍有所提升。

表 12-4　2006—2020 年中国科技核心期刊载文量变化

年份	载文量（P）/篇						
	$P > 500$	$400 < P \leq 500$	$300 < P \leq 400$	$200 < P \leq 300$	$100 < P \leq 200$	$50 < P \leq 100$	$P \leq 50$
2006	7.78%	4.00%	9.00%	18.17%	40.86%	18.33%	1.86%
2007	9.86%	6.46%	11.05%	19.77%	37.39%	13.66%	1.81%
2008	8.51%	4.76%	10.44%	18.52%	40.10%	15.85%	1.82%
2009	10.07%	4.98%	10.53%	17.93%	40.18%	14.70%	1.59%
2010	10.56%	5.13%	10.96%	18.00%	39.42%	14.71%	1.75%
2011	10.21%	5.01%	10.56%	18.12%	38.49%	15.87%	1.75%
2012	9.53%	4.76%	10.38%	18.51%	39.92%	15.20%	2.11%
2013	9.30%	5.03%	9.60%	18.85%	39.22%	16.39%	1.61%

续表

年份	载文量（P）/篇						
	$P > 500$	$400 < P \leqslant 500$	$300 < P \leqslant 400$	$200 < P \leqslant 300$	$100 < P \leqslant 200$	$50 < P \leqslant 100$	$P \leqslant 50$
2014	9.15%	5.58%	9.20%	18.45%	39.82%	16.29%	1.51%
2015	9.37%	4.99%	9.27%	18.44%	38.59%	17.63%	1.71%
2016	7.85%	5.49%	9.34%	17.51%	39.05%	18.59%	2.18%
2017	8.08%	4.78%	9.36%	17.45%	38.84%	18.68%	2.81%
2018	7.42%	4.64%	8.20%	17.62%	39.58%	19.62%	2.93%
2019	7.29%	4.11%	8.16%	17.00%	40.48%	20.05%	2.90%
2020	7.25%	4.32%	8.11%	18.09%	37.91%	21.83%	2.50%

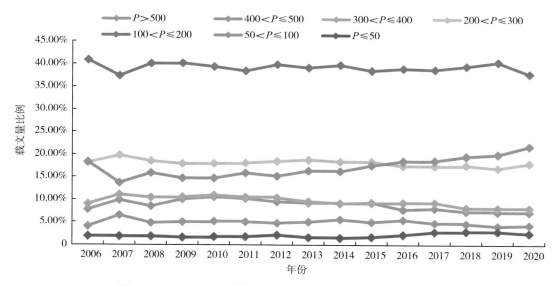

图 12-6　2006—2020 年中国科技核心期刊来源文献量变化情况

对 2020 年载文量分布区间的学科分类情况进行分析，如图 12-7 所示。由图可见，在载文量小于或等于 50 篇的区域内，理学领域期刊数量所占比例远高于其他 4 个领域，为 37.04%，与 2019 年度相比下降了 1.67 个百分点，说明载文量在 50 篇及以下的期刊数量在下降；由图可以看出，随着期刊载文量的增多，理学领域期刊所占比例持续下降，载文量大于 500 的区域中，理学领域期刊所占比例下降至 5.56%，相比 2019 年度上升 2.27 个百分点。医学领域的期刊在载文量 500 篇以上的区间内数量最多，在 $50 <$ 载文量 $P \leqslant 100$ 的区间内期刊数量占比最少，与 2019 年度分布保持一致；工程技术领域的期刊在 $300 <$ 载文量 $P \leqslant 400$ 的区间期刊数量最多，在载文量 $P \leqslant 50$ 的区域中期刊数量最少；农学领域的期刊在载文量 > 500 的区域内，期刊所占比例较小，在载文量 $P \leqslant 50$ 的区域内期刊所占比例最大；管理学科及自然科学综合在各个载文量区域内的期刊所占比例都较小。根据以上分析一定程度上说明，医学及工程技术领域的期刊一般分布在载文量较大的范围内，理学、农学、管理和自然科学综合领域的期刊一般分布在载文量较小的范围内。

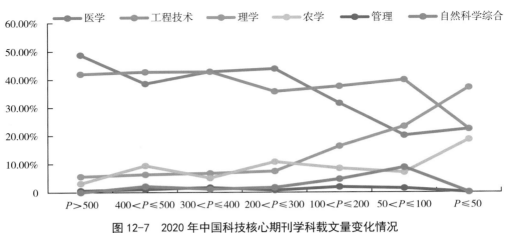

图 12-7　2020 年中国科技核心期刊学科载文量变化情况

12.2.5　中国科技期刊的学科分析

从《2013 年版中国科技期刊引证报告（核心版）》开始，与前面的版本相比，期刊的学科分类发生较大变化，2013 版的引证报告的期刊分类参照的是最新执行的《学科分类与代码》（GB/T 13745—2009），我们将中国科技核心期刊重新进行了学科认定（已修改），将原有的 61 个学科扩展为了 112 个学科类别。《2021 年版中国科技期刊引证报告（核心版）自然科学卷》根据每个期刊刊载论文的主要分布领域，将覆盖多学科和跨学科内容的期刊复分归入 2 个或 3 个学科分类类别。依据《学科分类与代码》（GB/T 13745—2009）和《中国图书资料分类法（第四版）》的学科分类原则，同时考虑到中国科技期刊的实际分布情况，《2021 年版中国科技期刊引证报告（核心版）自然科学卷》将来源期刊分别归类到 112 个学科类别。新的学科分类体系体现了科学研究学科之间的发展和演变，更加符合当前中国科学技术各方面的发展整体状况，以及中国科技期刊实际分布状况。图 12-8 显示的是 2020 年 2084 种中国科技核心期刊各学科的期刊数量，由图可见，工程技术大学学报、自然科学综合大学学报和医学综合数量占据期刊数量的前 3 位，期刊种数分别为 89 种、56 种和 56 种，与 2019 年度相比，虽然这 3 个学科的期刊数量仍排在前列，但数量相比 2019 年有所下降。

2020 年，中国科技核心期刊的平均影响因子和平均被引频次分别为 0.869 和 1523 次，相比 2019 年均有所增长，如图 12-9 所示。其中，高于平均影响因子的学科有 57 个，有 31 个学科的平均影响因子高于 1，比 2019 年增加了 11 个学科；平均影响因子居前 3 位的是土壤学、地理学和生态学，平均被引次数居于前 3 位的是生态学、中药学和护理学。影响因子与学科领域的相关性很大，不同的学科其影响因子有很大的差异。由于在学科内出现数值较大的差异性，因此 2020 年以学科中位数作为分析对象。2020 年，112 个学科中总被引频次中位数超过 1000 次的学科有 55 个，相比 2019 年增加 2 个学科，排名前 3 位的学科为生态学、护理学和土壤学，2019 年排名第 3 的心理学 2020 年排名下降一位，较低的学科为核科学技术、自然科学综合大学学报和数学；学科影响因子中位数排名前 3 位的是土壤学、草原学和大气科学，学科影响因子中位数较低的为动力工程、核科学技术和数学。

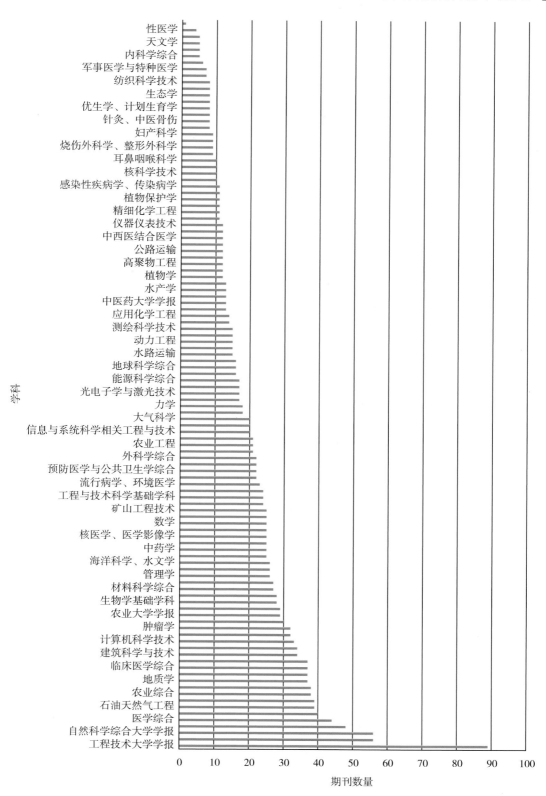

图 12-8　2020 年中国科技核心期刊各学科期刊数量

各学科影响因子中位数及总被引频次中位数如图 12-9 所示。

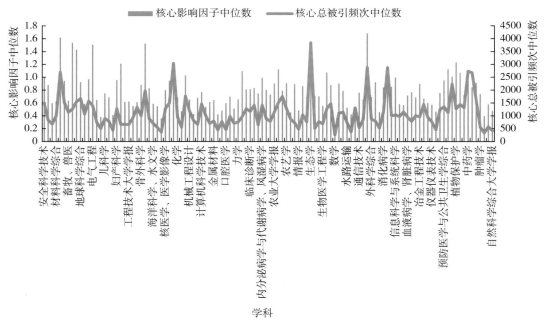

图 12-9　2020 年中国科技核心期刊各学科核心总被引频次与核心影响因子中位数

12.2.6　中国科技期刊的地区分析

地区分布数，指来源期刊登载论文作者所涉及的地区数，按全国 31 个省（区、市）计算。一般说来，用一个期刊的地区分布数可以判定该期刊是否是一个地区覆盖面较广的期刊，其在全国的影响力究竟如何。

如表 12-5 所示，2007 年以后中国科技核心期刊中地区分布数大于或等于 30 个省（区、市）的期刊数量总体呈增长态势，2015 年上升至 6.00% 以上，2016—2017 年有所下降，2018 年以后的连续 3 年稍有所上升，2020 年上升至 7.20%。

表 12-5　2007—2020 年中国科技核心期刊地区分布数统计

年份	省（区、市）期刊分布数（D）				
	$D \geqslant 30$	$20 \leqslant D < 30$	$15 \leqslant D < 20$	$10 \leqslant D < 15$	$D < 10$
2007	3.85%	56.71%	20.85%	12.35%	6.23%
2008	3.32%	57.92%	21.04%	11.67%	6.05%
2009	4.06%	57.91%	21.53%	11.51%	4.98%
2010	4.70%	57.56%	21.42%	10.71%	5.61%
2011	5.31%	57.86%	20.67%	10.66%	5.51%
2012	4.61%	59.18%	21.21%	10.33%	4.66%
2013	5.03%	59.23%	19.71%	11.71%	4.32%
2014	5.68%	59.23%	20.11%	10.86%	3.82%

续表

年份	省（区、市）期刊分布数（D）				
	$D \geq 30$	$20 \leq D < 30$	$15 \leq D < 20$	$10 \leq D < 15$	$D < 10$
2015	6.05%	60.66%	18.39%	10.33%	4.57%
2016	5.03%	60.86%	20.17%	9.66%	4.28%
2017	5.72%	60.63%	19.27%	10.00%	4.44%
2018	6.00%	61.10%	18.25%	11.03%	3.61%
2019	7.10%	59.18%	20.05%	9.95%	3.72%
2020	7.20%	61.32%	18.91%	9.64%	2.93%

由图 12-10 可见，论文作者所属地区覆盖 20 个及以上省（区、市）的期刊总体呈上升趋势，2007—2020 年全国性科技期刊占期刊总量均在 60% 以上，2020 年有 68.52% 的科技核心期刊属于全国性科技期刊，相比 2019 年度增长 2.24 个百分点。地区分布数小于 10 的期刊数在 2007—2020 年总体呈现下降趋势，2012—2020 年连续 9 年所占的比例小于 5.00%，2020 年相比 2019 年度下降 0.79 个百分点。2020 年地区分布数小于 10 的期刊数量有 61 种，其中 7 种英文期刊，占比 11.48%，比 2019 年度减少 8 种；大学学报类 34 种，占比 55.74%，相比 2019 年度减少 11 种。

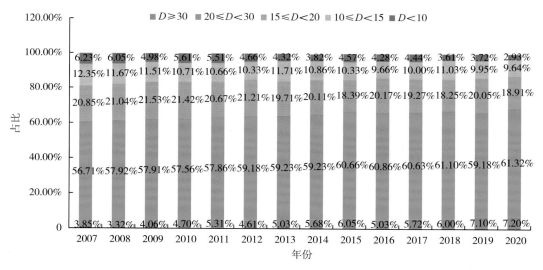

图 12-10   2007—2020 年中国科技核心期刊地区分布数变化情况

12.2.7   中国科技期刊的出版周期

由于论文发表时间是科学发现优先权的重要依据，因此，一般而言，期刊的出版周期越短，吸引优秀稿件的能力越强，也更容易获得较高的影响因子。研究显示，近年来中国科技期刊的出版周期呈逐年缩短趋势。

通过对 2020 年的 2084 种中国科技核心期刊进行统计，期刊的出版周期逐步缩短，出版周期中月刊的占比与 2019 年度基本保持一致，2020 年度有 41.55% 的期刊为月刊，相比 2019 年度下降 0.14 个百分点；双月刊由 2007 年占总数的 52.49% 下降至 2020 年的 46.35%，2020 年相比 2019 年度下降 0.08 个百分点；季刊由 2008 年占总数的 13.22% 下降至 2020 年的 7.73%，与 2019 年相比上升 0.10 个百分点。与 2019 年期刊出版周期相比，月刊、双月刊、旬刊的比例稍有所下降，半月刊和季刊的比例稍有所上升，周刊的比例维持不变。旬刊和周刊的期刊种数较少，旬刊为 11 种，相比 2019 年度减少 1 种，周刊为 2 种，保持不变。从总体上看，中国科技核心期刊的出版周期逐步缩短（图 12-11）。

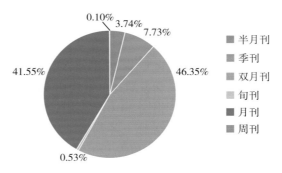

图 12-11 2020 年中国科技核心期刊出版周期

从学科分布来看，工程技术、理学及农学领域期刊双月刊的比例较高，基本在 45.00% 左右；医学领域期刊月刊的占比较高，为 49.87%；管理学领域中月刊的占比较高，为 55.56%；自然科学综合领域中双月刊的占比较高，为 71.58%。图 12-12 显示工程技术领域期刊的出版周期分布情况，根据图可以看出，工程技术领域的期刊大部分是双月刊和月刊，占比分别为 45.80% 和 44.39%，与 2019 年度相比双月刊的比例有所下降，月刊的比例有所上升。图 12-13 显示医学领域期刊的出版周期分布情况，根据图可以看出，医学领域的大部分期刊为双月刊和月刊，占比分别为 38.84% 和 49.87%，与 2019 年度相比双月刊比例上升 0.21 个百分点，月刊下降 0.87 个百分点。图 12-14 显示理学领域期刊的出版周期分布情况，发现理学领域的大部分期刊同样是双月刊和月刊，占比分别为 45.44% 和 39.22%，季刊占比为 12.62%，与工程技术领域、医学领域及农学领域相比，理学领域的季刊占比最高。图 12-15 显示农学领域期刊的出版周期分布情况，由图可知农学领域的大部分期刊为月刊和双月刊，占比分别为 43.61% 和 44.44%，相比 2019 年度月刊占比有所上升，双月刊占比有所下降。

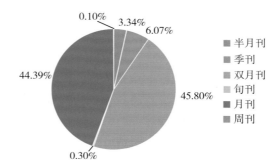

图 12-12 2020 年中国科技核心期刊工程技术领域期刊出版周期

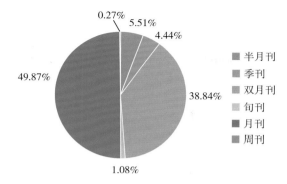

图 12-13　2020 年中国科技核心期刊医学领域期刊出版周期

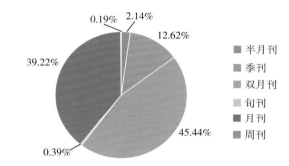

图 12-14　2020 年中国科技核心期刊理学领域期刊出版周期

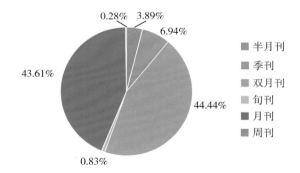

图 12-15　2020 年中国科技核心期刊农学领域期刊出版周期

　　图 12-16 显示的是 2022 年 1 月之前 SCIE 收录期刊的出版周期分布情况，共有 9622 种期刊，收录期刊有多种出版形式。由图可见，SCIE 收录的期刊中月刊占比最大，为 28.24%；其次为双月刊和季刊，占比分别为 27.22% 和 24.79%。与 2020 年 11 月相比，月刊、双月刊和季刊的比例基本保持不变，SCI 收录的期刊中以月刊、双月刊和季刊为主，而中国科技核心期刊主要以月刊和双月刊为主。刊期较长的一年三期、半年刊和年刊期刊所占比例为 8.73%，与 2019 年度相比稍有所下降。刊期较短的半月刊、双周刊和周刊的比例为 5.46%，与 2019 年度相比稍有所下降。SCIE 收录的期刊中月刊的比例略高于双月刊，季刊比例低于双月刊和月刊（分别是 2.43 和 3.45 个百分点）。而中国科技

核心期刊中，双月刊和月刊的比例远高于 SCIE 收录的期刊，季刊的比例远低于 SCIE 收录的期刊。SCIE 收录的期刊中双月刊、季刊、一年三期、半年刊和年刊出版的期刊占总数的 60.74%，中国科技核心期刊双月刊和季刊所占比例为 54.08，并且没有一年三期、半年刊和年刊出版的期刊。所以中国科技核心期刊的刊期低于被 SCIE 收录期刊的刊期。

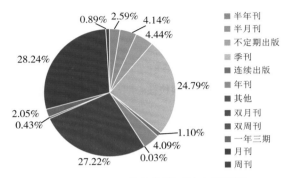

图 12-16　SCIE 收录的期刊的出版周期

图 12-17 显示的是 2020 年 SCIE 收录中国 225 种科技期刊的出版周期分布情况。与 2019 年度相比，期刊的数量有所增加，出版形式与 2019 年度保持一致，为 8 种。月刊占比相比 2019 年下降 3.14 个百分点；双月刊占比下降 2.54 个百分比；季刊的比例上升 5.01 个百分点。与 2019 年度相比，2020 年中国被 SCIE 收录的期刊出版周期略有所增长。

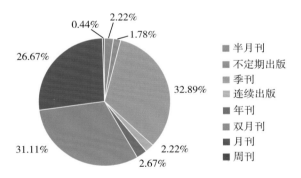

图 12-17　2020 年 SCIE 收录中国期刊的出版周期

12.2.8　中国科技期刊的世界比较

表 12-6 显示了 2011—2020 年中国科技核心期刊（中国科技论文统计源期刊）和 JCR 收录期刊的平均核心总被引次数、平均核心影响因子和平均核心即年指标的情况，由此可见，2011—2020 年 JCR 收录期刊的平均被引频次、平均影响因子除 2015 年有所下降外，其余年份均在增长，2011—2019 年平均即年指标均在增长，2020 年稍有所下降。但中国科技核心期刊的平均核心总被引频次、平均核心影响因子和平均核心即年指标的绝对数值与国际期刊相比不在一个等级，国际期刊远高于中国科技核心期刊。

表 12-6 中国科技核心期刊与 JCR 收录期刊主要计量指标平均值统计

年份	中国科技核心期刊			JCR		
	平均核心总被引频次	平均核心影响因子	平均核心即年指标	平均总被引频次	平均影响因子	平均即年指标
2011	1022	0.454	0.059	4430	2.050	0.414
2012	1023	0.493	0.068	4717	2.099	0.434
2013	1182	0.523	0.072	5095	2.173	0.465
2014	1265	0.560	0.070	5728	2.220	0.490
2015	1327	0.594	0.084	5565	2.210	0.511
2016	1361	0.628	0.087	6132	2.430	0.560
2017	1381	0.648	0.091	6636	2.567	0.645
2018	1410	0.689	0.099	7096	2.737	0.726
2019	1429	0.740	0.113	7452	3.000	1.000
2020	1523	0.869	0.188	9171	3.631	0.988

2020 年，美国 SCIE 中收录中国出版的期刊有 225 种。JCR 主要的评价指标有引文总数（Total Cites）、影响因子（Impact Factor）、即时指数（Immediacy Index）、当年论文数（Current Articles）和被引半衰期（Cited Half–Life）等，表 12-7、表 12-8 列出了 2020 年影响因子和总被引频次位于本学科领域 Q1 区的期刊名单。

表 12-7 2020 年影响因子位于本学科 Q1 区的中国科技期刊

序号	期刊名称	影响因子
1	ELECTROCHEMICAL ENERGY REVIEWS	28.905
2	CELL RESEARCH	25.617
3	INFOMAT	25.405
4	FUNGAL DIVERSITY	20.372
5	SIGNAL TRANSDUCTION AND TARGETED THERAPY	18.187
6	LIGHT–SCIENCE & APPLICATIONS	17.782
7	NATIONAL SCIENCE REVIEW	17.275
8	NANO–MICRO LETTERS	16.419
9	ENERGY & ENVIRONMENTAL MATERIALS	15.122
10	PROTEIN & CELL	14.870
11	BIOACTIVE MATERIALS	14.593
12	BONE RESEARCH	13.567
13	MOLECULAR PLANT	13.164
14	NPJ COMPUTATIONAL MATERIALS	12.241
15	SCIENCE BULLETIN	11.780
16	CELLULAR & MOLECULAR IMMUNOLOGY	11.530
17	ACTA PHARMACEUTICA SINICA B	11.413
18	JOURNAL OF MAGNESIUM AND ALLOYS	10.088
19	JOURNAL OF ENERGY CHEMISTRY	9.676
20	OPTO–ELECTRONIC ADVANCES	9.636

续表

序号	期刊名称	影响因子
21	SCIENCE CHINA–CHEMISTRY	9.445
22	NANO RESEARCH	8.897
23	SCIENCE CHINA–MATERIALS	8.273
24	CHINESE JOURNAL OF CATALYSIS	8.271
25	GREEN ENERGY & ENVIRONMENT	8.207
26	JOURNAL OF MATERIALS SCIENCE & TECHNOLOGY	8.067
27	TRANSLATIONAL NEURODEGENERATION	8.014
28	GENOMICS PROTEOMICS & BIOINFORMATICS	7.691
29	ENGINEERING	7.553
30	JOURNAL OF SPORT AND HEALTH SCIENCE	7.179
31	MICROSYSTEMS & NANOENGINEERING	7.127
32	GENES & DISEASES	7.103
33	PHOTONICS RESEARCH	7.080
34	JOURNAL OF INTEGRATIVE PLANT BIOLOGY	7.061
35	GEOSCIENCE FRONTIERS	6.853
36	DIGITAL COMMUNICATIONS AND NETWORKS	6.797
37	HORTICULTURE RESEARCH	6.793
38	CHINESE CHEMICAL LETTERS	6.779
39	JOURNAL OF ADVANCED CERAMICS	6.707
40	ASIAN JOURNAL OF PHARMACEUTICAL SCIENCES	6.598
41	JOURNAL OF MATERIOMICS	6.425
42	ANIMAL NUTRITION	6.383
43	INTERNATIONAL JOURNAL OF ORAL SCIENCE	6.344
44	BIO–DESIGN AND MANUFACTURING	6.302
45	IEEE–CAA JOURNAL OF AUTOMATICA SINICA	6.171
46	FRICTION	6.167
47	ACTA PHARMACOLOGICA SINICA	6.150
48	SCIENCE CHINA–LIFE SCIENCES	6.038
49	INTERNATIONAL SOIL AND WATER CONSERVATION RESEARCH	6.027
50	JOURNAL OF ENVIRONMENTAL SCIENCES	5.565
51	FOOD SCIENCE AND HUMAN WELLNESS	5.154
52	SCIENCE CHINA–PHYSICS MECHANICS & ASTRONOMY	5.122
53	JOURNAL OF ANIMAL SCIENCE AND BIOTECHNOLOGY	5.032
54	HIGH VOLTAGE	4.714
55	SYNTHETIC AND SYSTEMS BIOTECHNOLOGY	4.708
56	ZOOLOGICAL RESEARCH	4.560
57	FRONTIERS OF MECHANICAL ENGINEERING	4.528
58	INFECTIOUS DISEASES OF POVERTY	4.520
59	CROP JOURNAL	4.407
60	SCIENCE CHINA–INFORMATION SCIENCES	4.380

续表

序号	期刊名称	影响因子
61	SCIENCE CHINA–EARTH SCIENCES	4.368
62	JOURNAL OF ROCK MECHANICS AND GEOTECHNICAL ENGINEERING	4.338
63	JOURNAL OF SYSTEMATICS AND EVOLUTION	4.098
64	PETROLEUM SCIENCE	4.090
65	INTERNATIONAL JOURNAL OF MINING SCIENCE AND TECHNOLOGY	4.084
66	RARE METALS	4.003
67	HIGH POWER LASER SCIENCE AND ENGINEERING	3.992
68	CSEE JOURNAL OF POWER AND ENERGY SYSTEMS	3.938
69	PETROLEUM EXPLORATION AND DEVELOPMENT	3.803
70	BUILDING SIMULATION	3.751
71	FOREST ECOSYSTEMS	3.645
72	JOURNAL OF OCEAN ENGINEERING AND SCIENCE	3.408
73	RICE SCIENCE	3.333
74	INSECT SCIENCE	3.262
75	HORTICULTURAL PLANT JOURNAL	3.032
76	TRANSACTIONS OF NONFERROUS METALS SOCIETY OF CHINA	2.917
77	APPLIED MATHEMATICS AND MECHANICS–ENGLISH EDITION	2.866
78	JOURNAL OF INTEGRATIVE AGRICULTURE	2.848
79	CHINESE JOURNAL OF AERONAUTICS	2.769
80	ACTA METALLURGICA SINICA–ENGLISH LETTERS	2.755
81	INTEGRATIVE ZOOLOGY	2.654
82	CURRENT ZOOLOGY	2.624
83	JOURNAL OF PALAEOGEOGRAPHY–ENGLISH	2.519
84	COMMUNICATIONS IN MATHEMATICS AND STATISTICS	1.938
85	AVIAN RESEARCH	1.774

表 12-8　2020 年总被引频次位于本学科 Q1 区的中国科技期刊

序号	期刊名称	总被引频次
1	CELL RESEARCH	24108
2	NANO RESEARCH	23150
3	JOURNAL OF ENVIRONMENTAL SCIENCES	17274
4	MOLECULAR PLANT	15778
5	JOURNAL OF MATERIALS SCIENCE & TECHNOLOGY	13679
6	TRANSACTIONS OF NONFERROUS METALS SOCIETY OF CHINA	13172
7	ACTA PHARMACOLOGICA SINICA	12410
8	CHINESE MEDICAL JOURNAL	11843
9	LIGHT–SCIENCE & APPLICATIONS	11228
10	ACTA PETROLOGICA SINICA	9940
11	SCIENCE BULLETIN	8832
12	JOURNAL OF INTEGRATIVE PLANT BIOLOGY	6749

续表

序号	期刊名称	总被引频次
13	JOURNAL OF INTEGRATIVE AGRICULTURE	5788
14	SCIENCE CHINA–TECHNOLOGICAL SCIENCES	5677
15	FUNGAL DIVERSITY	5535
16	ASIAN JOURNAL OF ANDROLOGY	5215
17	PETROLEUM EXPLORATION AND DEVELOPMENT	4738
18	APPLIED MATHEMATICS AND MECHANICS–ENGLISH EDITION	3278

2020 年，各检索系统收录中国内地科技期刊情况如下：SCIE 数据库收录 225 种，比 2019 年增加了 17 种；Ei 数据库收录中国科技期刊 229 种；Medline 收录中国科技期刊 136 种；SSCI 收录中国科技期刊 2 种（表 12-9）。

表 12-9   2005—2020 年 SCIE 和 Ei 数据库收录中国科技期刊数量

年份	SCIE/ 种	Ei/ 种
2005	78	141
2006	78	163
2007	104	174
2008	108	197
2009	115	217
2010	128	210
2011	134	211
2012	135	207
2013	139	216
2014	142	216
2015	148	216
2016	162	215
2017	173	221
2018	187	223
2019	208	223
2020	225	229

12.2.9   中国科技期刊综合评分

中国科学技术信息研究所每年出版的《中国科技期刊引证报告（核心版）》定期公布 CSTPCD 收录的中国科技论文统计源期刊的各项科学计量指标。1999 年开始，以此指标为基础，研制了中国科技期刊综合评价指标体系。采用层次分析法，由专家打分确定了重要指标的权重，并分学科对每种期刊进行综合评定。2009—2020 年版的《中国科技期刊引证报告（核心版）》连续公布了期刊的综合评分，即采用中国科技期刊综合评价指标体系对期刊指标进行分类、分层次、赋予不同权重后，求出各指标加权得分后，定出期刊在本学科内的排位。

根据综合评分的排序，结合各学科的期刊数量及学科细分后，自 2009 年起每年评选中国百种杰出学术期刊。

中国科技核心期刊（中国科技论文统计源期刊）实行动态调整机制，每年对期刊进行评价，通过定量及定性相结合的方式，评选出各学科较重要的、有代表性的、能反映本学科发展水平的科技期刊，评选过程中对连续两年公布的综合评分排在本学科末位的期刊进行淘汰。

对科技期刊的评价监测主要目的是引导，中国科技期刊评价指标体系中的各指标是从不同角度反映科技期刊的主要特征，涉及期刊多个不同的方面，为此要从整体上反映科技期刊的发展进程，必须对各个指标进行综合化处理，做出综合评价。期刊编辑、出版者也可以从这些指标上找到自己的特点和不足，从而制定期刊的发展方向。

由科技部推动的精品科技期刊战略就是通过对科技期刊的整体评价和监测，发扬中国科学研究的优势学科，对科技期刊存在的问题进行政策引导，采取切实可行的措施，推动科技期刊整体质量和水平的提高，从而促进中国科技自主创新工作，在中国优秀期刊服务于国内广大科技工作者的同时，鼓励一部分顶尖学术期刊冲击世界先进水平。

12.3 小结

① 2009—2020 年中国科技期刊的总量呈微增长态势，2009—2020 年中国期刊平均期印数连续下降，总印数和总印张数连续多年增长的态势下，2013—2020 年有所下降，总定价在 2019 年稍有上升，2020 年又稍有下降。2009—2020 年中国科技核心期刊占自然科学、技术类期刊总数的 40% 左右。

②中国科技核心期刊中，工程技术领域期刊所占比例最高，其次为医学领域。

③中国科技期刊的平均核心总被引频次和平均核心影响因子在保持绝对数增长态势的同时，核心影响因子增速逐渐提升。

④ 2020 年，基金论文比相比 2019 年稍有下降，为 0.62，但从统计结果看，中国科技核心期刊论文 2015—2020 有近 60% 是由省部级以上基金或资助产生的科研成果。

⑤ 2020 年，中国科技核心期刊的发文总量较 2019 年度有所增加，发文量集中在 100 ~ 200 篇的期刊数量占总数的比例最高，为 37.91%；发文量超过 500 篇的期刊相比较 2019 年度有所下降；发文量小于 50 篇的期刊数量较 2019 年有微量下降。

⑥ 2020 年，中国科技期刊的地区分布大于 20 个省（区、市）的期刊数量与 2019 年度基本保持一致均超过 60%，2020 年达 68.52%；地区分布数小于 10 的期刊数量相比 2019 年度稍有下降。

⑦中国科技期刊的出版周期逐年缩短，2020 年月刊占总数的比例从 2007 年的 28.73% 上升至 41.55%，相比 2019 年度下降 0.14 个百分点；双月刊和季刊的出版周期有所下降，2019 年有 54.08% 的期刊以双月刊和季刊的形式出版，医学类期刊的出版周期最短。

⑧通过比较 2020 年中国被 JCR 收录的科技期刊的影响因子和被引频次在各学科的位置发现，中国有 85 种期刊的影响因子位于本学科的 Q1 区，比 2019 年度增加 16 种；有 18 种期刊的总被引频次位于本学科的 Q1 区，相较 2019 年增长 2 种。

参考文献

[1] 国家新闻出版署. 2020 年全国新闻出版业基本情况 [EB/OL].（2021-12-17）[2021-01-19]. http：//www.cnfaxie.org/webfile/upload/2021/12-17/07-56-280973-924401286.pdf.

[2] 中国科学技术信息研究所. 2019 年度中国科技论文统计与分析（年度研究报告）[M]. 北京：科学技术文献出版社，2019：138-156.

[3] 中国科学技术信息研究所. 2021 年版中国科技核心期刊引证报告（核心版）[M]. 北京：科学技术文献出版社，2021.

13 CPCI-S 收录中国论文情况统计分析

Conference Proceedings Citation Index – Science（CPCI-S）数据库，即原来的 ISTP 数据库，涵盖了所有科技领域的会议录文献，其中包括：农业、生物化学、生物学、生物技术、化学、计算机科学、工程学、环境科学、医学和物理学等领域。

本章利用统计分析方法对 2020 年 CPCI-S 收录的 33246 篇第一作者单位为中国机构的科技会议论文的地区、学科、会议举办地、参考文献数量、被引频次分布等进行简单的计量分析。

13.1 引言

CPCI-S 数据库 2020 年收录世界重要会议论文为 36.84 万篇，比 2019 年减少了 22.7%，共收录了中国作者论文 5.24 万篇，比 2019 年减少了 10.4%，占世界的 14.2%，排在世界第 2 位（图 13-1）。排在世界前 5 位的是美国、中国、英国、德国和日本。CPCI-S 数据库收录美国论文 12.17 万篇，比 2019 年减少了 20.4%，占世界论文总数的 33.0%，比 2019 年稍有增加。

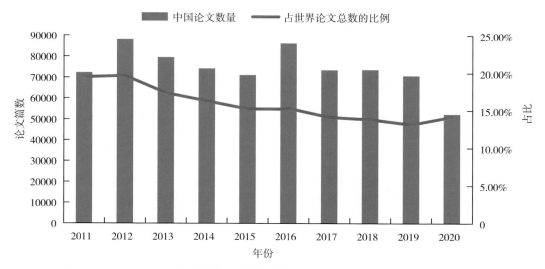

图 13-1　2011—2020 年中国国际科技会议论文数占世界论文总数比例的变化趋势

若不计港澳台地区的论文，2020 年 CPCI-S 收录第一作者单位为中国机构的科技会议论文共计 3.32 万篇，以下统计分析都基于此数据。

13.2 2020 年 CPCI-S 收录中国论文的地区分布

表 13-1 是 2020 年 CPCI-S 收录的中国第一作者论文单位所在地区分布居前 10 位的情况及其与 2019 年的比较情况。

表 13-1 2019 和 2020 年 CPCI-S 论文第一作者单位论文数居前 10 位的地区

2020 年			2019 年		
地区	论文篇数	论文数排名	地区	论文篇数	论文数排名
北京	7505	1	北京	12004	1
江苏	3048	2	上海	4767	2
上海	2959	3	江苏	4319	3
广东	2903	4	广东	3907	4
陕西	2149	5	陕西	3684	5
湖北	1866	6	四川	2620	6
四川	1752	7	湖北	2525	7
浙江	1549	8	浙江	2275	8
山东	1466	9	山东	1855	9
天津	1150	10	天津	1597	10

从表 13-1 可以看出，2020 年，排名居前 3 位的地区为北京、江苏和上海，分别产出论文 7505 篇、3048 篇和 2959 篇，分别占 CPCI-S 中国论文总数的 22.6%、9.2% 和 8.9%。2020 年排名居前 10 位的地区论文作者共发表 CPCI-S 论文 26347 篇，占论文总数的 79.4%。2020 年，排名居前 10 位的地区与 2019 年相比，地区名次变化不大。

13.3 2020 年 CPCI-S 收录中国论文的学科分布

表 13-2 是 2020 年 CPCI-S 收录的中国第一作者论文的学科分布情况及其与 2019 年的比较。

表 13-2 2019 和 2020 年 CPCI-S 收录论文数排名前 10 位的学科分布

2020 年			2019 年		
排序	学科	论文篇数	排序	学科	论文篇数
1	电子、通信与自动控制	8758	1	计算技术	13487
2	计算技术	7908	2	电子、通信与自动控制	9463
3	临床医学	3716	3	临床医学	5084
4	能源科学技术	2916	4	能源科学技术	3619
5	物理学	2410	5	物理学	3503
6	机械工程	962	6	基础医学	3497
7	环境科学	858	7	工程与技术基础学科	3152
8	基础医学	651	8	化学	1837
9	材料科学	537	9	地学	1467
10	动力电气	479	10	材料科学	1465

从表 13-2 可以看出，2020 年，CPCI-S 中国论文数排名居前 3 位的学科为电子、通信与自动控制，计算技术和临床医学，仅这 3 个学科的会议论文数量就占了中国论文总数的 61.4%。

13.4　2020 年 CPCI-S 收录中国作者论文较多的会议

2020 年，CPCI-S 收录的中国论文分布于 1516 个会议中，比 2019 年的 2849 个会议数量有所减少。表 13-3 为 2020 年收录中国论文排名居前 10 位的会议名称。

表 13-3　2020 年收录中国论文排名居前 10 位的会议

排名	会议名称	论文数 / 篇
1	39th Chinese Control Conference（CCC）	1311
2	32nd Chinese Control And Decision Conference（CCDC）	982
3	Annual Meeting of the American-Society-of-Clinical-Oncology（ASCO）	622
4	4th IEEE Information Technology，Networking，Electronic and Automation Control Conference（ITNEC）	522
5	5th International Conference on Environmental Science and Material Application（ESMA）	459
6	5th Asia Conference on Power and Electrical Engineering（ACPEE）	396
7	5th International Conference on Advances in Energy Resources and Environment Engineering（ICAESEE）	390
8	IEEE International Conference on Acoustics，Speech，and Signal Processing	384
9	IEEE International Conference on Communications（IEEE ICC）	369
10	IEEE 5th Information Technology and Mechatronics Engineering Conference（ITOEC）	359

从表 13-3 可以看出，论文数量排在第一位的是由中国自动化学会控制理论专业委员会发起，于 2020 年 7 月在沈阳举行的第 39 届中国控制会议（CCC 2020）。中国控制会议为控制理论与技术领域的国际性学术年会议，本次会议共收录中国作者论文 1311 篇。

13.5　CPCI-S 收录中国论文的语种分布

基于 2020 年 CPCI-S 收录第一作者单位为中国机构（不包含港澳台地区）的 33246 篇科技会议论文，以英语发表的文章共 33235 篇，中文发表的论文共 11 篇。

13.6　2020 年 CPCI-S 收录论文的参考文献数量和被引频次分布

13.6.1　2020 年 CPCI-S 收录论文的参考文献数量分布

表 13-4 列出了 2020 年 CPCI-S 收录中国论文的参考文献数量。除了 0 篇参考文献的论文外，论文数排名居前 10 位的参考文献数量均在 5 篇以上，最多为 15 篇，占总论

文数的 51.30%。

表 13-4 2020 年 CPCI-S 收录论文的参考文献数量分布（TOP10）

排名	论文篇数	参考文献篇数	比例
1	4669	0	14.00%
2	1781	10	5.36%
3	1468	12	4.42%
4	1419	15	4.27%
5	1353	8	4.07%
6	1347	11	4.05%
7	1270	9	3.82%
8	1251	13	3.76%
9	1243	7	3.74%
10	1237	6	3.72%

13.6.2 2020 年 CPCI-S 收录论文的被引频次分布

2020 年，CPCI-S 收录论文数量的被引频次分布如表 13-5 所示。从表 13-5 可以看出，大部分会议论文的被引频次为 0，有 29752 篇，占比 89.49%，这个比例与 2019 年持平。被引 1 次以上的论文有 3494 篇，占比 10.5%；引用 5 次以上的论文共计 566 篇，比 2019 年 993 篇减少 43%。

表 13-5 2020 年 CPCI-S 收录论文的被引次数分布

排名	论文篇数	被引次数	比例	排名	论文篇数	被引次数	比例
1	29752	0	89.49%	11	29	10	0.09%
2	2415	1	7.26%	12	28	11	0.08%
3	614	2	1.85%	13	16	13	0.05%
4	288	3	0.87%	14	15	12	0.05%
5	167	4	0.50%	15	12	14	0.04%
6	148	5	0.45%	16	12	18	0.04%
7	87	6	0.26%	17	11	15	0.03%
8	56	7	0.17%	18	6	16	0.02%
9	49	8	0.15%	19	6	22	0.02%
10	46	9	0.14%	20	6	23	0.02%

13.7 小结

2020 年，CPCI-S 数据库共收录了中国作者论文 5.24 万篇，比 2019 年减少了 10.4%，占世界的 14.2%，排在世界第 2 位。

2020 年，CPCI-S 收录中国（不包含港澳台地区）的会议论文，以英语发表的论文共 33235 篇，中文发表的论文共 11 篇。

2020 年，CPCI–S 收录中国论文的参考文献数量排名居前 10 位的参考文献数量均在 5 篇以上，最多为 15 篇，占总论文数的 51.3%。

2020 年，论文数量排在第一位的会议是在中国沈阳举行的第 39 届中国控制会议（CCC 2020），共收录论文 1311 篇。

2020 年，CPCI–S 中国论文分布排名居前 3 位的学科为电子、通信与自动控制，计算技术和临床医学，占了中国论文总数的 61.4%。

参考文献

[1] 中国科学技术信息研究所 . 2019 年度中国科技论文统计与分析（年度研究报告）[M]. 北京：科学技术文献出版社，2021.

14   Medline 收录中国论文情况统计分析

14.1   引言

Medline 是美国国立医学图书馆（The National Library of Medicine，NLM）开发的当今世界上最具权威性的文摘类医学文献数据库之一。《医学索引》（Index Medicus，IM）为其检索工具之一，收录了全球生物医学方面的期刊，是生物医学方面较常用的国际文献检索系统。

本章统计了中国科研人员被 Medline 2020 收录论文的机构分布情况、论文发表期刊的分布及期刊所属国家和语种分布情况，并在此基础上进行了分析。

14.2   研究分析与结论

14.2.1   Medline 收录论文的国际概况

Medline 2020 网络版共收录论文 1461679 篇（数据采集时间：2021 年 6 月 29 日），比 2019 年的 1249451 篇增加 16.99%，2015—2020 年间 Medline 收录论文情况如图 14-1 所示。可以看出，除 2017 年 Medline 收录论文数有小幅减少外，2015—2020 年 Medline 收录论文数呈现逐年递增的趋势，且 2020 年增幅较大。

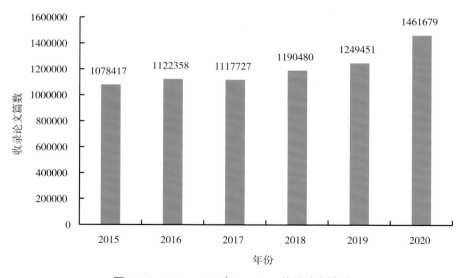

图 14-1   2015—2020 年 Medline 收录论文统计

续表

期刊名	期刊出版国	论文篇数
INTERNATIONAL JOURNAL OF BIOLOGICAL MACROMOLECULES	荷兰	1643
CHEMOSPHERE	英国	1625
BIOMED RESEARCH INTERNATIONAL	美国	1619
MATERIALS（BASEL，SWITZERLAND）	瑞士	1618
ENVIRONMENTAL SCIENCE AND POLLUTION RESEARCH INTERNATIONAL	德国	1586
CHEMICAL COMMUNICATIONS（CAMBRIDGE，ENGLAND）	英国	1581
JOURNAL OF HAZARDOUS MATERIALS	荷兰	1518
ANGEWANDTE CHEMIE（INTERNATIONAL ED. IN ENGLISH）	德国	1489
OPTICS EXPRESS	美国	1481
AGING	美国	1398
FRONTIERS IN PHARMACOLOGY	瑞士	1345

按照期刊出版地所在的国家（地区）进行统计，发表中国论文数居前 10 位国家的情况如表 14-6 所示。

表 14-6　2020 年 Medline 收录的中国论文数居前 10 位的国家相关情况统计

期刊出版地	期刊种数	论文篇数	论文比例
美国	1951	79800	29.80%
英国	1577	69603	25.99%
瑞士	238	29493	11.01%
荷兰	469	23818	8.89%
中国	128	17529	6.55%
德国	326	14301	5.34%
新西兰	56	4474	1.67%
希腊	17	3779	1.41%
澳大利亚	73	3184	1.19%
意大利	58	2561	0.96%

中国 Medline 论文发表在 62 个国家（地区）出版的期刊上。其中，在美国的 1951 种期刊上发表 79800 篇论文，英国的 1577 种期刊上发表 69603 篇论文，中国的 128 种期刊共发表 17529 篇论文。

14.2.6　Medline 收录中国论文的发表语种分布情况

Medline 2020 收录的中国论文，其发表语种情况如表 14-7 所示。可以看出，几乎全部的论文都是用英文和中文发表的，而英文是中国科技成果在国际发表的主要语种，在全部论文中所占比例达到 95.78%。

表 14-7 2020 年 Medline 收录中国论文发表语种情况统计

语种	论文篇数	论文比例
英文	256470	95.78%
中文	11261	4.21%
其他	47	0.02%

14.3 小结

Medline 2020 收录中国科研人员发表的论文共计 267778 篇，发表于 5734 种期刊上，其中 95.78% 的论文用英文撰写。

根据学科统计数据，Medline 2020 收录的中国论文中，生物化学与分子生物学学科的论文数最多，其次是细胞生物学、药理学和药剂学、老年病学和老年医学等学科。

2020 年，Medline 收录中国论文数增长达到 20.38%，其中高等院校产出论文达到论文总数的 82.24%，Medline 2020 收录的中国论文发表的期刊数量持续增加。

参考文献

[1] 中国科学技术信息研究所 . 2019 年度中国科技论文统计与分析（年度研究报告）[M]. 北京：科学技术文献出版社，2021：163-169.

[2] 中国科学技术信息研究所 . 2018 年度中国科技论文统计与分析（年度研究报告）[M]. 北京：科学技术文献出版社，2020：162-168.

[3] 中国科学技术信息研究所 . 2017 年度中国科技论文统计与分析（年度研究报告）[M]. 北京：科学技术文献出版社，2019：163-169.

[4] 中国科学技术信息研究所 . 2016 年度中国科技论文统计与分析（年度研究报告）[M]. 北京：科学技术文献出版社，2018：161-167.

[5] 中国科学技术信息研究所 . 2015 年度中国科技论文统计与分析（年度研究报告）[M]. 北京：科学技术文献出版社，2017：169-175.

15　中国专利情况统计分析

发明专利的数量和质量能够反映一个国家的科技创新实力。本章基于美国专利商标局、欧洲专利局、三方专利数据，统计分析了近 10 年中国专利产出的发展趋势，并与部分国家进行比较。同时根据德温特创新平台（Derwent Innovation，DI）中 2020 年的专利数据，统计分析了中国授权发明专利的分布情况。

15.1　引言

2021 年 2 月 1 日出版的第 3 期《求是》杂志发表了中共中央总书记、国家主席、中央军委主席习近平的重要文章《全面加强知识产权保护工作　激发创新活力推动构建新发展格局》。文章强调，创新是引领发展的第一动力，保护知识产权就是保护创新。全面建设社会主义现代化国家，必须更好推进知识产权保护工作。知识产权保护工作关系国家治理体系和治理能力现代化，关系高质量发展，关系人民生活幸福，关系国家对外开放大局，关系国家安全。2021 年 9 月 22 日，中共中央、国务院印发了《知识产权强国建设纲要（2021—2035 年）》。纲要指出，进入新发展阶段，推动高质量发展是保持经济持续健康发展的必然要求，创新是引领发展的第一动力，知识产权作为国家发展战略性资源和国际竞争力核心要素的作用更加凸显。

为此，本章从美国专利商标局、欧洲专利局、三方专利数据、DI 专利数据库等角度，采用定量评价的方法分析中国的专利数量和专利质量，以期总结成绩，查找不足，为中国未来高质量发展提供有力定量数据支撑。

15.2　数据与方法

①基于美国专利商标局分析 2011—2020 年 10 年间中国专利产出的发展趋势及其与部分国家（地区）的比较。

②基于欧洲专利局的专利数据库分析 2011—2020 年 10 年间中国专利产出的发展趋势及其与部分国家（地区）的比较。

③基于 OECD 官网 2021 年 11 月 19 日更新的三方专利数据库分析 2011—2020 年（专利的优先权时间）10 年间中国专利产出的发展趋势及其与部分国家（地区）的比较。

④从 DI 数据库中按公开年检索出中国 2020 年获得授权的发明专利数据，进行机构翻译、机构代码标识和去除无效记录后，形成 2020 年中国授权发明专利数据库。按照德温特分类号统计出该数据库收录中国 2020 年获得授权发明专利数量最多的领域和机构分布情况。

15.3 研究分析与结论

15.3.1 中国专利产出的发展趋势及其与部分国家（地区）的比较

（1）中国在美国专利商标局申请和授权的发明专利数情况

根据美国专利商标局统计数据，中国在美国专利商标局申请专利数从 2019 年的 44285 件进一步在 2020 年增长到 54378 件，名次与 2019 年保持一致，居第 3 位，仅次于美国和日本（表 15–1 和图 15–1）。

表 15-1 2011—2020 年美国专利商标局专利申请数前 10 位国家（地区）

国家 （地区）	年份									
	2011	2012	2013	2014	2015	2016	2017	2018	2019	2020
美国	247750	268782	287831	285096	288335	318701	316718	310416	316076	302251
日本	85184	88686	84967	86691	86359	91383	89364	87872	89858	84971
韩国	27289	29481	33499	36744	38205	41823	38026	36645	39065	42291
德国	27935	29195	30551	30193	30016	33254	32771	32734	32967	31410
中国	10545	13273	15093	18040	21386	27935	32127	37788	44285	54378
中国台湾	19633	20270	21262	20201	19471	20875	19911	20258	21024	21692
英国	11279	12457	12807	13157	13296	14824	15597	15338	15682	15161
加拿大	11975	13560	13675	12963	13201	14328	14167	14086	14473	13625
法国	10563	11047	11462	11947	12327	13489	13552	13275	12741	12485
印度	4548	5663	6600	7127	7976	7676	9115	9809	10859	11026

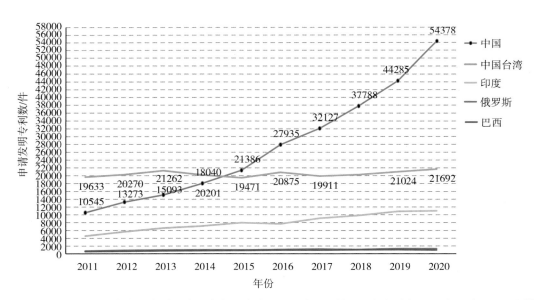

图 15-1 2011—2020 年中国在美国专利商标局申请的发明专利数情况及与其他部分国家（地区）的比较

　　从表15-1和图15-1可以看出，日本在美国专利商标局申请的发明专利数仅次于美国本国申请专利数，约是美国本国申请专利数的28.11%。中国近几年在美国专利商标局的申请专利数量也在不断增加，在2018年首次超过韩国和德国，居第3位，2019年和2020年继续保持增长，依然居第3位。2020年，中国在美国专利商标局的申请专利数量约为美国本国申请专利数的17.99%。相较于印度、俄罗斯、巴西、南非其他4个金砖国家，中国在美国专利商标局申请的发明专利数量具有显著优势，并且也远高于其他四者专利申请量的总和。

　　从表15-2、表15-3和图15-2来看，中国在美国专利局获得授权的专利数从2018年的16318件增加到2019年的21760件，之后到2020年为25229件，居第3位，位次较2019年上升一位，仅次于美国和日本。与印度、俄罗斯、巴西、南非等金砖国家相比，中国专利授权数已具有明显优势。

　　2020年，美国的专利授权数量依然居首位，其以总量198386件，遥遥领先于其他国家。日本为55526件，继续居第2位，相较于2019年下降了3.20%。

　　在金砖五国中，中国居首位，之后则是印度、巴西、俄罗斯和南非。其中，中国以25229件遥遥领先于其他4个国家，甚至要远超过这4个国家的总授权数。

表 15-2　2011—2020 年美国专利商标局专利授权数排名居前 10 位的国家（地区）

国家（地区）	年份									
	2011	2012	2013	2014	2015	2016	2017	2018	2019	2020
美国	121257	134194	147666	158713	155982	173650	167367	161970	200778	198386
日本	48256	52773	54170	56005	54422	53046	51743	50020	57362	55526
韩国	13239	14168	15745	18161	20201	21865	22687	22059	24701	24854
德国	12967	15041	16605	17595	17752	17568	17998	17433	19303	18461
中国	3174	4637	5928	7236	9004	10988	14147	16318	21760	25229
中国台湾	9907	11624	12118	12255	12575	12738	12540	11424	12540	12952
英国	4908	5874	6551	7158	7167	7289	7633	7552	7063	6724
加拿大	5756	6459	7272	7692	7492	7258	7532	7226	6652	6331
法国	5023	5857	6555	7103	7026	6907	7365	6988	7361	7031
瑞士	1865	2039	2466	2601	2841	2905	3022	4885	5501	5208

表 15-3　2011—2020 年中国在美国专利商标局获得授权的专利数及名次变化情况

年度	2011	2012	2013	2014	2015	2016	2017	2018	2019	2020
专利授权数	3174	4637	5928	7236	9004	10988	14147	16318	21760	25229
比上一年增长率	19.46%	46.09%	27.84%	22.06%	24.43%	22.03%	28.75%	15.35%	33.35%	15.94%
排名	9	9	8	6	6	6	5	5	4	3
占总数比例	1.41%	1.83%	2.13%	2.41%	2.76%	2.91%	4.47%	4.81%	4.06%	6.46%

　　2011—2020年，中国的专利授权数保持逐年增长，同时占总数的比例也在逐年增长，从2011年的1.41%上升到2017年的4.47%，再到2020年的6.46%，且排名也由2011年的第9位上升到2018年的第5位，再到2020年的第3位。

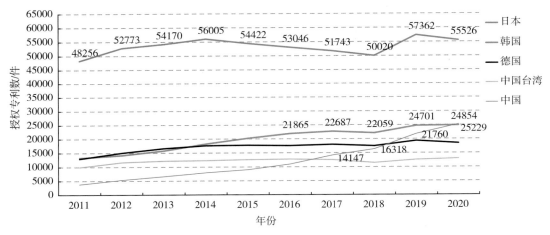

图 15-2　2011—2020 年部分国家（地区）在美国专利商标局获得授权专利数变化情况

（2）中国在欧洲专利商标局申请专利数量和授权发明专利数量的变化情况

　　2019 年，中国在欧洲专利局申请专利数为 12247 件，到 2020 年增加到 13432 件，增长了 9.68%。中国专利申请数在世界所处位次与 2019 年一致，居第 4 位，所占份额也从 2018 年 5.39% 上升到 2019 年的 6.75%，再到 2020 年的 7.45%。与美国、德国和日本这些发达国家相比，中国在欧洲专利局的申请数仍有较大差距（表 15-4、表 15-5、图 15-3 和图 15-4）。

表 15-4　2011—2020 年在欧洲专利局申请专利数居前 10 位的国家

国家	年份										2020 年占比
	2011	2012	2013	2014	2015	2016	2017	2018	2019	2020	
美国	35050	35268	34011	36668	42692	40076	42463	43612	46201	44293	24.57%
德国	26202	27249	26510	25633	24820	25086	25539	26734	26805	25954	14.40%
日本	20418	22490	22405	22118	21426	21007	21774	22615	22066	21841	12.12%
中国	2542	3751	4075	4680	5721	7150	8641	9401	12247	13432	7.45%
法国	9617	9897	9835	10614	10781	10486	10559	10468	10163	10554	5.86%
韩国	5627	5067	5852	6874	7100	6889	7043	7140	8287	9106	5.05%
瑞士	6553	6746	6742	6910	7088	7293	7354	7927	8249	8112	4.50%
荷兰	5627	5067	5852	6874	7100	6889	7043	7142	6954	6375	3.54%
英国	4746	4716	4587	4764	5037	5142	5313	5736	6156	5715	3.17%
意大利	3970	3744	3706	3649	3979	4166	4352	4399	4456	4600	2.55%

　　2020 年，美国、德国和日本依然是在欧洲专利局申请专利数最多的前三甲。其中，美国和日本都是属于欧洲之外的国家。此外，前 5 位中，只有居第 2 位的德国和居第 5 位的法国，是属于欧洲国家。

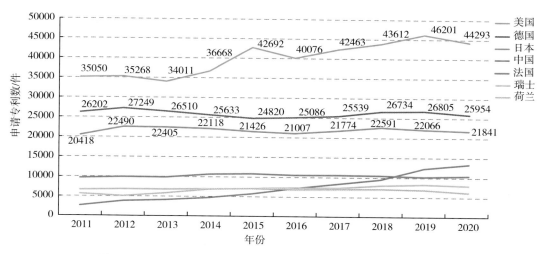

图 15-3   2011—2020 年部分国家在欧洲专利局申请专利数变化情况

表 15-5   2011—2020 年中国在欧洲专利局申请专利数变化情况

年度	2011	2012	2013	2014	2015	2016	2017	2018	2019	2020
申请件数	2542	3751	4075	4680	5721	7150	8330	9401	12247	13432
占总数的比例	1.78%	2.51%	2.74%	3.06%	3.58%	4.57%	5.03%	5.39%	6.75%	7.45%
比上一年增长	23.34%	47.56%	8.64%	14.85%	22.24%	24.98%	16.50%	12.86%	30.27%	9.68%
排名	11	10	9	9	8	6	5	5	4	4

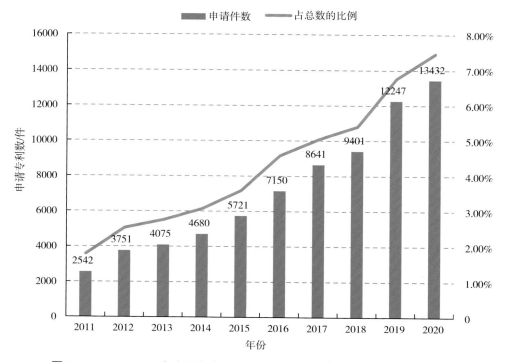

图 15-4   2011—2020 年中国在欧洲专利局申请专利数及占总数比例的变化情况

　　2019 年，中国在欧洲专利局获得授权的发明专利数为 6229 件，到 2020 年增加到 6863 件，增长了 10.18%，中国专利授权数在世界所处位次同 2019 年一致，依然是居第 6 位，其所占份额从 2019 年的 4.52% 上升到 2020 年的 5.13%。与美国、日本、德国、法国等发达国家相比，中国在欧洲专利局获得授权的专利数还较少，不过已经开始超过传统强国，如瑞士、英国、意大利等（表 15-6、表 15-7、图 15-5 和图 15-6）。

表 15-6　2011—2020 年在欧洲专利局获得授权专利数居前 10 位的国家

国家	2011	2012	2013	2014	2015	2016	2017	2018	2019	2020	2020 年占比
美国	13391	14703	14877	14384	14950	21939	24960	31136	34614	34162	25.55%
日本	11650	12856	12133	11120	10585	15395	17660	21343	22423	20230	15.13%
德国	13578	13315	13425	13086	14122	18728	18813	20804	21198	20056	15.00%
法国	4802	4804	4910	4728	5433	7032	7325	8611	8800	8397	6.28%
韩国	1424	1785	1989	1891	1987	3210	4435	6262	7247	7049	5.27%
中国	513	791	941	1186	1407	2513	3180	4831	6229	6863	5.13%
瑞士	2532	2597	2668	2794	3037	3910	3929	4452	4770	4899	3.66%
英国	1946	2020	2064	2072	2097	2931	3116	3827	4119	4004	2.99%
荷兰	1819	1711	1883	1703	1998	2784	3201	3782	4326	3962	2.96%
意大利	2286	2237	2353	2274	2476	3207	3111	3446	3713	3813	2.85%

表 15-7　2011—2020 年中国在欧洲专利局获得专利授权数变化情况

年度	2011	2012	2013	2014	2015	2016	2017	2018	2019	2020
专利授权数 / 件	513	791	941	1186	1407	2513	3180	4831	6229	6863
比上一年增长	18.75%	54.19%	18.96%	26.04%	18.63%	78.61%	26.54%	51.92%	28.94%	10.18%
排名	16	13	11	11	11	11	8	6	6	6
占总数的比例	0.83%	1.20%	1.41%	1.84%	2.06%	2.62%	3.01%	3.79%	4.52%	5.13%

图 15-5　2011—2020 年中国在欧洲专利局获得专利的授权数及占总数比例的变化情况

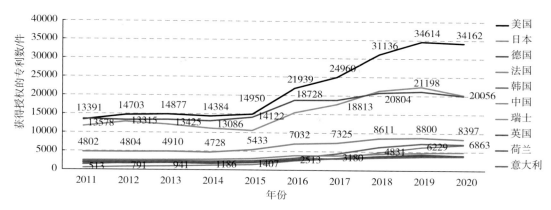

图 15-6 2011—2020 年部分国家在欧洲专利局获得授权的专利数变化情况

（3）中国三方专利情况

经济合作与发展组织（Organization for Economic Cooperation and Development，OECD）提出的"三方专利"指标通常是指向美国、日本及欧洲专利局都提出了申请并至少已在美国专利商标局获得发明专利权的同一项发明专利。通过三方专利，可以研究世界范围内最具市场价值和高技术含量的专利状况。一般认为，这个指标能很好地反映一个国家的科技实力。

据 OECD 在 2021 年 11 月 19 日的数据显示，2019 年中国发明人拥有的三方专利数为 5597 项，占世界的 9.81%，排在世界第 3 位，与 2018 年持平，仅落后于日本和美国（表15-8、表 15-9 和图 15-7）。

表 15-8 2010—2019 年三方专利排名前 10 位的国家

国家	年份									
	2010	2011	2012	2013	2014	2015	2016	2017	2018	2019
日本	16740	17140	16722	16197	17483	17360	17066	17591	18645	17702
美国	12725	13012	13709	14211	14688	14886	15219	12021	12753	12881
中国	1420	1545	1715	1897	2477	2889	3766	4215	5323	5597
德国	5474	5537	5561	5525	4520	4455	4583	4531	4772	4621
韩国	2459	2665	2866	3107	2683	2703	2671	2428	2160	2558
法国	2453	2555	2521	2466	2528	2578	2470	2315	2073	1857
英国	1649	1654	1693	1726	1793	1811	1740	1612	1714	1690
瑞士	1062	1108	1154	1195	1192	1207	1206	1155	1275	1225
荷兰	823	958	955	947	1161	1167	1306	1219	1091	957
意大利	682	672	679	685	762	781	836	818	884	947

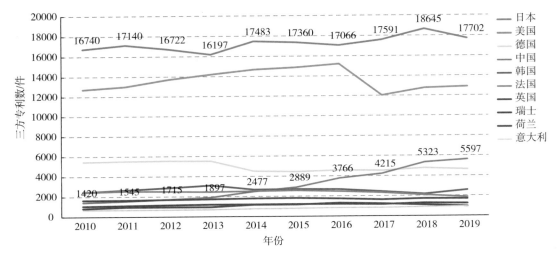

图 15-7　2010—2019 年部分国家三方专利数变化情况比较

表 15-9　2010—2019 年中国三方专利数变化情况

年份	2010	2011	2012	2013	2014	2015	2016	2017	2018	2019
三方专利数 / 件	1420	1545	1715	1897	2477	2889	3766	4215	5323	5597
比上一年增长	9.57%	8.80%	11.00%	10.61%	30.57%	16.63%	30.36%	11.92%	26.29%	5.15%
排名	7	7	6	6	6	4	4	4	3	3

（4）Derwent Innovation 收录中国发明专利授权数变化情况

Derwent Innovation（DI）是由科睿唯安集团提供的数据库，集全球最全面的国际专利与业内最强大的知识产权分析工具于一身，可提供全面、综合的内容，包括深度加工的德温特世界专利索引（Derwent World Patents Index，DWPI）、德温特专利引文索引（Derwent Patents Citation Index，DPCI）、欧美专利全文、英译的亚洲专利等。

此外，凭借强大的分析和可视化工具，DI 允许用户快速、轻松地识别与其研究相关的信息，提供有效信息来帮助用户在知识产权和业务战略方面做出更快、更准确的决策。

2020 年，中国公开的授权发明专利约为 53.03 万件，较 2019 年增长约 17.08%（表 15-10 和图 15-8）。按第一专利权人（申请人）的国别看，中国机构（个人）获得授权的发明专利数约为 43.39 万件，约占 81.82%。

从获得授权的发明专利的机构类型看，2020 年度，中国高等院校获得约 11.86 万件授权发明专利，占中国机构（个人）获得授权发明专利数量的 27.33%；研究机构获得约 3.08 万件授权发明专利，占比为 7.10%；公司企业获得约 26.37 万件授权发明专利，占比为 60.77%。

表 15-10　2011—2019 年中国发明专利授权数变化情况

年度	2011	2012	2013	2014	2015	2016	2017	2018	2019	2020
专利授权数	106581	143951	150152	229685	333195	418775	420307	432311	452971	530330
比上一年增长	41.14%	35.06%	4.31%	52.97%	45.07%	25.68%	0.37%	2.86%	4.78%	17.08%

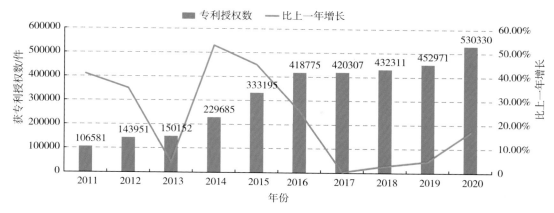

图 15-8　2011—2020 年 Derwent Innovation 收录中国发明专利授权数变化情况

15.3.2　中国获得授权的发明专利产出的领域分布情况

基于 Derwent Innovation 数据库，我们按照德温特专利分类号统计出该数据库收录中国 2020 年授权发明专利数量最多的 10 个领域（表 15-11）。

表 15-11　2019 年和 2020 年中国获得授权专利居前 10 位的领域比较

排名		类别	2020 年专利授权数
2020 年	2019 年		
1	1	计算机	91802
2	3	工程仪器	14529
3	2	电话和数据传输系统	13648
4	5	天然产物和聚合物	11740
5	4	科学仪器	11493
6	6	电子仪器	9121
7	7	导体、电阻器、磁铁、电容器及开关等元件的电化学性能	8462
8	9	造纸，唱片，清洁剂、食品和油井应用等其他类	8347
9	8	电子应用	6683
10	17	水、工业废物和污水的化学或生物处理	5891

注：按德温特专利分类号分类。

2020 年，被 DI 数据库收录授权发明专利数量最多的领域与 2019 年有一定的差异。第 1 位的计算机、第 6 位的电子仪器和第 7 位的导体、电阻器、磁铁、电容器及开关等元件的电化学性能排名保持不变。第 2 位、第 3 位、第 4 位、第 5 位、第 8 位、第 9 位和第 10 位与 2019 年有一定的变化。其中，第 10 位由 2019 年的印刷电路及其连接器变化为水、工业废物和污水的化学或生物处理。

15.3.3 中国授权发明专利产出的机构分布情况

（1）2020 年中国授权发明专利产出的高等院校分布情况

基于 DI 数据库，我们统计出 2020 年中国获得授权专利数居前 10 位的高等院校，如表 15-12 所示。

表 15-12　2020 年中国获得授权专利数居前 10 位的高等院校

排名	高等院校	专利授权数
1	浙江大学	3473
2	清华大学	2793
3	西安交通大学	2464
4	华中科技大学	2255
5	北京航空航天大学	2055
6	电子科技大学	2038
7	中南大学	1739
8	华南理工大学	1721
9	东南大学	1641
10	山东大学	1547

从表 15-12 可以看出，2020 年居前 2 位的高校，和 2019 年保持一致，依然是浙江大学和清华大学。

之后，西安交通大学居第 3 位，华中科技大学居第 4 位，北京航空航天大学居第 5 位。其中，东南大学有所波动，在 2017 年是第 4 位，之后到 2018 年和 2019 年都保持在第 3 位，2020 年下滑到第 9 位。

（2）2020 年中国授权发明专利产出的科研院所分布情况

基于 DI 数据库，我们统计出 2020 年中国获得授权专利数居前 10 位的科研院所，如表 15-13 所示。

表 15-13　2020 年中国获得授权专利数居前 10 位的科研院所

排名	科研院所	专利授权数
1	中国科学院大连化学物理研究所	598
2	中国科学院长春光学精密机械与物理研究所	484
3	中国工程物理研究院	436
4	中国科学院深圳先进技术研究院	432
5	中国科学院过程工程研究所	357
6	中国水利水电科学研究院	329
7	中国科学院自动化研究所	300
8	中国科学院化学研究所	293
9	中国科学院宁波材料技术与工程研究所	262
10	中国科学院合肥物质科学研究院	258

从表 15-13 可以看出，2020 年被 DI 数据库收录的授权发明专利数量排在前 10 位的科研机构，主要是中国科学院下属科研院所，包括中国科学院大连化学物理研究所、中国科学院长春光学精密机械与物理研究所、中国科学院深圳先进技术研究院、中国科学院自动化研究所、中国科学院化学研究所、中国科学院宁波材料技术与工程研究所和中国科学院合肥物质科学研究院。其中，居第 1 位的是专利授权量为 598 件的中国科学院大连化学物理研究所，和 2019 年位次一致。

除了中国科学院下属的一些研究所以外，还有中国工程物理研究院和中国水利水电科学研究院居前 10 位。其中，中国工程物理研究院由 2018 年的第 1 位下滑到 2019 年的第 2 位，再到 2020 年的第 3 位。

（3）2020 年中国授权发明专利产出的企业分布情况

如表 15-14 所示，在 DI 数据库中，2020 年授权发明专利数量排在前 3 位的企业是华为技术有限公司、OPPO 广东移动通信有限公司和中国石油化工股份有限公司。其中，华为技术有限公司的位次和 2019 年一致，OPPO 广东移动通信有限公司由第 3 位上升至第 2 位。

表 15-14   2020 年中国获得授权专利数居前 10 位的企业

排名	企业	专利授权数
1	华为技术有限公司	6380
2	OPPO 广东移动通信有限公司	3589
3	中国石油化工股份有限公司	2853
4	腾讯科技（深圳）有限公司	2767
5	京东方科技集团股份有限公司	2629
6	珠海格力电器股份有限公司	2514
7	维沃移动通信有限公司	1687
8	中兴通讯股份有限公司	1339
9	北京小米移动软件有限公司	1329
10	联想（北京）有限公司	1166

2020 年，专利授权量超过 2000 件的企业共有 6 家，分别是华为技术有限公司、OPPO 广东移动通信有限公司、中国石油化工股份有限公司、腾讯科技（深圳）有限公司、京东方科技集团股份有限公司和珠海格力电器股份有限公司。其中，除了珠海格力电器股份有限公司以外，其他 5 家企业在 2019 年的年授权量也都超过 2000 件。

15.4   讨论

2020 年，中国的发明专利授权量继续快速增长，居全球首位。目前，中国早已经提前完成了《国家"十三五"科学和技术发展规划》中提出的"本国人发明专利年度授权量进入世界前 5 位"的目标。

此外，从三方专利数和美国专利局及欧洲专利局数据看，中国专利质量的提升也较为明显。

①中国近几年在美国专利商标局的申请专利数量在不断增加，继 2018 年首次超过韩国和德国，居第 3 位后，在 2020 年尽管位次保持不变，但是专利申请量继续增长，约占到美国本土专利申请数的 17.99%。

② 2020 年，中国在美国的专利授权数继续增长，首次超过韩国，仅落后美国本土和日本。

③ 2020 年，中国在欧洲专利局的专利申请量显著增长，位次与 2019 年一致，居第 4 位，仅落后于美国、德国和日本。

④ 2020 年，中国在欧洲专利局的专利授权量继续增长，位次和 2019 年保持不变，居第 6 位，落后于美国、日本、德国、法国和韩国。

⑤最新的三方专利（2021 年 11 月 17 日）显示，2019 年中国发明人拥有的三方专利数为 5597 件，占世界的 9.81%，排在世界第 3 位，与 2018 年持平，仅落后于日本和美国。

最后，从 DI 数据库 2020 年收录中国授权发明专利的分布情况可以看出，中国授权发明专利最多的 10 个领域，分别为计算机，工程仪器，电话和数据传输系统，天然产物和聚合物，科学仪器，电子仪器，导体、电阻器、磁铁、电容器及开关等元件的电化学性能，造纸，唱片，清洁剂、食品和油井应用等其他类，电子应用，以及水、工业废物和污水的化学或生物处理领域，其中计算机专利授权数连续多年遥遥领先于其他领域，水、工业废物和污水的化学或生物处理专利授权数较 2019 年有很大的增长，居第 10 位。在获得授权的专利权人方面，企业中的华为技术有限公司、OPPO 广东移动通信有限公司、中国石油化工股份有限公司、腾讯科技（深圳）有限公司、京东方科技集团股份有限公司和珠海格力电器股份有限公司，相对于其他专利权人而言，有较大数量优势。

16　SSCI 收录中国论文情况统计与分析

对 2020 年 SSCI（Social Science Citation Index）和 JCR（SSCI）数据库收录中国论文进行统计分析，以了解中国社会科学论文的地区、学科、机构分布及发表论文的国际期刊和论文被引用等方面情况。并利用 SSCI 2020 和 SSCI JCR 2020 对中国社会科学研究的学科优势及在国际学术界的地位等情况做出分析。

16.1　引言

2020 年，反映社会科学研究成果的大型综合检索系统"社会科学引文索引"（SSCI）已收录世界社会科学领域期刊 3527 种。SSCI 覆盖的领域涉及人类学、社会学、教育、经济、心理学、图书情报、语言学、法学、城市研究、管理、国际关系和健康等 58 个学科门类。通过对该系统所收录的中国论文的统计和分析研究，可以从一个侧面了解中国社会科学研究成果的国际影响和所处的国际地位。为了帮助广大社会科学工作者与国际同行交流与沟通，也为促进中国社会科学和与之交叉的学科的发展，从 2005 年开始，我们就对 SSCI 收录的中国社会科学论文情况做出统计和简要分析。2020 年，我们继续对中国大陆的 SSCI 论文情况及在国际上的地位做一简要分析。

16.2　研究分析和结论

16.2.1　SSCI 2020 年收录的中国论文的简要统计

2020 年，SSCI 收录的世界文献数共计为 40.88 万篇，与 2019 年收录的 41.2 万篇相比，减少了 0.32 万篇。收录文献数居前 10 位的国家 SSCI 论文数所占份额如表 16-1 所示。中国（含香港和澳门特区，不含台湾地区）被收录的文献数为 40290 篇，比 2019 年增加 8392 篇，增长 26.31%，按收录数排序，中国居世界第 3 位，相比 2019 年排名不变。居前 10 位的国家依次为：美国、英国、中国、澳大利亚、加拿大、德国、西班牙、意大利、荷兰和法国。2020 年，中国社会科学论文数量占比虽有所上升，但与自然科学论文数在国际上的排名相比仍然有所差距。

表 16-1　收录论文数居前 10 位的国家

国家	论文篇数	比例	位次
美国	147563	36.10%	1
英国	44471	10.88%	2
中国	40290	9.86%	3
澳大利亚	27128	6.64%	4

续表

国家	论文篇数	比例	位次
加拿大	24495	5.99%	5
德国	24197	5.92%	6
西班牙	18349	4.49%	7
意大利	16073	3.93%	8
荷兰	15858	3.88%	9
法国	11560	2.83%	10

数据来源：SSCI 2020；截至 2022 年 3 月 22 日。

（1）第一作者论文的地区分布

若不计港澳台地区的论文，2020 年 SSCI 共收录中国机构为第一署名单位的论文为29528 篇，分布于 31 个省（区、市）。论文数超过 500 篇的地区是：北京、江苏、上海、广东、湖北、浙江、四川、陕西、山东、湖南、辽宁、重庆、福建、天津和安徽。这 15 个地区的论文数为 26345 篇，占中国机构为第一署名单位的论文（不包含港澳台）总数的 89.22%。各地区的 SSCI 论文详情如表 16–2 和图 16–1 所示。

表 16–2　中国第一作者论文的地区分布

地区	排名	论文篇数	比例	地区	排名	论文篇数	比例
北京	1	5855	19.83%	河南	17	475	1.61%
江苏	2	2874	9.73%	黑龙江	18	456	1.54%
上海	3	2699	9.14%	江西	19	311	1.05%
广东	4	2401	8.13%	甘肃	20	250	0.85%
湖北	5	1960	6.64%	山西	21	208	0.70%
浙江	6	1733	5.87%	河北	22	203	0.69%
四川	7	1554	5.26%	云南	23	203	0.69%
陕西	8	1280	4.33%	广西	24	192	0.65%
山东	9	1173	3.97%	贵州	25	115	0.39%
湖南	10	1032	3.49%	新疆	26	97	0.33%
辽宁	11	807	2.73%	海南	27	71	0.24%
重庆	12	799	2.71%	内蒙古	28	64	0.22%
福建	13	781	2.64%	宁夏	29	28	0.09%
天津	14	714	2.42%	青海	30	20	0.07%
安徽	15	683	2.31%	西藏	31	5	0.02%
吉林	16	485	1.64%				

注：不计香港特区、澳门特区和台湾地区数据。

数据来源：SSCI 2020。

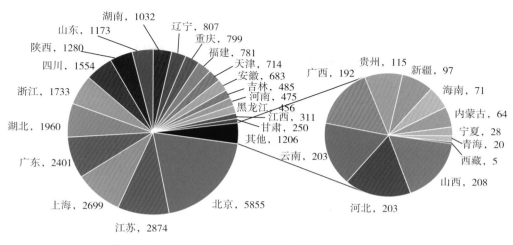

图 16-1 2020 年 SSCI 收录中国第一作者论文的地区分布

注：单位为篇。

（2）第一作者的论文类型

2020 年收录的中国第一作者的 29528 篇论文中：Article 有 27074 篇、Review 有 1309 篇、Book Review 有 395 篇、Editorial Material 有 251 篇和 Letter 有 131 篇，如表 16-3 所示。

表 16-3 SSCI 收录的中国论文类型

论文类型	论文篇数	比例
Article	27074	91.69%
Review	1309	4.43%
Book Review	395	1.34%
Editorial Material	251	0.85%
Letter	131	0.44%
其他①	368	1.25%

数据来源：SSCI 2020。

①其他论文类型包括 Meeting Abstract、Correction 等。

（3）第一作者论文的机构分布

中国 SSCI 论文主要由高等学校的作者产生，共计 27185 篇，占比 92.07%，如表 16-4 所示。其中，4.35% 的论文是由研究院所作者所著。

表 16-4 中国 SSCI 论文的机构分布

机构类型	论文篇数	比例
高等学校	27185	92.07%
研究院所	1283	4.35%
医疗机构①	504	1.71%

续表

机构类型	论文篇数	比例
公司企业	50	0.17%
其他	506	1.71%

数据来源：SSCI 2020。
①这里所指的医疗机构不含附属于大学的医院。

SSCI 2020 收录的中国第一作者论文分布于 870 多家机构中。被收录 10 篇及以上的机构 367 个，其中高等院校 343 个①，科研院所 21 个，医疗机构 3 个。表 16-5 列出了论文数居前 20 位的机构，论文全部产自高等院校。

表 16-5　SSCI 所收录的中国大陆论文数居前 20 位的机构

机构名称	论文篇数	机构名称	论文篇数
北京大学	566	中南大学	332
浙江大学	563	中南大学	332
北京师范大学	557	复旦大学	327
清华大学	524	华东师范大学	314
武汉大学	494	同济大学	307
中山大学	441	四川大学	305
华中科技大学	385	南京大学	288
西安交通大学	359	天津大学	279
东南大学	356	山东大学	277
上海交通大学	350	吉林大学	276

数据来源：SSCI 2020。
①这里所指高校含附属机构。

（4）第一作者论文当年被引用情况

发表当年就被引用的论文，一般来说研究内容都属于热点或大家都较为关注的问题。2020 年，中国的 29528 篇第一作者论文中，当年被引用的论文为 18421 篇，占总数的 62.38%，比 2019 年增长了 21.57%。2020 年，第一作者机构为中国（不含港澳台）机构的论文中，最高被引数为 2053 次，该篇论文产自中日友好医院的 "A novel coronavirus outbreak of global health concern" 一文。

（5）中国 SSCI 论文的期刊分布

目前，SSCI 收录的国际期刊为 3527 种。2020 年，中国以第一作者发表的 29528 篇论文，分布于 3380 种期刊中，比 2019 年发表论文的范围增加 246 种，发表 5 篇以上（含 5 篇）论文的社会科学的期刊为 935 种，比 2019 年增加 104 种。

表 16-6 所示为 SSCI 收录我国作者论文数居前 15 位的社科期刊分布情况，数量最多的期刊是 *Sustainability*，为 2135 篇。

表 16-6　SSCI 收录中国作者论文数居前 15 位的社会科学期刊

论文篇数①	期刊名称
2135	SUSTAINABILITY
1463	INTERNATIONAL JOURNAL OF ENVIRONMENTAL RESEARCH AND PUBLIC HEALTH
777	JOURNAL OF CLEANER PRODUCTION
640	FRONTIERS IN PSYCHOLOGY
469	IEEE ACCESS
305	FRONTIERS IN PSYCHIATRY
301	PLOS ONE
294	ENVIRONMENTAL SCIENCE AND POLLUTION RESEARCH
294	SCIENCE OF THE TOTAL ENVIRONMENT
291	JOURNAL OF AFFECTIVE DISORDERS
261	COMPLEXITY
207	MATHEMATICAL PROBLEMS IN ENGINEERING
180	MEDICINE
172	JOURNAL OF COASTAL RESEARCH
168	LAND USE POLICY

数据来源：SSCI 2020。

①这里所指的论文不限文献类型。

（6）中国社会科学论文的学科分布

2020 年，中国机构作为第一作者单位的 SSCI 论文发文量居前 10 位的学科情况如表 16-7 所示。

表 16-7　SSCI 收录中国机构作为第一作者单位的论文数居前 10 位的学科

排名	主题学科	论文篇数	排名	主题学科	论文篇数
1	经济	5347	6	管理学	472
2	教育	3409	7	图书、情报、文献	330
3	社会、民族	1924	8	法律	278
4	统计	826	9	政治	99
5	语言、文字	497	10	历史、考古	66

2020 年，在 16 个社科类学科分类中，中国在其中 14 个学科中均有论文发表。其中，论文篇数超过 100 篇的学科有 8 个；论文篇数超过 200 篇的分别是经济、教育、社会、民族、统计、语言、文字、管理学、图书、情报、文献、法律，论文数最多的学科为经济学，2020 年共发表论文 5347 篇。

16.2.2　中国社会科学论文的国际显示度分析

（1）国际高影响期刊中的中国社会科学论文

据 SJCR 2020 统计，2020 社会科学国际期刊共有 3527 种。期刊影响因子居前 20 位的期刊如表 16-8 所示，这 20 种期刊发表论文共 2601 篇。若不计港澳台地区的论文，2020 年，中国作者（指论文作者为中国作者）在期刊影响因子居前 20 位社科期刊其中的 11 种期刊中发表 77 篇论文，与 2019 年的 60 篇（10 种期刊）相比，期刊数和论文数均增加，其中，影响因子居前 10 位的国际社会科学期刊中，论文发表单位如表 16-9 所示。

表 16-8　影响因子居前 20 位的 SSCI 期刊

排序	期刊名称	总被引次数	影响因子	即年指标	半衰期	期刊论文数	中国论文数
1	WORLD PSYCHIATRY	9619	49.548	16.773	4.9	115	1
2	PSYCHOLOGICAL SCIENCE IN THE PUBLIC INTEREST	2337	37.857	0.667	7.9	7	0
3	LANCET GLOBAL HEALTH	16663	26.763	23.027	3.0	403	14
4	LANCET PSYCHIATRY	14839	26.481	66.385	2.7	392	8
5	NATURE CLIMATE CHANGE	36321	25.290	6.806	5.2	293	13
6	ANNUAL REVIEW OF PSYCHOLOGY	28065	24.137	7.040	12.9	25	0
7	ANNUAL REVIEW OF PUBLIC HEALTH	9927	21.981	4.621	9.5	30	0
8	LANCET PUBLIC HEALTH	5793	21.648	49.059	1.5	185	9
9	JAMA PSYCHIATRY	19105	21.596	8.113	4.4	259	2
10	INTERNATIONAL REVIEW OF SPORT AND EXERCISE PSYCHOLOGY	1692	20.652	1.800	5.4	15	0
11	TRENDS IN COGNITIVE SCIENCES	33482	20.229	5.265	10.2	122	0
12	NATURE SUSTAINABILITY	4664	19.346	4.300	1.8	177	12
13	LANCET PLANETARY HEALTH	2540	19.173	6.976	2.5	147	7
14	ANNUAL REVIEW OF CLINICAL PSYCHOLOGY	8484	18.561	4.222	8.1	18	0
15	PERSONALITY AND SOCIAL PSYCHOLOGY REVIEW	9303	18.464	3.167	13.1	15	0
16	ANNUAL REVIEW OF ORGANIZATIONAL PSYCHOLOGY AND ORGANIZATIONAL BEHAVIOR	2947	18.333	3.150	4.7	20	0
17	AMERICAN JOURNAL OF PSYCHIATRY	48212	18.112	7.625	14.7	226	4
18	PSYCHOLOGICAL BULLETIN	66721	17.737	4.946	22.3	37	0

续表

排序	期刊名称	总被引次数	影响因子	即年指标	半衰期	期刊论文数	中国论文数
19	PSYCHOTHERAPY AND PSYCHOSOMATICS	6123	17.659	10.405	7.2	84	6
20	ACADEMY OF MANAGEMENT ANNALS	6851	16.438	4.806	7.2	31	1

数据来源：SJCR 2020。

表 16-9　影响因子居前 10 位的 SSCI 期刊中中国机构发表论文情况

序号	发表期刊	论文类型	发表机构	论文题目	第一作者
1	WORLD PSYCHIATRY	Letter	长治医学院附属和平医院	Anxiety and depression among general population in China at the peak of the COVID-19 epidemic	Li Junfeng
2	LANCET GLOBAL HEALTH	Editorial Material	北京大学	Strategies to increase timely uptake of hepatitis B vaccine birth dose	Cui Fuqiang
3		Editorial Material	北京大学第三医院	Trends and social determinants of adolescent marriage and fertility in China	Wang Yuanyuan
4		Article	北京大学	Chinese trends in adolescent marriage and fertility between 1990 and 2015: a systematic synthesis of national and subnational population data	Luo Dongmei
5		Editorial Material	四川大学	Time to spatialise epidemiology in China	Jia Peng
6		Editorial Material	中南大学湘雅医院	Focusing on health-care providers' experiences in the COVID-19 crisis	Xiong Yang
7		Editorial Material	中国卫生发展研究中心	Health system reform in China：the challenges of multimorbidity	Zhai Tiemin
8		Article	武汉大学中南医院	The experiences of health-care providers during the COVID-19 crisis in China：a qualitative study	Liu Qian
9		Letter	武汉红十字会医院	Feasibility of controlling COVID-19	Xiong Nian
10		Editorial Material	中国疾病预防控制中心	Deciphering the power of isolation in controlling COVID-19 outbreaks	Niu Yan
11		Editorial Material	四川大学华西医院	A need to re-focus efforts to improve long-term prognosis after stroke in China	Wu Simiao
12		Letter	西北民族大学	Potential association between COVID-19 mortality and healthcare resource availability	Ji Yunpeng
13		Editorial Material	复旦大学	Moving towards clean cooking in China	Chen Renjie

续表

序号	发表期刊	论文类型	发表机构	论文题目	第一作者
14	LANCET GLOBAL HEALTH	Article	华中科技大学	Cooking fuels and risk of all-cause and cardiopulmonary mortality in urban China：a prospective cohort study	Yu Kuai
15		Article	西安交通大学	Domestic HPV vaccine price and economic returns for cervical cancer prevention in China：a cost-effectiveness analysis	Zou Zhuoru
16	LANCET PSYCHIATRY	Review	重庆医科大学附属第一医院	Comparative efficacy and acceptability of antidepressants，psychotherapies，and their combination for acute treatment of children and adolescents with depressive disorder：a systematic review and network meta-analysis	Zhou Xinyu
17		Editorial Material	中国医科大学附属第一医院	Psychological interventions for people affected by the COVID-19 epidemic	Duan Li
18		Letter	中南大学湘雅二医院	Mental health care for medical staff in China during the COVID-19 outbreak	Chen Qiongni
19		Letter	南方医院	Online mental health services in China during the COVID-19	Liu Shuai
20		Letter	武汉大学人民医院	The mental health of medical workers in Wuhan，China dealing with the 2019 novel coronavirus	Kang Lijun
21		Letter	浙江大学第一附属医院	China legislates against violence to medical workers	Lu Shaojia
22		Letter	浙江大学第一附属医院	China sets up the Specialised Committee of Mental Health Rehabilitation	Lai Jianbo
23		Review	北京师范大学	Effectiveness of digital psychological interventions for mental health problems in low-income and middle-income countries：a systematic review and meta-analysis	Fu Zhongfang
24	NATURE CLIMATE CHANGE	Article	中国科学院大气物理研究所	Increasing ocean stratification over the past half-century	Li Guancheng
25		Article	中国海洋大学	Weakening Atlantic overturning circulation causes South Atlantic salinity pile-up	Zhu Chenyu
26		Article	天津大学	Embodied carbon emissions in the supply chains of multinational enterprises	Zhang Zengkai

续表

序号	发表期刊	论文类型	发表机构	论文题目	第一作者
27	NATURE CLIMATE CHANGE	Article	清华大学	Weakening aerosol direct radiative effects mitigate climate penalty on Chinese air quality	Hong Chaopeng
28		Article	北京大学	Short-lived climate forcers have long-term climate impacts via the carbon-climate feedback	Fu Bo
29		Article	四川大学	Leaf senescence exhibits stronger climatic responses during warm than during cold autumns	Chen Lei
30		Article	中国水产科学研究院	Decreased motility of flagellated microalgae long-term acclimated to CO_2-induced acidified waters	Wang Yitao
31		Article	中国海洋大学	Synchronized tropical Pacific and extratropical variability during the past three decades	Yang Junchao
32		Article	厦门大学	Warming stimulates sediment denitrification at the expense of anaerobic ammonium oxidation	Tan Ehui
33		Article	中国海洋大学	North Pacific subtropical mode water is controlled by the Atlantic Multidecadal Variability	Wu Baolan
34		Article	中国科学院大气物理研究所	Earlier leaf-out warms air in the north	Xu Xiyan
35		Editorial Material	中国科学院大气物理研究所	Warming reduces predictability	Yuan Naiming
36		Article	中国海洋大学	The Pacific Decadal Oscillation less predictable under greenhouse warming	Li Shujun
37	LANCET PUBLIC HEALTH	Article	北京大学	Frailty index and all-cause and cause-specific mortality in Chinese adults: a prospective cohort study	Fan Junning
38		Editorial Material	首都医科大学宣武医院	Measuring frailty in adults in China	Fang Xianghua
39		Article	首都医科大学宣武医院	Prevalence, risk factors, and management of dementia and mild cognitive impairment in adults aged 60 years or older in China: a cross-sectional study	Jia Longfei
40		Article	中国医学科学院阜外心血管病医院	Cardiovascular risk factors in China: a nationwide population-based cohort study	Li Xi

续表

序号	发表期刊	论文类型	发表机构	论文题目	第一作者
41	LANCET PUBLIC HEALTH	Editorial Material	中国疾病预防控制中心	Strengthening public health at the community-level in China	Li Zhongjie
42		Editorial Material	北京中医药大学	Viral pneumonia in China：from surveillance to response	Shang Lianhan
43		Letter	南京医科大学	Adolescent mental health in China requires more attention	Wang Chun
44		Article	中国疾病预防控制中心	Prevalence and causes of vision loss in China from 1990 to 2019：findings from the Global Burden of Disease Study 2019	Xu Tingling
45		Article	中国疾病预防控制中心	E-cigarette use among adults in China：findings from repeated cross-sectional surveys in 2015–16 and 2018–19	Zhao Zhenping
46	JAMA PSYCHIATRY	Letter	四川大学华西医院	Limitations of case register studies for violence and psychiatric disorders	Coid Jeremy W
47		Letter	广州医科大学	Concerns Regarding a Meta-analysis Comparing Psychotherapy With Medications for Posttraumatic Stress Disorder	Zheng Wei

（2）国际高被引期刊中的中国社会科学论文

总被引次数居前 20 位的国际社科期刊如表 16-10 所示，这 20 种期刊共发表论文 29709 篇。不计港澳台地区的论文，中国作者在其中的 17 种期刊共有 4799 篇论文发表，占这些期刊论文总数的 16.15%，相比 2019 年降低了 4.27 个百分点。这 4799 篇论文中，同时也是影响因子居前 20 位的论文共有 4 篇，这 4 篇论文的详细情况如表 16-11 所示。

表 16-10　总被引次数居前 20 位的 SSCI 期刊

序号	期刊名称	总被引频次	影响因子	即年指标	半衰期	期刊论文篇数	中国论文篇数
1	JOURNAL OF PERSONALITY AND SOCIAL PSYCHOLOGY	97124	7.673	3.648	22.2	135	1
2	AMERICAN ECONOMIC REVIEW	71858	9.170	2.121	16.6	118	1
3	SUSTAINABILITY	71638	3.251	0.942	2.3	10688	2135
4	PSYCHOLOGICAL BULLETIN	66721	17.737	4.946	22.3	37	0
5	INTERNATIONAL JOURNAL OF ENVIRONMENTAL RESEARCH AND PUBLIC HEALTH	66102	3.390	1.176	2.6	9597	1463
6	ENERGY POLICY	60369	6.142	1.430	7.8	684	135
7	SOCIAL SCIENCE & MEDICINE	57970	4.634	1.027	10.7	654	29

续表

序号	期刊名称	总被引频次	影响因子	即年指标	半衰期	期刊论文篇数	中国论文篇数
8	FRONTIERS IN PSYCHOLOGY	57312	2.988	0.559	4.3	3843	640
9	JOURNAL OF APPLIED PSYCHOLOGY	56017	7.429	2.481	17.1	82	4
10	ACADEMY OF MANAGEMENT JOURNAL	54951	10.194	3.352	15.9	75	6
11	JOURNAL OF FINANCE	52685	7.544	1.295	18.9	77	0
12	AMERICAN JOURNAL OF PUBLIC HEALTH	51399	9.308	3.181	10.3	639	2
13	STRATEGIC MANAGEMENT JOURNAL	48420	8.641	1.313	15.9	92	2
14	AMERICAN JOURNAL OF PSYCHIATRY	48212	18.112	7.625	14.7	226	4
15	ACADEMY OF MANAGEMENT REVIEW	47985	12.638	5.600	21.1	54	0
16	JOURNAL OF FINANCIAL ECONOMICS	47904	6.988	1.921	13.7	152	8
17	JOURNAL OF AFFECTIVE DISORDERS	46992	4.839	1.439	5.9	1350	291
18	JOURNAL OF BUSINESS RESEARCH	46935	7.550	2.663	6.3	785	56
19	JOURNAL OF BUSINESS ETHICS	46649	6.430	1.831	8.7	331	22
20	ECONOMETRICA	45506	5.844	1.789	32.2	90	0

数据来源：SJCR 2020。

表 16-11 总被引频次和影响因子居前 20 位的 SSCI 期刊中中国机构发表论文情况

序号	发表期刊	论文类型	发表机构	论文题目	第一作者
1	AMERICAN JOURNAL OF PSYCHIATRY	Article	复旦大学	Neural Correlates of the Dual-Pathway Model for ADHD in Adolescents	Shen Chun
2		Article	北京大学	Association Between Ambient Air Pollution and Daily Hospital Admissions for Depression in 75 Chinese Cities	Gu Xuelin
3		Editorial Material	四川大学华西医院	Mental Health Response to the COVID-19 Outbreak in China	Zhou Junying
4		Letter	广州医科大学	The Mental Health Effects of COVID-19 on Health Care Providers in China	Lin Kangguang

数据来源：SJCR 2020 和 SSCI 2020。

16.3 小结

（1）增加社会科学论文数量，提高社会科学论文质量

中国科技和经济实力的发展速度已经引起世界瞩目，无论是自然科学论文还是社会科学论文数均呈逐年增长趋势。随着社会科学研究水平的提高，中国政府也进一步重视社会科学的发展。但与自然科学论文相比，无论是论文总数、国际数据库收录期刊数还是期刊论文的影响因子、被引次数，社会科学论文都有比较大的差距，且与中国目前的国际地位和影响力并不相符。

2020 年，中国的社会科学论文被国际检索系统收录数较 2019 年有所增加，占 2020 年 SSCI 收录的世界文献总数的 9.86%，居世界第 3 位，与 2019 年持平。而自然科学论文的该项值是 23.70%，继续排在世界第 2 位。若不计港澳台地区的论文，在影响因子居前 20 位的社会科学期刊中，中国作者在其中 11 种期刊上发表 77 篇论文；在总被引频次居前 20 位的社会科学期刊中，中国作者在其中 17 种期刊上发表 4799 篇论文，占这些期刊论文总数的 16.15%，中国社会科学论文的国际显示度有所提升。

（2）发展优势学科，加强支持力度

2020 年，在 16 个社科类学科分类中，中国在其中 14 个学科中均有论文发表。其中，论文数超过 100 篇的学科有 8 个；论文数超过 200 篇的分别是经济，教育，社会、民族，统计，语言、文字，管理学，图书、情报、文献，法律，论文数最多的学科为经济学，2020 年共发表论文 5347 篇。我们需要考虑的是如何进一步巩固优势学科的发展，并带动目前影响力稍弱的学科，如我们可以对优势学科的期刊给予重点资助，培育更多该学科的精品期刊等方法。

参考文献

[1] THOMSON SCIENTIFIC 2020. ISI Web of knowledge：Web of science [DB/OL]. [2022-04-22] http：//portal.isiknowledge.com/web of science.

[2] THOMSON SCIENTIFIC 2020. ISI Web of knowledge journal citation reports 2020 [DB/OL]. [2022-04-22]. http：//portal.isiknowledge.com/ journal citation reports.

17　Scopus 收录中国论文情况统计分析

本章从 Scopus 收录论文的国家分布、中国论文的期刊分布、学科分布、高校与科研机构分布、被引情况等角度进行了统计分析。

17.1　引言

Scopus 由全球著名出版商爱思唯尔（Elsevier）研发，收录了来自于全球 5000 余家出版社的 2.1 万余种出版物的约 5000 万项数据记录，是全球最大的文摘和引文数据库。这些出版物包括 2 万种同行评议的期刊（涉及 2800 种开放获取期刊）、365 种商业出版物、7 万余册书籍和 650 万篇会议论文等。

该数据库收录学科全面，涵盖四大门类 27 个学科领域，收录生命科学（农学、生物学、神经科学和药物学等）、社会科学（人文与艺术、商业、历史和信息科学等）、自然科学（化学、工程学和数学等）和健康科学（医学综合、牙医学、护理学和兽医学等）。文献类型则包括 Article、Article-in-Press、Conference paper、Editorial、Erratum、Letter、Note、Review、Short survey 和 Book series 等。

17.2　数据来源

本章以 2020 年 Scopus 收录的中国科技论文进行统计分析。来源出版物类型选择 Journals，文献类型选择 Article 和 Review，出版阶段选择 Final，数据检索时间为 2022 年 1 月，最终共获得 631500 篇文献。

17.3　研究分析与结论

17.3.1　Scopus 收录论文国家分布

2022 年 1 月在 Scopus 数据库中检索到 2020 年收录的世界科技论文总数为 265.51 万篇，比 2019 年增加 10.73%。中国机构科技论文为 63.15 万篇（不包含港澳台地区），超越美国（52.65 万篇），依然占据世界第 1 位，占世界论文总量的 23.78%，较 2019 年上升 0.64 个百分比。排在世界前 5 位的国家分别是：中国、美国、英国、印度和德国，与 2019 年比较，排在世界前 5 的国家和排名均没有变化。排在世界前 10 位的国家及论文篇数如表 17-1 所示。

表 17-1　2020 年 Scopus 收录论文居前 10 位的国家及论文篇数

排名	国家	论文篇数
1	中国	631500
2	美国	526460
3	英国	170796
4	印度	144615
5	德国	144527
6	意大利	109941
7	日本	107230
8	法国	95863
9	加拿大	94039
10	西班牙	93988

17.3.2　中国论文发表期刊分布

Scopus 收录中国论文较多的期刊为：*IEEE Access*、*Science of the Total Environment* 和 *ACS Applied Materials and Interfaces*。收录中国作者论文居前 10 位的期刊如表 17-2 所示。*Chemical Engineering Journal*、*Medicine* 和 *Journal of Cleaner Production* 均为 2020 年新进入 TOP 10 的期刊，与 2019 年相同，*IEEE Access* 仍排在第一位，论文数由 10430 篇略降至 9960 篇。

表 17-2　2020 年收录中国作者论文篇数居前 10 位的期刊

排名	期刊名称	论文篇数
1	IEEE ACCESS	9960
2	SCIENCE OF THE TOTAL ENVIRONMENT	3227
3	ACS APPLIED MATERIALS AND INTERFACES	3200
4	SCIENTIFIC REPORTS	3057
5	CHEMICAL ENGINEERING JOURNAL	2789
6	MEDICINE	2595
7	JOURNAL OF ALLOYS AND COMPOUNDS	2550
8	JOURNAL OF CLEANER PRODUCTION	2476
9	APPLIED SCIENCES SWITZERLAND	2404
10	SUSTAINABILITY SWITZERLAND	2340

17.3.3　中国论文的学科分布

Scopus 数据库的学科分类体系涵盖了 27 个学科。2020 年，Scopus 收录论文中，工程学方面的论文最多，为 172437 篇，总量有所上升，但占中国机构论文数的比例略有下降，由 28.39% 降至 27.31%；之后是材料科学论文 123399 篇，占中国机构论文数的 19.54%；与 2019 年相比，医学上升至第 3 位，论文数为 113731 篇，占中国机构论文数的 18.01%。收录论文居前 10 位的学科如表 17-3 所示。

表 17-3　2020 年 Scopus 收录中国论文篇数居前 10 位的学科领域

排名	学科	论文篇数	比例
1	工程学	172437	27.31%
2	材料科学	123399	19.54%
3	医学	113731	18.01%
4	化学	97522	15.44%
5	物理与天文学	94352	14.94%
6	生物化学、遗传学和分子生物学	92575	14.66%
7	计算机科学	65628	10.39%
8	环境科学	62260	9.86%
9	化学工程学	60280	9.55%
10	农业和生物科学	52844	8.37%

17.3.4　中国论文的机构分布

（1）Scopus 收录论文较多的高等院校

Scopus 收录论文篇数居前 3 位的高等院校为中国科学院大学、浙江大学和清华大学，分别收录了 25998 篇、14363 篇和 13830 篇（如表 17-4 所示）。排名居前 20 位的高校发表论文数均超过了 7000 篇。

表 17-4　2020 年 Scopus 收录论文篇数居前 20 位的高等院校

排名	高等院校	论文篇数	排名	高等院校	论文篇数
1	中国科学院大学	25998	11	哈尔滨工业大学	9293
2	浙江大学	14363	12	四川大学	9099
3	清华大学	13830	13	中国科学技术大学	8858
4	上海交通大学	13068	14	天津大学	8636
5	华中科技大学	11668	15	武汉大学	8319
6	中南大学	11132	16	山东大学	7876
7	中山大学	10722	17	东南大学	7777
8	北京大学	10548	18	同济大学	7676
9	复旦大学	9961	19	南京大学	7348
10	西安交通大学	9448	20	吉林大学	7305

注：该部分的高校论文数据包含附属机构的论文数据。

（2）Scopus 收录论文较多的科研院所

Scopus 收录论文居前 3 位的科研院所为中国工程物理研究院、中国地质科学院地质研究所和中国科学院地理科学与资源研究所，分别收录了 1981 篇、1823 篇和 1810 篇（表 17-5）。排名居前 10 位的科研院所中有 7 个单位为中科院下属研究院所。

表 17-5　2020 年 Scopus 收录中国论文数居前 10 位的科研院所

排名	科研院所	论文篇数
1	中国工程物理研究院	1981
2	中国地质科学院地质研究所	1823
3	中国科学院地理科学与资源研究所	1810
4	中国科学院大连化学物理研究所	1600
5	中国科学院生态环境研究中心	1482
6	中国科学院物理研究所	1335
7	中国科学院化学研究所	1321
8	中国科学院长春应用化学研究所	1204
9	深圳先进技术研究院	1203
10	中国科学院金属研究所	1101

17.3.5　被引情况分析

截至 2022 年 1 月，按照第一作者与第一单位，2020 年 Scopus 收录中国科技论文被引次数居前 10 位的论文情况如表 17-6 所示。被引次数最多的是武汉市金银潭医院 Huang 等在 2020 年发表的题为 "Clinical features of patients infected with 2019 novel coronavirus in Wuhan，China" 的论文，截至 2022 年 1 月其共被引 21530 次；排名居第 2 位的是广州医科大学 Guan 等在 2020 年发表的题为 "Clinical characteristics of coronavirus disease 2019 in China" 的论文，共被引 13924 次；排名居第 3 位的是中国医学科学院呼吸病学研究院的 Zhou 等发表的题为 "Clinical course and risk factors for mortality of adult inpatients with COVID-19 in Wuhan，China：a retrospective cohort study" 的论文，共被引 12447 次。

表 17-6　2020 年 Scopus 收录中国论文被引次数居前 10 位的论文情况

被引次数	第一单位	来源
21530	武汉市金银潭医院	HUANG C M, WANG Y M, LI X W, et al. Clinical features of patients infected with 2019 novel coronavirus in Wuhan, China[J]. The lancet, 2020, 395(10223): 497–506.
13924	广州医科大学	GUAN W J, NI Z Y, HU Y, et al. Clinical characteristics of coronavirus disease 2019 in China[J]. New England journal of medicine, 2020, 382(18): 1708–1720.
12447	中国医学科学院呼吸病学研究院	ZHOU F, YU T, DU R H, et al. Clinical course and risk factors for mortality of adult inpatients with COVID-19 in Wuhan, China: a retrospective cohort study[J]. The lancet, 2020, 395(10229): 1054–1062.
11937	中国疾病预防控制中心病毒病预防控制所	ZHU N, ZHANG D Y, WANG W L, et al. China novel coronavirus investigating and research team, A novel coronavirus from patients with pneumonia in China, 2019[J]. New England journal of medicine, 2020, 382(8): 727–733.
11380	武汉大学中南医院	WANG D W, HU B, HU C, et al. Clinical characteristics of 138 hospitalized patients with 2019 novel coronavirus–infected pneumonia in Wuhan, China[J]. JAMA – Journal of the American medical association, 2020, 323(11): 1061–1069.
9924	武汉市金银潭医院	CHEN N S, ZHOU M, DONG X, et al. Epidemiological and clinical characteristics of 99 cases of 2019 novel coronavirus pneumonia in Wuhan, China: a descriptive study[J]. The lancet, 2020, 395(10223): 507–513.

续表

被引次数	第一单位	来源
9270	中国科学院武汉病毒研究所	ZHOU P, YANG X L, WANG X G, et al. A pneumonia outbreak associated with a new coronavirus of probable bat origin[J]. Nature, 2020, 579(7798): 270–273.
7469	中国疾病预防控制中心	LI Q, GUAN X H, WU P, et al. Early transmission dynamics in Wuhan, China, of novel coronavirus–infected pneumonia[J]. New England journal of medicine, 2020, 382(13): 1199–1207.
5559	中国疾病预防控制中心	LU R J, ZHAO X, LI J, et al. Genomic characterisation and epidemiology of 2019 novel coronavirus: implications for virus origins and receptor binding[J]. The lancet, 2020, 395(10224): 565–574.
4764	华中科技大学同济医学院	YANG X B, YU Y, XU J Q, et al. Clinical course and outcomes of critically ill patients with SARS–CoV–2 pneumonia in Wuhan, China: a single–centered, retrospective, observational study[J]. The lancet respiratory medicine, 2020, 8(5): 475–481.

17.4　小结

本章从 2020 年 Scopus 收录论文国家分布，以及中国论文的期刊分布、学科分布、机构分布和被引情况等方面进行了分析，我们可以得知：

①从全球科学论文产出的角度而言，中国发表论文数居全球第 1 位，超越美国。

②中国的优势学科为：工程学、材料科学和医学等。

③ Scopus 收录中国论文中，高等院校发表论文较多的有中国科学院大学、浙江大学和清华大学；科研院所中中国科学院所属研究所占据绝对主导地位，发表论文较多的有中国工程物理研究院、中国地质科学院地质研究所和中国科学院地理科学与资源研究所。

④ 2020 年 Scopus 收录中国论文中，被引次数最高的论文归属机构是武汉市金银潭医院。

参考文献

[1]　中国科学技术信息研究所 . 2019 年度中国科技论文统计与分析（年度研究报告）[M]. 北京：科学技术文献出版社，2021.

18　中国台湾、香港和澳门科技论文情况分析

18.1　引言

    中国台湾地区、香港特别行政区及澳门特别行政区的科技论文产出也是中国科技论文统计与分析关注和研究的重点内容之一。本章介绍了 SCI、Ei 和 CPCI-S 三系统收录 3 个地区的论文情况，为便于对比分析，还采用了 InCites 数据。通过学科、地区、机构分布情况和被引用情况等方面对三地区进行统计和分析，以揭示中国台湾地区、香港特别行政区及澳门特别行政区的科研产出情况。

18.2　研究分析与结论

18.2.1　中国台湾地区、香港特区和澳门特区 SCI、Ei 和 CPCI-S 三系统科技论文产出情况

（1）SCI 收录三地区科技论文情况分析

    主要反映基础研究状况的 SCI（Science Citation Index）2020 年收录的世界科技论文总数共计 2332742 篇，比 2019 年的 2292834 篇增加 39908 篇，增长 1.74%。

    2020 年，SCI 收录中国台湾地区论文 33815 篇，比 2019 年的 30827 篇增加 2988 篇，增长 9.69%。总数占 SCI 收录论文总数的 1.45%。

    2020 年，SCI 收录中国香港特区为发表单位的论文数共计 21999 篇，比 2019 年的 19286 篇增加 2713 篇，增长 14.07%，占 SCI 收录论文总数的 0.94%。

    2020 年，SCI 收录中国澳门特区论文 3036 篇，比 2019 年的 2363 篇增加了 673 篇，增长 28.48%。

    图 18-1 是 2015—2020 年中国台湾地区和香港特区被 SCI 收录论文数量的变化趋势。如图所示，近 6 年来，中国香港特区被 SCI 收录论文数呈稳步上升趋势，中国台湾地区被 SCI 收录论文数在 2017 年有所下降，2018 年起呈上升势头。

（2）CPCI-S 收录三地区科技论文情况

    科技会议文献是重要的学术文献之一，2020 年 CPCI-S（Conference Proceedings Citation Index-Science）共收录世界论文总数为 368393 篇，比 2019 年的 476647 篇减少 108254 篇，下降 22.71%。

    2020 年，CPCI-S 共收录中国台湾地区科技论文 3265 篇，比 2019 年的 6519 篇减少 3254 篇，下降 49.92%。

    2020 年，CPCI-S 共收录中国香港特区论文 2040 篇，比 2019 年的 3697 篇减少 1657 篇，

下降 44.82%。

2020 年，CPCI-S 共收录中国澳门特区论文 273 篇，比 2018 年的 391 篇减少 118 篇，降低 30.18%。

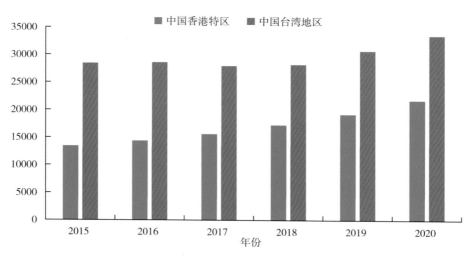

图 18-1   2015—2020 年中国台湾地区和香港特区被 SCI 收录论文数量变化趋势

（3）Ei 收录三地区科技论文情况分析

反映工程科学研究的"工程索引"（Engineering Index，Ei）在 2020 年共收录世界科技论文 996727 篇，比 2019 年 800106 篇增加 196621 篇，增长 24.57%。

2020 年，Ei 共收录中国台湾地区科技论文 14754 篇，比 2019 年的 10717 篇增加 4037 篇，上升 37.67%；占被收录世界科技论文总数的 1.48%。

2020 年，Ei 共收录中国香港特区科技论文 12544 篇，比 2019 年的 9016 篇增加 3528 篇，上升 39.13%；占被收录世界科技论文总数的 1.26%。

2020 年，Ei 共收录中国澳门特区科技论文 1814 篇，比 2019 年 1052 篇增加 762 篇，上升 72.43%。

18.2.2   中国台湾地区、香港特区和澳门特区 Web of Science 论文数及被引用情况分析

汤森路透的 InCites 数据库中集合了近 30 年来 Web of Science 核心合集（包含 SCI、SSCI 和 CPCI-S 等）七大索引数据库的数据，拥有多元化的指标和丰富的可视化效果，可以辅助科研管理人员更高效地制定战略决策。通过 InCites，能够实时跟踪一个国家（地区）的研究产出和影响力；将该国家（地区）的研究绩效与其他国家（地区）及全球的平均水平进行对比。

如表 18-1 所示，在 InCites 数据库中，与 2019 年相比，2020 年中国台湾地区、香港特区和澳门特区的论文数与内地论文数的差距更大。从论文被引频次情况看，除澳门特区外其他地区的论文被引频次都比 2019 年有不同程度的下降。从学科规范化的引文

影响力看，澳门特区论文的影响力最高，为 2.38；香港特区论文的影响力其次，为 2.02；台湾地区论文的影响力为 1.17，中国内地为 1.19，均高于 2019 年。从被引次数排名前 1% 的论文比例看，香港特区和澳门特区的比例最高，分别为 3.34% 和 3.11%，大陆和台湾地区的比例分别为 1.63% 和 1.46%。从高被引论文看，中国内地数量为 7900 篇，比 2019 年的 7152 篇增加 748 篇，增长 10.46%；中国香港特区和台湾地区高被引论文数，分别为 655 篇和 422 篇；澳门特区最少，只有 74 篇，比 2019 年增加 32 篇。从热门论文比例看，香港特区的比例最高，为 0.41%；澳门特区为 0.32%；台湾地区为 0.16%，中国内地为 0.11%。从国际合作论文数看，中国内地的国际合作论文数最多，为 164741 篇，中国台湾地区为 17333 篇，香港和澳门特区的国际合作论文数分别为 11947 篇和 1041 篇；从相对于全球平均水平的影响力看，中国澳门特区和香港特区的该指标最高，分别为 3.13 和 2.71，中国内地和台湾地区则分别为 1.60 和 1.26。

表 18-1   2019—2020 年 Web of Science 收录中国内地、台湾地区、
香港特区和澳门特区论文及被引用情况

国家（地区）	中国内地		香港特区		台湾地区		澳门特区	
	2019 年	2020 年	2019 年	2020 年	2019 年	2020 年	2019 年	2020 年
Web of Science 论文数	580154	646289	24922	28456	37343	40978	2329	2830
学科规范化的引文影响力	1.12	1.19	1.70	2.02	1.15	1.17	1.54	2.38
被引频次	2424431	4037944	128805	301666	117836	201816	12521	34583
论文被引比例	69.14%	74.71%	70.16%	76.63%	61.34%	69.98%	72.78%	79.79%
平均比例	57.80%	45.14%	52.22%	52.49%	63.51%	41.87%	50.23%	53.19%
被引次数排名居前 1% 的论文比例	1.53%	1.63%	2.77%	3.34%	1.32%	1.46%	2.92%	3.11%
被引次数排名居前 10% 的论文比例	11.55%	12.29%	17.35%	19.51%	8.76%	10.52%	17.22%	18.30%
高被引论文篇数	7152	7900	509	655	333	422	60	74
高被引论文比例	1.23%	1.22%	2.04%	2.30%	0.89%	1.03%	2.58%	2.61%
热门论文比例	0.11%	0.11%	0.30%	0.41%	0.14%	0.16%	0.09%	0.32%
国际合作论文篇数	147323	164741	10300	11947	14203	17333	857	1041
相对于全球平均水平的影响力	1.58	1.60	1.95	2.71	1.19	1.26	2.03	3.13

注：以上 2019 年和 2020 年论文和被引用情况按出版年计算。

数据来源：2019 年和 2020 年 InCites 数据。

18.2.3   中国台湾地区、香港特区和澳门特区 SCI 收录论文分析

SCI 中涉及的文献类型有 Article、Review、Letter、News、Meeting Abstracts、Correction、Editorial Material、Book Review 和 Biographical-Item 等，遵从一些专家的意见和经过我们研究决定，将 Article 和 Review 这 2 类文献作为各论文统计的依据。以下所述 SCI 收录论文的机构、学科和期刊分析都基于此，不再另注。

（1）SCI 收录台湾地区科技论文情况及被引用情况分析

2020 年，第一作者所在单位位于台湾地区发表的论文共计 16685 篇，占台湾地区发表论文总数的 55.02%。图 18-2 是 SCI 收录的台湾地区论文中，第一作者为非台湾地区论文的主要国家（地区）分布情况。其中，第一作者为中国内地和美国的论文数最多，分别为 2875 篇和 1270 篇，共占非台湾地区第一作者论文总数的 64.86%。其次为印度（566篇）、日本（528 篇）、越南（242 篇）、澳大利亚（223 篇）、英国（204 篇），其他国家或地区论文数均不足 200 篇。

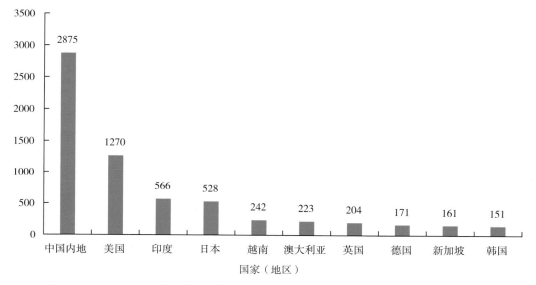

图 18-2　2020 年 SCI 收录的第一作者为非台湾地区论文的主要国家（地区）分布情况

2020 年，中国台湾地区 Article 和 Review 论文的学科规范化的引文影响力、被引频次、被引次数排名前 10% 的论文百分比、国际合作论文百分比、论文被引百分比、引文影响力等指标均低于 2019 年，但是国际合作论文数、高被引论文数、热门论文百分比、国际合作论文百分比等 4 个指标高于 2019 年（表 18-2）。

表 18-2　2019—2020 年 SCI 收录中国台湾地区论文数及被引情况

年度	学科规范化的引文影响力	被引频次	论文被引比例	引文影响力	国际合作论文篇数	被引次数排名居前 10% 的论文比例	高被引论文篇数	热门论文比例	国际合作论文比例
2019	1.02	109791	75.99%	4.16	10995	9.34%	317	0.18%	41.62%
2020	0.81	103314	75.54%	4.06	6357	7.16%	113	0.04%	25.00%

2020 年，SCI 收录中国台湾地区论文前 10 名的高校与 2019 年大部分一致，高校排名略有不同。SCI 收录台湾地区论文较多的前 10 所高校共发表论文 8047 篇，占第一作者为台湾地区论文总数的 48.23%（表 18-3）。

表 18-3　2020 年 SCI 收录中国台湾地区论文数居前 10 位的高等院校

高等院校	论文篇数	排名
台湾大学	1952	1
台湾成功大学	1265	2
台湾交通大学	828	3
台湾"清华大学"	751	3
台北医学大学	638	5
台湾"中兴大学"	563	6
台北科技大学	543	7
台湾科技大学	528	8
长庚大学	499	9
台湾"中央大学"	480	10

2020 年，SCI 收录中国台湾地区论文数较多的研究机构如表 18-4 所示，台湾"中央研究院"论文数最多，为 629 篇，其次是台湾卫生研究院、台湾防御医学中心、台湾工业技术研究院和台湾核能研究所。

表 18-4　2020 年 SCI 收录中国台湾地区论文数居前 5 位的研究机构

研究机构名称	论文篇数	排名
台湾"中央研究院"	629	1
台湾卫生研究院	131	2
台湾防御医学中心	84	3
台湾工业技术研究院	32	4
台湾核能研究所	30	5

表 18-5 为 2020 年 SCI 收录中国台湾地区论文篇数居前 10 位的医疗机构，长庚纪念医院以 493 篇居第 1 位，台北荣民总医院和台大医院分别居第 2 位和第 3 位。

表 18-5　2020 年 SCI 收录中国台湾地区论文篇数居前 10 位的医疗机构

医疗机构名称	论文篇数	排名
长庚纪念医院	493	1
台北荣民总医院	488	2
台大医院	421	3
高雄长庚纪念医院	263	4
台湾马偕纪念医院	173	5
奇美医学中心	161	6
台中荣民总医院	156	7
高雄荣民总医院	148	8
台湾三军总医院	146	9
花莲慈济医院	141	10

按中国学科分类标准 40 个学科分类，2020 年 SCI 收录的第一作者为中国台湾地区的论文所在学科较多是临床医学，生物，化学，物理及电子、通信与自动控制。图 18-3 是 2020 年 SCI 收录中国台湾地区论文篇数较多的学科分布情况。

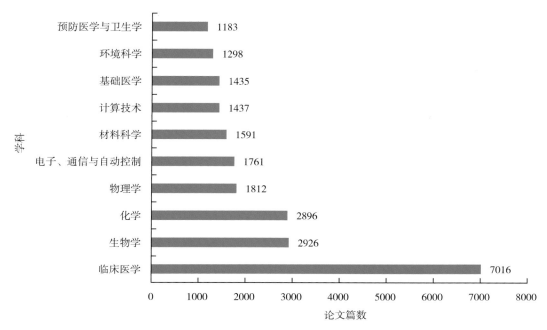

图 18-3   2020 年 SCI 收录中国台湾地区论文篇数较多的前 10 个学科的分布情况

2020 年，SCI 收录第一作者为中国台湾地区的论文分布在 4709 种期刊上，收录论文最多的 10 种期刊如表 18-6 所示，共收录论文 3661 篇，占第一作者为台湾地区论文总数的 21.68%。

表 18-6   2020 年 SCI 收录中国台湾地区论文最多的前 10 种期刊

期刊名称	论文篇数	排名
SCIENTIFIC REPORTS	613	1
IEEE ACCESS	492	2
INTERNATIONAL JOURNAL OF ENVIRONMENTAL RESEARCH AND PUBLIC HEALTH	432	3
APPLIED SCIENCES–BASEL	411	4
INTERNATIONAL JOURNAL OF MOLECULAR SCIENCES	390	5
SUSTAINABILITY	351	6
PLOS ONE	316	7
SENSORS	231	8
MEDICINE	217	9
JOURNAL OF THE FORMOSAN MEDICAL ASSOCIATION	208	10

（2）SCI 收录中国香港特区科技论文情况分析

2020 年，SCI 收录香港特区论文 19799 篇，其中第一作者为香港特区的论文共计 6881 篇，占总数的 34.75%。图 18-4 是 SCI 收录的香港特区论文中，第一作者为非中国香港特区论文的主要国家（地区）分布情况。排在第 1 位的仍是中国内地，共计 9300 篇，占中国香港特区论文总数的 46.97%。

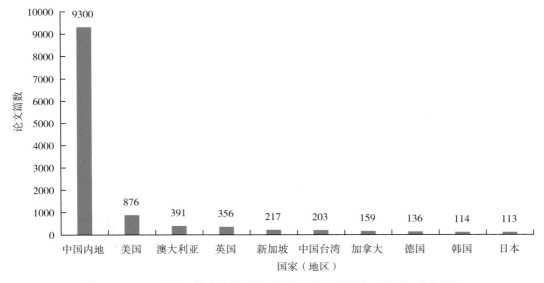

图 18-4　2020 年第一作者为非香港特区论文的主要国家（地区）分布情况

2020 年，中国香港特区的 Article 和 Review 被引频次为 113670；学科规范化的引文影响力为 1.64；论文被引百分比为 80.67%；引文影响力为 8.87；国际合作论文 3906 篇；被引次数排名前 10% 的论文百分比为 17.47%；高被引论文为 248 篇；热门论文百分比 0.33%；国际合作论文百分比 30.48%。与 2019 年相比，香港特区 2020 年被引频次、论文被引百分比、引文影响力等多项项指标均略有下降（表 18-7）。

表 18-7　2019—2020 年香港特区 SCI 论文篇数及被引用情况

年度	学科规范化的引文影响力	被引频次	论文被引比例	引文影响力	国际合作论文篇数	被引次数排名居前 10% 的论文比例	高被引论文篇数	热门论文比例	国际合作论文比例
2019	1.41	135696	87.57%	11.83	3345	17.70%	188	0.03%	29.16%
2020	1.64	113670	80.67%	8.87	3906	17.47%	248	0.33%	30.48%

2020 年，SCI 收录香港特区论文较多的前 6 所高等院校共发表论文 6729 篇，占第一作者为香港特区论文总数的 97.79%，前 6 所高等院校与 2019 年一致，位次有所变化。表 18-8 为 2020 年 SCI 收录中国香港特区论文篇数居前 6 位的高等院校，表 18-9 为 2020 年 SCI 收录中国香港特区论文篇数居前 6 位的医疗机构。

表 18-8　2020 SCI 收录中国香港特区论文前 6 名高校

高等院校	论文篇数	排名	高等院校	论文篇数	排名
香港大学	1708	1	香港城市大学	1035	4
香港理工大学	1498	2	香港科技大学	834	5
香港中文大学	1408	3	香港浸会大学	246	6

表 18-9　2020 SCI 收录中国香港特区论文篇数居前 6 位的医疗机构

医疗机构	论文篇数	排名	医疗机构	论文篇数	排名
玛丽医院	40	1	威尔斯亲王医院	12	4
伊利沙伯医院	16	2	香港儿童医院	8	5
香港养和医院	13	3	广华医院	8	5

按中国学科分类标准 40 个学科分类，2020 年 SCI 收录第一作者为中国香港特区的论文所属学科最多的是临床医学类，共计 3582 篇，占第一作者为香港特区论文总数的52.06%。其次是化学和生物。图 18-5 是 2020 年 SCI 收录中国香港特区论文篇数较多的学科的分布情况。

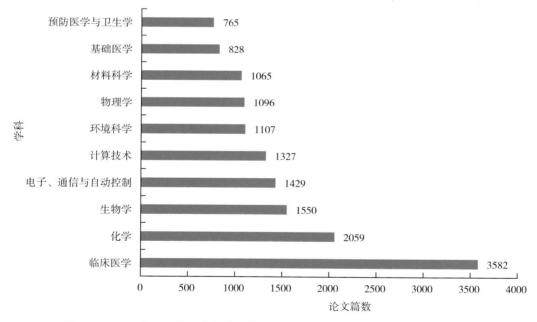

图 18-5　2020 年 SCI 收录中国香港特区论文篇数较多的前 10 个学科的分布情况

2020 年，SCI 收录的第一作者为中国香港特区的论文共分布在 3930 种期刊上，收录论文篇数居前 10 位的期刊及论文情况如表 18-10 所示。

表 18-10　2020 年 SCI 收录中国香港特区论文篇数居前 10 位的期刊

刊名	论文篇数	排名
IEEE ACCESS	209	1
INTERNATIONAL JOURNAL OF ENVIRONMENTAL RESEARCH AND PUBLIC HEALTH	207	2
ACS APPLIED MATERIALS & INTERFACES	161	3
SCIENCE OF THE TOTAL ENVIRONMENT	158	4
SCIENTIFIC REPORTS	138	5
NATURE COMMUNICATIONS	133	5
JOURNAL OF CLEANER PRODUCTION	127	7
PLOS ONE	103	8
SUSTAINABILITY	103	8
HONG KONG MEDICAL JOURNAL	100	10

（3）SCI 收录中国澳门特区科技论文情况分析

2020 年，SCI 收录中国澳门特区论文 2911 篇，其中第一作者为澳门特区的论文共计 885 篇，占总数的 30.40%。

第一作者为非澳门特区作者的论文中，论文数最多的国家（地区）是中国内地（1708 篇），其次为香港特区（108 篇）和美国（62 篇）。

第一作者为中国澳门特区的论文中，学科前 5 名为：电子、通信与自动控制，临床医学、计算技术、生物、化学，论文篇数分别为：395 篇、334 篇、327 篇、270 篇和 260 篇。发表论文数最多的单位是澳门大学和澳门科技大学，分别为 584 篇和 227 篇。

18.2.4　中国台湾地区、香港特区和澳门特区 CPCI-S 收录论文分析

CPCI-S 的论文分析限定于第一作者的 Proceedings Paper 类型的文献。

（1）CPCI-S 收录中国台湾地区科技论文情况

2020 年，中国台湾地区以第一作者发表的 Proceedings Paper 共计 3265 篇。

2020 年，CPCI-S 收录第一作者为中国台湾地区的论文出自 743 个会议录。如表 18-11 所示为收录台湾地区论文篇数居前 10 位的会议，共收录论文 654 篇。

表 18-11　2020 年 CPCI-S 收录中国台湾地区论文篇数居前 10 位的会议

会议名称	会议地点	论文篇数	排名
7TH IEEE INTERNATIONAL CONFERENCE ON CONSUMER ELECTRONICS TAIWAN ICCE TAIWAN	中国台湾地区	195	1
25TH OPTO ELECTRONICS AND COMMUNICATIONS CONFERENCE OECC	日本	68	2
IEEE INTERNATIONAL CONFERENCE ON ACOUSTICS SPEECH AND SIGNAL PROCESSING	西班牙	61	3
15TH INTERNATIONAL MICROSYSTEMS PACKAGING ASSEMBLY AND CIRCUITS TECHNOLOGY CONFERENCE IMPACT	中国台湾地区	57	4

续表

会议名称	会议地点	论文篇数	排名
IEEE INTERNATIONAL SYMPOSIUM ON CIRCUITS AND SYSTEMS ISCAS	西班牙	50	5
INTERNATIONAL AUTOMATIC CONTROL CONFERENCE CACS	中国台湾地区	49	6
70TH IEEE ELECTRONIC COMPONENTS AND TECHNOLOGY CONFERENCE ECTC	美国	46	7
IEEE GLOBAL COMMUNICATIONS CONFERENCE GLOBECOM ON ADVANCED TECHNOLOGY FOR 5G PLUS	中国台湾地区	46	8
ASIA PACIFIC SIGNAL AND INFORMATION PROCESSING ASSOCIATION ANNUAL SUMMIT AND CONFERENCE APSIPA ASC	新西兰	41	9
CONFERENCE ON LASERS AND ELECTRO OPTICS CLEO	美国	41	10

2020 年，CPCI-S 收录中国台湾地区论文数居前 10 位的高院学校和居前 5 位的研究机构排名分别如表 18-12 和表 18-13 所示。其中，收录论文数最多的高等院校是台湾阳明交通大学，共计 491 篇。前 10 名的高等院校论文数共计 2292 篇，占第一作者为中国台湾地区论文总数的 70.19%。被 CPCI-S 收录论文数较多的研究机构为台湾"中央研究院"，台湾工业技术研究院、台湾实验研究院、台湾半导体研究中心和台湾核能研究所。

表 18-12　2020 年 CPCI-S 收录中国台湾地区论文数居前 10 位的高等院校

高等院校	论文篇数	排名
台湾阳明交通大学	491	1
台湾大学	458	2
台湾"清华大学"	351	3
台湾成功大学	220	4
台北科技大学	167	5
台湾科技大学	158	6
台湾"中央大学"	153	7
台湾"中山大学"	130	8
台湾"中兴大学"	83	9
台湾云林科技大学	81	10

表 18-13　2020 年 CPCI-S 收录中国台湾地区论文数居前 5 位的研究机构

研究机构名称	论文数	排名
台湾"中央研究院"	144	1
台湾工业技术研究院	84	2
台湾实验研究院	33	3
台湾半导体研究中心	23	4
台湾核能研究所	16	5

2020 年，CPCI-S 收录中国台湾地区论文数居前 10 位的学科如图 18-6 所示。收录论文数最多的学科是计算技术，共 839 篇。

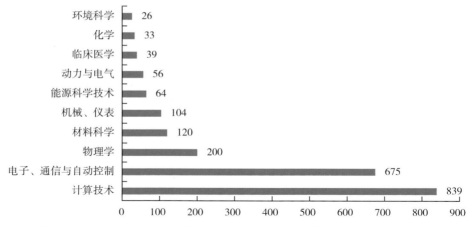

图 18-6 2020 年 CPCI-S 收录中国台湾地区论文数居前 10 位的学科分布情况

（2）CPCI-S 收录中国香港特区科技论文情况分析

2020 年，第一作者为中国香港特区发表的 Proceedings Paper 共计 2040 篇。

2020 年，CPCI-S 收录中国香港特区的论文出自 532 个会议录。表 18-14 为收录香港特区论文数居前 10 位的会议，共收录论文 472 篇。

表 18-14 2020 年 CPCI-S 收录中国香港特区论文数居前 10 位的会议

会议名称	会议地点	论文篇数	排名
34TH AAAI CONFERENCE ON ARTIFICIAL INTELLIGENCE 32ND INNOVATIVE APPLICATIONS OF ARTIFICIAL INTELLIGENCE CONFERENCE 10TH AAAI SYMPOSIUM ON EDUCATIONAL ADVANCES IN ARTIFICIAL INTELLIGENCE	美国	80	1
IEEE CVF CONFERENCE ON COMPUTER VISION AND PATTERN RECOGNITION CVPR	美国	64	2
IEEE INTERNATIONAL CONFERENCE ON ACOUSTICS SPEECH AND SIGNAL PROCESSING	西班牙	56	3
IEEE RSJ INTERNATIONAL CONFERENCE ON INTELLIGENT ROBOTS AND SYSTEMS IROS	美国	51	4
IEEE INTERNATIONAL CONFERENCE ON ROBOTICS AND AUTOMATION ICRA	法国	44	5
IEEE GLOBAL COMMUNICATIONS CONFERENCE GLOBECOM ON ADVANCED TECHNOLOGY FOR 5G PLUS	中国台湾地区	42	6
IEEE INTERNATIONAL CONFERENCE ON COMMUNICATIONS IEEE ICC WORKSHOP ON NOMA FOR 5G AND BEYOND	线上会议	42	7
CONFERENCE ON LASERS AND ELECTRO OPTICS CLEO	美国	32	8
IEEE 36TH INTERNATIONAL CONFERENCE ON DATA ENGINEERING ICDE	美国	32	8
IEEE INTERNATIONAL SYMPOSIUM ON INFORMATION THEORY ISIT	美国	29	10

2020 年，CPCI-S 收录中国香港特区论文数居前 6 位的单位如表 18-15 所示，都为大学。论文数最多的单位是香港中文大学，共计 786 篇，占第一作者为中国香港特区论文总数的 22.31%。

表 18-15　2019 年 CPCI-S 收录香港特区论文数居前 6 位的单位

机构名称	论文数	排名
香港中文大学	786	1
香港大学	491	2
香港科技大学	405	3
香港城市大学	380	4
香港理工大学	317	5
香港浸会大学	95	6

2020 年，CPCI-S 收录香港特区论文数居前 10 位的学科如图 18-7 所示。其中，收录论文数最多的学科是计算技术，多达 762 篇，领先于其他学科，其次是电子、通信与自动控制等学科。

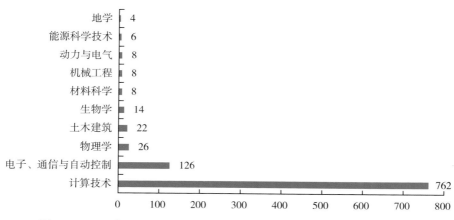

图 18-7　2020 年 CPCI-S 收录香港特区论文数居前 10 位的学科的分布情况

（3）CPCI-S 收录中国澳门特区科技论文情况分析

2020 年，第一作者为澳门特区的 Proceedings Paper 共计 273 篇。其中，122 篇是电子、通信与自动控制类，77 篇是计算技术类，其他学科论文均不足 10 篇。CPCI-S 共收录澳门大学发表论文 83 篇，CPCI-S 共收录澳门科技大学发表论文 59 篇。

18.2.5　中国台湾地区、香港特区和澳门特区 Ei 收录论文分析

（1）Ei 收录中国台湾地区科技论文情况分析

2020 年，Ei 收录第一作者为中国台湾地区的论文共计 10373 篇。

表 18-16 为 Ei 收录中国台湾地区论文数居前 10 位的高等院校，共发表论文 4987 篇，

占第一作者论文总数的 10.09%，排在第 1 位的是台湾大学，共收录 1047 篇。

表 18-16 2020 年 Ei 收录中国台湾地区论文数居前 10 位的高等院校

高等院校	论文篇数	排名
台湾大学	1047	1
台湾成功大学	774	2
台湾交通大学	604	3
台湾"清华大学"	586	4
台湾科技大学	512	5
台湾"中央大学"	370	6
台北科技大学	369	7
台湾"中兴大学"	261	8
台湾"中山大学"	253	9
高雄科技大学	211	10

图 18-8 为 2020 年 Ei 收录的第一作者为中国台湾地区论文数居前 10 位的学科分布情况。在这 10 个学科共发表论文 7730 篇，占总数的 74.52%。排在第 1 位的是生物学，其次是地学，电子、通信与自动控制，材料科学等学科。

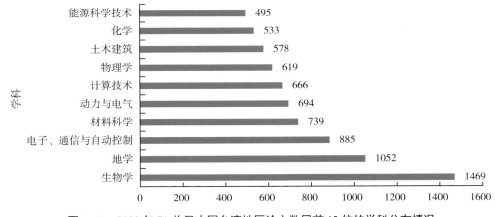

图 18-8 2020 年 Ei 收录中国台湾地区论文数居前 10 位的学科分布情况

Ei 收录的第一作者为中国台湾地区的论文分布在 1541 种期刊上。表 18-17 为 2020 年 Ei 收录中国台湾地区论文数居前 10 位的期刊。

表 18-17 2020 年 Ei 收录中国台湾地区论文数居前 10 位的种期刊

期刊名称	论文数	排名
IEEE ACCESS	373	1
PHYSICS LETTERS, SECTION A: GENERAL, ATOMIC AND SOLID STATE PHYSICS	246	2
SENSORS（SWITZERLAND）	210	3

续表

期刊名称	论文数	排名
POLYMERS	149	4
INORGANICA CHIMICA ACTA	143	5
ENERGIES	122	6
ACS APPLIED MATERIALS AND INTERFACES	119	7
ANALYTICAL BIOCHEMISTRY	113	8
MEDICAL PHYSICS	99	9
SENSORS AND MATERIALS	98	10

（2）Ei 收录中国香港特区科技论文情况分析

2020 年，中国香港特区以第一作者发表的 Ei 论文共计 4873 篇。

表 18-18 为 Ei 收录中国香港特区论文数居前 6 位的高等院校，共发表论文 880 篇，占第一作者论文总数的 55.16%。排在第 1 位的是香港城市大学，共发表论文 880 篇。

表 18-18　2020 年 Ei 收录中国香港特区论文数居前 6 位的高等院校

高等院校	论文篇数	排名
香港城市大学	880	1
香港理工大学	573	2
香港科技大学	397	3
香港大学	357	4
香港中文大学	348	5
香港浸会大学	113	6

图 18-9 为 2020 年 Ei 收录的第一作者为中国香港特区的论文数居前 10 位的学科分布情况。在这 10 个学科共发表论文 3484 篇，占总数的 72.03%。排在第 1 位的是生物学，共计 572 篇。

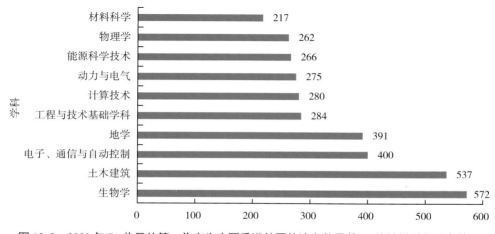

图 18-9　2020 年 Ei 收录的第一作者为中国香港特区的论文数居前 10 位的学科的分布情况

Ei 收录的第一作者为中国香港特区论文分布在 1052 种期刊上。表 18-19 为 2020 年 Ei 收录中国香港特区论文数居前 10 位的期刊。

表 18-19　2020 年 Ei 收录中国香港特区论文数居前 10 位的期刊

期刊名称	论文篇数	排名
PHYSICS LETTERS, SECTION A: GENERAL, ATOMIC AND SOLID STATE PHYSICS	121	1
SCIENCE OF THE TOTAL ENVIRONMENT	66	2
IEEE ACCESS	64	3
INORGANICA CHIMICA ACTA	61	4
ACS APPLIED MATERIALS AND INTERFACES	57	5
JOURNAL OF CLEANER PRODUCTION	54	6
ANGEWANDTE CHEMIE – INTERNATIONAL EDITION	48	7
BUILDING AND ENVIRONMENT	46	8
ENVIRONMENTAL TECHNOLOGY	46	8
IEEE ROBOTICS AND AUTOMATION LETTERS	36	10

（3）Ei 收录中国澳门特区科技论文情况分析

2020 年，Ei 收录第一作者为中国澳门特区的论文共计 469 篇。其中，澳门大学发表论文 346 篇，澳门科技大学发表 92 篇；从学科来看，工程与技术基础学科的论文数较多（图 18-10）。

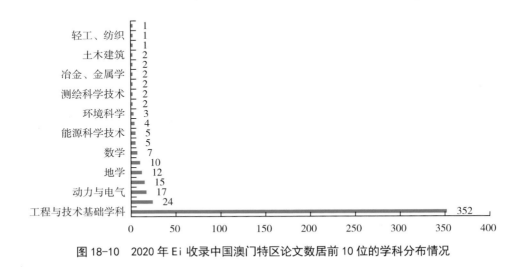

图 18-10　2020 年 Ei 收录中国澳门特区论文数居前 10 位的学科分布情况

18.3　小结

2020 年，SCI 收录的中国台湾地区、香港特区和澳门特区的论文数均比 2019 年有不同程度的增长；Ei 收录中国台湾地区、香港特区和澳门特区的论文数均比 2019 年也有不同程度的增加；CPCI-S 收录的中国台湾地区、香港特区和澳门特区论文数比 2019 年有所减少。在 InCites 数据库中，与 2019 年相比，2020 年中国台湾地区、香港特区和澳门特区的论文数与内地论文数的差距更加拉大；从论文被引频次情况看，三地区的论文被引频次都比 2019 年有不同程度的下降；从被引次数排名前 1% 的论文百分比、被引次数排名前 10% 的论文百分比、热门论文百分比看，香港特区的该 3 项指标最高，澳门特区论文的该 3 项指标次之，台湾地区的该 3 项指标在三地区中最低；从高被引论文看，中国香港特区高被引论文数最多，台湾地区次之，澳门特区最少；从国际合作论文数看，中国台湾地区的国际合作论文数较多。从相对于全球平均水平的影响力看，中国澳门特区最高，其次是香港特区，台湾地区的该指标稍低，但三地区的该指标均大于 1%。

以 Article 和 Review 作为各论文统计的依据看，2020 年 SCI 收录的第一作者为台湾地区发表的论文共计 16685 篇，占总数的 55.02%。在第一作者为非台湾地区论文的主要国家（地区）中，第一作者为中国内地和美国的论文数最多，共占非中国台湾地区第一作者论文总数的 64.86%；2020 年，SCI 收录第一作者为香港特区的论文共计 19799 篇，占总数的 34.75%。第一作者为非香港特区论文的主要国家（地区）中，中国内地的论文数仍是最多的，共计 9300 篇，占香港特区论文总数的 46.97%。

2020 年，台湾地区 SCI 论文被引频次为 201816 次，较 2019 年有较大幅度的下降，学科规范化的引文影响力为 1.17，国际合作论文 17333 篇，有 42.30% 的论文参与了国际合作，高被引论文数指标高于 2019 年；香港特区论文被引频次为 301666，较 2019 年也有一定程度的下降，学科规范化的引文影响力为 2.02，略高于 2019 年的 1.81，国际合作论文 11947 篇，有 41.98% 的论文参与了国际合作，高于 2019 年。

从论文的机构分布看，中国台湾地区、香港特区和澳门特区的论文均主要产自高等院校。香港特区发表论文的单位主要集中于 6 家高校；台湾地区除高校外，发表论文较多的还有台湾"中央研究院"等研究机构；澳门特区的论文则主要出自澳门大学。

从学科分布看，按中国学科分类标准 40 个学科分类，2020 年 SCI 收录中国台湾地区论文较多的学科是临床医学、生物、化学；SCI 收录中国香港特区论文数最多的学科是临床医学、化学、生物学；2020 年，SCI 收录中国澳门特区论文数最多的学科是电子、通信与自动控制，药物学，生物学。

参考文献

[1]　中国科学技术信息研究所 . 2019 年度中国科技论文统计与分析（年度研究报告）[M]. 北京：科学技术文献出版社，2021.

[2]　中国科学技术信息研究所 . 2018 年度中国科技论文统计与分析（年度研究报告）[M]. 北京：科学技术文献出版社，2020.

19 科研机构创新发展分析

19.1 引言

《中共中央关于制定国民经济和社会发展第十四个五年规划和二〇三五年远景目标的建议》提出，强化国家战略科技力量。制定科技强国行动纲要，健全社会主义市场经济条件下新型举国体制，打好关键核心技术攻坚战，提高创新链整体效能。加强基础研究、注重原始创新，优化学科布局和研发布局，推进学科交叉融合，完善共性基础技术供给体系。制定实施战略性科学计划和科学工程，推进科研院所、高校、企业科研力量优化配置和资源共享。推进国家实验室建设，重组国家重点实验室体系。布局建设综合性国家科学中心和区域性创新高地。

科研机构作为科学研究的重要阵地，是国家创新体系的重要组成部分，增强自主创新能力，对于中国加速科技创新，建设创新型国家具有重要意义。为了进一步推动科研机构的创新能力和学科发展，提高其科研水平，中国科学技术信息研究所分别以高校、医疗机构作为研究对象，以其发表的论文和发明的专利数据为基础，从科研成果转化、学科发展布局、学科交叉融合、国际合作、医工结合到科教协同融合等多个维度进行深入分析、全景扫描和国际对比，以期对中国科研机构提升创新能力起到推动和引导作用。

19.2 中国高校产学共创排行榜

19.2.1 数据与方法

高校科研活动与产业需求的密切联系，有利于促进创新主体将科研成果转化为实际应用的产品与服务，创造丰富的社会经济价值。"中国高校产学共创排行榜"评价关注高校与企业科研活动协作的全流程，设置指标表征高校和企业合作创新过程中 3 个阶段的表现：从基础研究阶段开始，经过企业需求导向的应用研究阶段，再到成果转化形成产品阶段。"中国高校产学共创排行榜"评价采用 10 项指标：

①校企合作发表论文数量。基于 2018—2020 年中国科技论文与引文数据库收录的中国高校论文统计高校和企业共同合作发表的论文数量。

②校企合作发表论文占比。基于 2018—2020 年中国科技论文与引文数据库收录的中国高校论文统计高校和企业共同合作发表的论文数量与高校发表总论文数量的比值。

③校企合作发表论文总被引频次。基于 2018—2020 年中国科技论文与引文数据库收录的中国高校论文统计高校和企业共同合作发表的论文被引总频次。

④企业资助项目产出的高校论文数量。基于 2018—2020 年中国科技论文与引文数据库统计高校论文中获得企业资助的论文数量。

⑤高校与国内上市公司企业关联强度。基于 2018—2020 年中国上市公司年报数据库统计，从上市公司年报中所报道的人员任职、重大项目、重要事项等内容中，利用文本分析方法测度高校与企业联系的范围和强度。

⑥校企合作发明专利数量。基于 2018—2020 年德温特世界专利索引和专利引文索引收录的中国高校专利，统计高校和企业合作发明的专利数量。

⑦校企合作专利占比。基于 2018—2020 年德温特世界专利索引和专利引文索引收录的中国高校专利，统计高校和企业合作发明专利数量与高校发明专利总量的比值。

⑧有海外同族的合作专利数量。基于 2018—2020 年德温特世界专利索引和专利引文索引收录的中国高校专利，统计高校和企业合作发明的专利内容同时在海外申请的专利数量。

⑨校企合作专利施引专利数量。基于 2018—2020 年德温特世界专利索引和专利引文索引收录的中国高校专利，统计高校和企业合作发明专利的施引专利数量。

⑩校企合作专利总被引频次。基于 2018—2020 年德温特世界专利索引和专利引文索引收录的中国高校专利，统计高校和企业合作发明专利的总被引频次，用于测度专利学术传播能力。

19.2.2　研究分析与结论

统计中国高校上述 10 项指标，经过标准化转换后计算得出了十维坐标的矢量长度数值，用于测度各个高校的产学共创水平。表 19-1 为根据上述指标统计出的 2020 年产学共创能力排名前 20 位的高校。

表 19-1　2020 年中国高校产学共创排行榜（前 20 名）

排名	高校名称	计分
1	清华大学	182.64
2	浙江大学	167.17
3	华北电力大学	83.87
4	上海交通大学	65.74
5	江南大学	59.32
6	四川大学	57.72
7	华南理工大学	52.01
8	天津大学	51.40
9	中南大学	47.99
10	中国石油大学	47.46
11	同济大学	45.64
12	西安交通大学	43.51
13	东南大学	39.08
14	电子科技大学	37.25
15	复旦大学	37.17

续表

排名	高校名称	计分
16	中山大学	33.61
17	中国农业大学	33.28
18	华中科技大学	33.11
19	武汉大学	31.31
20	哈尔滨工业大学	29.46

19.3　中国高校学科发展矩阵分析报告——论文

19.3.1　数据与方法

高校的论文发表和引用情况是测度高校科研水平和影响力的重要指标。以中国主要大学为研究对象，采用各大学在 2016—2020 年发表论文数量和 2011—2015 年、2016—2020 年期间引文总量作为源数据，根据波士顿矩阵方法，分析各个大学学科发展布局情况，构建学科发展矩阵。

按照波士顿矩阵方法的思路，我们以 2016—2020 年各个大学在某一学科论文产出占全球论文的份额作为科研成果产出占比的测度指标；以各个大学从 2011—2015 年到 2016—2020 年在某一学科领域论文被引用总量的增长率作为科研影响增长的测度指标。

根据高校各个学科的占比和增长情况，划分了 4 个学科发展矩阵空间，如图 19-1 所示。

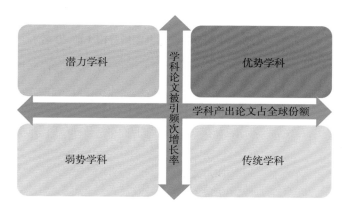

图 19-1　中国高校论文产出矩阵

第一区：优势学科（高占比、高增长）：该区学科论文份额及引文增长率都处于较高水平，可明确产业发展引导的路径。

第二区：传统学科（高占比、低增长）：该区学科论文所占份额较高，引文增长率较低，可完善管理机制以引导发展。

第三区：潜力学科（低占比、高增长）：该区学科论文所占份额较低，引文增长率较高，可采用加大科研投入的方式进行引导。

第四区：弱势学科（低占比、低增长）：该区学科论文占份额及引文增长率都处较低水平，可考虑加强基础研究。

19.3.2 研究分析与结论

表 19-2 统计了中国双一流建设高校论文产出的学科发展矩阵，即学科发展布局情况（按高校名称拼音排序）。

表 19-2 中国双一流建设高校学科发展布局情况

高校名称	优势学科数	传统学科数	潜力学科数	弱势学科数
安徽大学	0	0	88	61
北京大学	36	40	46	53
北京工业大学	4	0	90	54
北京航空航天大学	36	4	69	51
北京化工大学	5	1	73	55
北京交通大学	11	0	73	52
北京科技大学	11	3	75	58
北京理工大学	23	1	71	56
北京林业大学	4	2	80	49
北京师范大学	7	7	59	95
北京体育大学	0	0	21	54
北京外国语大学	0	0	8	32
北京协和医学院	18	11	64	59
北京邮电大学	7	1	50	47
北京中医药大学	1	0	63	63
长安大学	7	0	85	33
成都理工大学	5	0	55	58
成都中医药大学	0	1	54	78
重庆大学	31	1	78	56
大连海事大学	5	0	69	48
大连理工大学	37	2	59	63
电子科技大学	24	2	84	54
东北大学	22	1	80	52
东北林业大学	1	1	74	62
东北农业大学	2	0	88	45
东北师范大学	0	0	72	81
东华大学	4	1	63	79
东南大学	28	3	84	55
对外经济贸易大学	0	0	33	48
福州大学	0	1	89	58
复旦大学	26	30	63	56
广西大学	2	0	100	49

续表

高校名称	优势学科数	传统学科数	潜力学科数	弱势学科数
广州中医药大学	1	0	76	59
贵州大学	1	0	98	57
国防科学技术大学	11	4	48	71
哈尔滨工程大学	11	0	66	47
哈尔滨工业大学	41	8	59	48
海南大学	0	0	97	44
合肥工业大学	2	0	101	42
河北工业大学	0	0	78	49
河海大学	16	0	85	36
河南大学	0	0	109	53
湖南大学	14	2	79	60
湖南师范大学	0	0	100	64
华北电力大学	5	0	73	44
华东理工大学	4	6	67	74
华东师范大学	2	0	93	70
华南理工大学	35	4	75	56
华南师范大学	0	1	90	69
华中科技大学	60	5	62	45
华中农业大学	10	3	79	56
华中师范大学	0	2	62	78
吉林大学	24	15	90	47
暨南大学	4	1	118	49
江南大学	5	4	99	61
兰州大学	3	4	79	85
辽宁大学	0	0	58	58
南昌大学	3	0	120	46
南京大学	16	17	77	64
南京航空航天大学	19	1	59	56
南京理工大学	11	1	84	51
南京林业大学	4	0	88	43
南京农业大学	12	6	73	58
南京师范大学	4	0	78	76
南京信息工程大学	8	0	84	40
南京邮电大学	3	0	68	46
南京中医药大学	0	1	68	72
南开大学	4	4	81	77
内蒙古大学	0	0	70	64
宁波大学	1	0	120	47
宁夏大学	0	0	64	64
青海大学	0	0	81	66

续表

高校名称	优势学科数	传统学科数	潜力学科数	弱势学科数
清华大学	47	21	68	37
厦门大学	2	3	110	58
山东大学	25	15	73	62
陕西师范大学	0	0	105	51
上海财经大学	0	0	35	58
上海大学	6	1	101	55
上海海洋大学	2	1	74	60
上海交通大学	59	43	42	30
上海体育学院	0	0	33	64
上海外国语大学	0	0	10	41
上海音乐学院	0	0	0	1
上海中医药大学	0	1	55	67
石河子大学	0	0	79	70
首都师范大学	0	1	67	76
四川大学	24	20	87	44
四川农业大学	4	2	80	51
苏州大学	14	3	86	66
太原理工大学	1	0	89	42
天津大学	41	3	77	48
天津医科大学	5	1	65	70
天津中医药大学	1	0	46	67
同济大学	32	1	81	59
外交学院	0	0	0	12
武汉大学	33	3	89	50
武汉理工大学	12	0	87	42
西安电子科技大学	15	0	65	55
西安交通大学	38	6	88	40
西北大学	0	4	88	67
西北工业大学	34	1	63	55
西北农林科技大学	13	2	76	60
西南财经大学	0	0	39	51
西南大学	4	2	108	47
西南交通大学	8	0	81	58
西南石油大学	2	0	72	35
西藏大学	0	0	49	70
新疆大学	0	0	82	52
延边大学	0	0	68	74
云南大学	0	0	85	66
浙江大学	63	39	38	36
郑州大学	11	1	124	37

高校名称	优势学科数	传统学科数	潜力学科数	弱势学科数
中国传媒大学	0	0	9	47
中国地质大学	14	4	74	46
中国海洋大学	6	2	75	66
中国矿业大学	22	0	80	30
中国美术学院	0	0	0	19
中国农业大学	11	7	72	61
中国人民大学	0	0	69	75
中国人民公安大学	0	0	14	59
中国石油大学	13	0	72	41
中国药科大学	2	2	63	66
中国音乐学院	0	0	0	3
中国政法大学	0	0	23	45
中南财经政法大学	0	0	37	52
中南大学	47	5	93	28
中山大学	35	24	67	50
中央财经大学	0	0	37	47
中央美术学院	0	0	0	3
中央民族大学	0	0	46	70
中央戏剧学院	0	0	0	2
中央音乐学院	0	0	0	3

参照哈佛大学和麻省理工学院的等国际一流大学的学科分布情况，并结合中国主要高校的学科发展分布状态，为中国高校设定了4类学科发展目标：

①世界一流大学：优势学科与传统学科数量之和在50个以上，整体呈现繁荣状态。以世界一流大学为发展目标，"夯实科技基础，在重要科技领域跻身世界领先行列"。上海交通大学和浙江大学的优势学科与传统学科数量之和达102，位居各高校之首；北京大学和清华大学继续稳定保持；华中科技大学、中山大学、复旦大学和中南大学首次显露端倪。

②中国领先大学：优势学科与传统学科数量之和在25个以上，潜力学科数量在50个以上。以中国领先大学为目标，致力专业发展，跟上甚至引领世界科技发展新方向。

③区域核心大学：以区域核心高校为目标，以基础研究为主，力争在基础科技领域做出大的创新、在关键核心技术领域取得大的突破。

④学科特色大学：该类大学的传统学科和潜力学科都集中在该校的特有专业中。该类大学可加大科研投入，发展潜力学科，形成专业特色。

19.4　中国高校学科发展矩阵分析报告——专利

19.4.1　数据与方法

发明专利情况是测度高校知识创新与发展的一项重要指标。对高校专利发明情况的分析可以有效地帮助高校了解其在各领域的创新能力和发展，针对不同情况做出不同的发展决策。中国科学技术信息研究所从 2016 年开始依据高校专利发明和引用情况对高校不同专业发展布局情况进行分析和评价，采用各高校近 5 年在 21 个德温特分类的发明专利数量和前后 5 年期间的专利引用总量作为源数据构建中国高校专利产出矩阵。

同样按照波士顿矩阵方法的思路，我们以 2016—2020 年各个高校在某一分类的专利产出数量作为科研成果产出的测度指标，以各个高校从 2011—2015 年到 2016—2020 年在某一分类专利被引用总量的增长率作为科研影响增长的测度指标。并以专利数量 1000 和增长率 100% 作为分界点，将坐标图划分为四个象限，依次是"优势专业"、"传统专业"、"弱势专业"和"潜力专业"（图 19-2）。

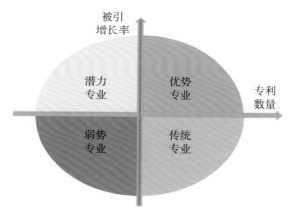

图 19-2　中国高校专利产出矩阵

19.4.2　研究分析与结论

表 19-3 列出了中国一流大学建设高校专利发明和引用的德温特学科类别发展布局情况（按高校名称拼音排序）。

表 19-3　中国一流大学建设高校在德温特 21 个学科类别的发展布局情况

高校名称	优势专业数	传统专业数	潜力专业数	弱势专业数
安徽大学	3	0	18	0
北京大学	11	0	10	0
北京工业大学	10	0	11	0
北京航空航天大学	10	0	11	0
北京化工大学	9	0	12	0
北京交通大学	5	0	15	1

续表

高校名称	优势专业数	传统专业数	潜力专业数	弱势专业数
北京科技大学	10	0	11	0
北京理工大学	12	0	9	0
北京林业大学	5	0	16	0
北京师范大学	3	0	18	0
北京体育大学	0	0	8	13
北京外国语大学	0	0	2	19
北京协和医学院	7	0	13	1
北京邮电大学	2	0	18	1
北京中医药大学	11	0	10	0
长安大学	8	0	13	0
成都理工大学	5	0	16	0
成都中医药大学	1	0	14	6
重庆大学	13	0	8	0
大连海事大学	2	0	18	1
大连理工大学	15	0	6	0
电子科技大学	10	0	11	0
东北大学	4	0	16	1
东北林业大学	5	0	16	0
东北农业大学	5	0	15	1
东北师范大学	0	0	21	0
东华大学	9	0	12	0
东南大学	15	0	6	0
福州大学	14	0	7	0
复旦大学	12	0	9	0
广西大学	11	0	10	0
广州中医药大学	1	0	15	5
贵州大学	12	0	9	0
哈尔滨工程大学	8	0	13	0
哈尔滨工业大学	15	0	6	0
海南大学	6	0	15	0
合肥工业大学	14	0	7	0
河北工业大学	9	0	12	0
河海大学	10	0	11	0
河南大学	4	0	16	1
湖南大学	8	0	13	0
湖南师范大学	1	0	19	1
华北电力大学	8	0	13	0
华东理工大学	7	0	14	0
华东师范大学	7	0	14	0
华南理工大学	19	0	2	0

高校名称	优势专业数	传统专业数	潜力专业数	弱势专业数
华南师范大学	5	0	16	0
华中科技大学	15	0	6	0
华中农业大学	5	0	15	1
华中师范大学	0	0	21	0
吉林大学	16	0	5	0
暨南大学	4	0	17	0
江南大学	14	0	7	0
兰州大学	6	0	15	0
辽宁大学	3	0	18	0
南昌大学	10	0	11	0
南京大学	11	0	10	0
南京航空航天大学	11	0	10	0
南京理工大学	12	0	9	0
南京林业大学	12	0	9	0
南京农业大学	6	0	14	1
南京师范大学	3	0	18	0
南京信息工程大学	8	0	13	0
南京邮电大学	10	0	11	0
南京中医药大学	1	0	14	6
南开大学	6	0	15	0
内蒙古大学	0	0	20	1
宁波大学	9	0	11	1
宁夏大学	1	0	19	1
青海大学	0	0	20	1
清华大学	17	0	4	0
厦门大学	12	0	9	0
山东大学	15	0	6	0
陕西师范大学	4	0	17	0
上海财经大学	0	0	4	17
上海大学	11	0	10	0
上海海洋大学	6	0	15	0
上海交通大学	16	0	5	0
上海体育学院	0	0	5	16
上海中医药大学	1	0	15	5
石河子大学	4	0	17	0
首都师范大学	1	0	19	1
四川大学	15	0	6	0
四川农业大学	8	0	12	1
苏州大学	16	0	5	0
太原理工大学	12	0	9	0

续表

高校名称	优势专业数	传统专业数	潜力专业数	弱势专业数
天津大学	16	0	5	0
天津医科大学	0	0	19	2
天津中医药大学	1	0	13	7
同济大学	12	0	9	0
武汉大学	12	0	9	0
武汉理工大学	3	0	18	0
西安电子科技大学	5	0	16	0
西安交通大学	15	0	6	0
西北大学	3	0	17	1
西北工业大学	11	0	10	0
西北农林科技大学	8	0	13	0
西南大学	7	0	14	0
西南交通大学	15	0	6	0
西南石油大学	8	0	13	0
西藏大学	0	0	11	10
新疆大学	0	0	21	0
延边大学	0	0	18	3
云南大学	2	0	19	0
浙江大学	17	0	4	0
郑州大学	14	0	7	0
中国传媒大学	0	0	11	10
中国地质大学	8	0	13	0
中国海洋大学	6	0	14	1
中国科学技术大学	10	0	11	0
中国矿业大学	11	0	10	0
中国农业大学	7	0	13	1
中国人民大学	0	0	21	0
中国石油大学	12	0	9	0
中国药科大学	3	0	18	0
中国政法大学	0	0	4	17
中南财经政法大学	0	0	4	17
中南大学	14	0	7	0
中山大学	13	0	8	0
中央财经大学	0	0	3	18
中央民族大学	0	0	18	3

19.5 中国高校学科融合指数

　　多学科交叉融合是高校学科发展的必然趋势，也是产生创新性成果的重要途径。高校作为知识创新的重要阵地，多学科交叉融合是提高学科建设水平，提升高校创新能力的国家除中国外，还有美国、意达利等 6 个国家。

表 20-8 2020 年中国大陆第一作者论文中发表 10 篇以上的高等院校

高等院校	论文篇数	高等院校	论文篇数
清华大学	39	中国科学技术大学	17
电子科技大学	31	深圳大学	15
湖南大学	29	浙江大学	15
中南大学	27	华南理工大学	14
南开大学	22	天津大学	14
青岛大学	22	北京理工大学	12
重庆大学	22	江苏大学	12
武汉大学	21	南方科技大学	12
西北工业大学	20	上海理工大学	12
北京大学	19	武汉理工大学	12
华中科技大学	18	河北工业大学	11
复旦大学	17	山东科技大学	11
西安交通大学	17		

表 20-9 2020 年中国大陆第一作者论文中发表 3 篇以上的研究所

研究所名称	论文篇数
中国科学院化学研究所	8
中国疾病预防控制中心	7
中国科学院北京纳米能源与系统研究所	7
中国科学院武汉病毒研究所	6
中国科学院宁波材料技术与工程研究所	5
中国科学院物理研究所	5
中国科学院大连化学物理研究所	4
中国科学院高能物理研究所	4
广州疾病预防控制中心	3
中国工程物理研究院	3
中国科学院深圳先进技术研究院	3
中国科学院遗传与发育生物学研究所	3
中国科学院长春应用化学研究所	3

表 20-10 2020 年中国大陆第一作者论文中发表 3 篇以上的医院

医院名称	论文篇数	医院名称	论文篇数
华中科技大学附属同济医院	30	北京大学第三医院	4
华中科技大学附属协和医院	22	华中科技大学附属武汉儿童医院	4
武汉大学中南医院	22	中南大学湘雅二医院	4
武汉大学人民医院	15	中山大学附属第一医院	4
浙江大学医学院附属第一医院	13	暨南大学附属第一医院	3
广州医科大学第一附属医院	11	南京军区南京总医院	3

续表

医院名称	论文篇数	医院名称	论文篇数
北京协和医院	9	上海交通大学上海儿童医学中心	3
复旦大学附属公共卫生临床中心	9	首都医科大学北京宣武医院	3
解放军总医院	9	四川大学华西口腔医院	3
四川大学华西医院	8	郑州大学第二附属医院	3
北京大学第一医院	7	安徽省立医院	3
中山大学附属第五医院	7	中国医科大学附属第一医院	3
上海交通大学瑞金医院	6	中南大学湘雅医院	3
解放军中部战区总医院	5	中日友好医院	3
深圳市第三人民医院	5		

20.2.3 中国各学科影响因子首位期刊发表论文数稍减

2020 年，在 JCR 涵盖的 177 个学科中，期刊的影响因子排在首位的国家大多是科技发达的欧美国家，各国拥有学科影响因子首位的期刊数如表 20-11 所示。在这类期刊中发表论文由于"马太效应"，发表以后会产生较大的影响。由于期刊的学科交叉，一种期刊可能交叉出现在多个学科中，因此，177 个学科影响因子首位的期刊实际只有 153 种。2020 年，中国在其中的 122 种期刊中有论文发表。由于国家对科技期刊的连续支持和鼓励，中国影响因子学科首位的期刊有了较多增加，从 2019 年的 1 种大增到了 4 种，它们是：*FUNGAL DIVERSITY*、*ELECTROCHEMICAL ENERGY REVIEWS*、*JOURNAL OF ADVANCED CERAMICS*、*JOURNAL OF MAGNESIUM AND ALLOYS*，还有一种为合办期刊 *BIOACTIVE MATERIALS*。除中国外，亚洲地区还有韩国和日本各有一种期刊。

表 20-11 2020 年影响因子居首位的国家及期刊数

国家	期刊数
美国	75
英国	68
荷兰	14
中国	5[*]
德国	4
澳大利亚	3
瑞士	2
韩国	2
丹麦	1
爱尔兰	1
意大利	1
日本	1

* 其中一种为中国科学出版社与爱思唯尔出版集团合作出版。

续表

期刊名称	中国论文数	期刊论文数	比例
INTERNATIONAL JOURNAL OF BIOLOGICAL MACROMOLECULES	1143	3715	30.767%
CONSTRUCTION AND BUILDING MATERIALS	1135	3583	31.677%
JOURNAL OF HAZARDOUS MATERIALS	1131	2143	52.776%
MEDICINE	1119	5078	22.036%
ENVIRONMENTAL SCIENCE AND POLLUTION RESEARCH	1082	5032	21.502%
CHEMICAL COMMUNICATIONS	1073	3138	34.194%
CHEMOSPHERE	1072	2956	36.265%
REMOTE SENSING	1066	4093	26.044%
JOURNAL OF MATERIALS CHEMISTRY A	1058	2313	45.741%
INT JOURNAL OF ENVIRONMENTAL RESEARCH AND PUBLIC HEALTH	1011	9428	10.723%

　　2020 年，中国大陆作者的论文即年被引数高于期刊 IMM 的论文分布在我们所划分的 40 个学科中，论文数超万篇的学科由 8 个增到 9 个。论文数居多的学科与 2019 年基本相同，化学、生物学、临床医学、材料科学和物理学仍处于前 5 位。超 1000 篇的学科为 25 个，如表 20-39 所示。

表 20-39　2020 年热点论文的学科分布

学科	论文篇数	学科	论文篇数
化学	41798	畜牧、兽医	1334
生物学	30197	天文学	1176
临床医学	23628	水产学	1143
材料科学	20958	水利	1050
物理学	19889	工程与技术基础学科	1045
电子、通信与自动控制	16735	核科学技术	965
环境科学	14583	冶金、金属学	931
基础医学	13805	轻工、纺织	837
地学	10944	林学	758
计算技术	9739	交通运输	733
药物学	9151	航空航天	724
能源科学技术	8908	中医学	722
化工	8473	管理学	710
数学	4976	信息、系统科学	675
土木建筑	4320	矿山工程技术	548
预防医学与卫生学	4135	动力与电气	548
农学	3637	其他	313
机械、仪表	3620	军事医学与特种医学	291
食品	3272	安全科学技术	197
力学	2692	测绘科学技术	1

20.2.10　大多从事基础研究的各类实验室论文水平较高

2020 年，中国被 SCI 收录论文（仅计 Article、Review 两类文献）共计 479333 篇，中国各类实验室发表的论文数为 159590 篇，占 33.3%。全部 SCI 收录论文被引用 1 次以上的论文数为 317907 篇，被引率为 66.32%，中国各类实验室发表的论文数为 159590 篇，被引数 1 次以上的论文为 115158 篇，被引率为 72.16%，实验室论文的被引率高于全国 5.84 个百分点。实验室被引率也比 2019 年的 70.3% 高出 1.86 个百分点。

从发表论文的地区分布看，大陆 31 个省（区、市）都有产生于实验室的论文。高校、研究所多拥有实验室数量高的地区论文数大。北京、江苏、上海和广东地区产生的实验室论文数超万篇。论文的地区分布还十分不均，由于资源配置、人才不均等情况差别大，近期这种情况还会维持目前的状况，如表 20-40 所示。

每个学科基本都有论文发表，从发表数量看，化学、生物、材料和物理学科实验室的发表量已超万篇，除万篇外，超千篇的学科也有 17 个，这种格局与 2019 年完全相同，说明中国实验室的研究工作和产出是比较稳定的，如表 20-41 所示。

表 20-40　2020 年中国各类实验室论文的地区分布

地区	论文篇数	比例	地区	论文篇数	比例	地区	论文篇数	比例
北京	27716	17.37%	湖南	4574	2.87%	云南	1550	0.97%
江苏	16028	10.04%	安徽	4346	2.72%	山西	1207	0.76%
上海	12194	7.64%	吉林	4128	2.59%	贵州	908	0.57%
广东	11901	7.46%	重庆	4000	2.51%	新疆	868	0.54%
湖北	10269	6.44%	黑龙江	3867	2.42%	海南	637	0.40%
陕西	9336	5.85%	福建	3488	2.19%	内蒙古	446	0.28%
山东	7160	4.49%	甘肃	2647	1.66%	青海	295	0.19%
浙江	6669	4.18%	河南	2249	1.41%	宁夏	254	0.16%
四川	6666	4.18%	江西	1739	1.09%	其他	78	0.05%
天津	6257	3.92%	河北	1644	1.03%	西藏	15	0.01%
辽宁	4851	3.04%	广西	1603	1.00%			

表 20-41　2020 年中国各类实验室论文的学科分布

学科名称	论文篇数	比例	学科名称	论文篇数	比例
化学	30957	19.40%	水利	894	0.56%
生物学	20322	12.73%	数学	781	0.49%
材料科学	15519	9.72%	核科学技术	612	0.38%
物理学	14346	8.99%	天文学	583	0.37%
地学	8875	5.56%	金属冶金	573	0.36%
环境科学	8671	5.43%	轻工纺织	545	0.34%
电子、通信与自动控制	7651	4.79%	工程与技术基础学科	507	0.32%
临床医学	6897	4.32%	林学	506	0.32%
基础医学	6116	3.83%	交通运输	371	0.23%
化工	5751	3.60%	动力与电气	359	0.23%

续表

学科名称	论文篇数	比例	学科名称	论文篇数	比例
能源科学技术	5494	3.44%	航空航天	354	0.22%
药物学	3908	2.45%	矿山工程技术	307	0.19%
计算技术	3564	2.23%	中医学	219	0.14%
农学	2608	1.63%	信息与系统科学	197	0.12%
土木建筑	2156	1.35%	军事医学与特种医学	126	0.08%
机械仪表	2110	1.32%	管理学	102	0.06%
食品	1905	1.19%	安全科学技术	58	0.04%
力学	1752	1.10%	社会学科	41	0.03%
预防医学与卫生学	1634	1.02%	其他	26	0.02%
水产学	1127	0.71%	测绘科技	1	0.00
畜牧、兽医	1065	0.67%			

中国的各类实验室数量已十分庞大，仅就 2020 年发表论文的数量看，大约有 2 万多个各类大小实验室发表论文，发表 50 篇以上的实验室 603 个。其中，大于 100 篇的 275 个，大于 300 篇的 25 个，如表 20-42 所示。在大于 300 篇的 25 个实验室中，篇均被引数高的仍是 State Key Lab Adv Technol Mat Synth & Proc，论文平均被引数达 8 次；发表论文的期刊平均影响因子和平均即年指标都是 Hefei Natl Lab Phys Sci Microscale & Synerget 最高，分别为 9.426 和 2.561；平均引文数高达 57.9 的是 State Key Lab Oral Dis。2020 年，全国论文平均被引数为 3.66 次，发表论文期刊影响因子全国平均为 4.643，而在中国的 2 万多各类实验室中，大于全国平均被引数的实验室有 8843 个，大于全国发表期刊影响因子 4.634 的实验室有 5840 个。

表 20-42　2020 年中国发表论文 300 篇以上的实验室各类指标

实验室名称	论文篇数	篇均被引数	篇均影响因子	平均即年指标	平均引文数
State Key Lab Food Sci & Technol	649	4	6.152	1.569	49.5
Hefei Natl Lab Phys Sci Microscale & Synerget	627	7	9.426	2.561	53.4
State Key Lab Fine Chem	593	5	7.402	1.868	53.5
Wuhan Natl Lab Optoelect	503	4	6.923	1.668	44.2
State Key Lab Oncol South China	489	3	8.223	2.607	32.7
State Key Lab Chem Resource Engn	485	5	7.469	1.852	56.6
State Key Lab Polymer Mat Engn	477	5	6.366	1.625	51.4
State Key Lab Solidificat Proc	458	4	5.953	1.558	43.6
State Key Lab Mat Oriented Chem Engn	433	5	6.489	1.617	52.5
State Key Lab Petr Resources & Prospecting	409	2	3.969	1.057	55.5
State Key Lab Mech Behav Mat	389	5	7.347	1.873	51.4
State Key Lab Oral Dis	389	7	4.875	2.205	57.9
State Key Lab Adv Technol Mat Synth & Proc	387	8	8.578	2.255	54.9
Natl Lab Solid State Microstruct	368	5	8.577	2.090	53.1
State Key Lab Adv Design & Mfg Vehicle Bodies	356	5	5.075	1.375	45.4

续表

实验室名称	论文篇数	篇均被引数	篇均影响因子	平均即年指标	平均引文数
State Key Lab Elect Insulat & Power Equipment	356	3	4.249	1.049	37.6
State Key Lab Modicat Chem Fibers & Polymer Mat	355	6	8.585	2.114	51.2
State Key Lab Oil & Gas Reservoirs Geol & Exploit	348	3	4.435	1.226	46.5
State Key Lab Powder Met	346	5	6.186	1.646	45.1
State Key Lab Refractories & Met	331	3	4.485	1.265	42.5
State Key Lab Heavy Oil Proc	321	4	6.720	1.882	55.7
State Key Lab Urban Water Resource & Environm	319	7	9.271	2.511	51.9
State key Lab Nat Med	316	4	6.793	1.760	49.6
State Key Lab Mfg Syst Engineer	311	3	4.322	1.147	41.9
State Key Lab Mech Transmission	303	5	4.566	1.217	39.7

20.3 小结

由于受新型冠状病毒肺炎疫情的影响，与 2019 年相比，中国发表的国际论文数量增速减缓，中国参与国际大科学发表的论文数和以我为主发表的大科学论文数都有一定数量的减少。但从多个学术指标看，也有多个指标上升，特别是出现极高数的被引论文，说明中国论文的学术影响力在一些方面还是有提高的．

20.3.1 从各学科发表量和影响看，中国的化学学科在各项指标中表现突出

在显示学科优势的指标中，中国化学学科都位列前茅。而据最新出版的《自然》增刊发布的全球五大科研领先的国家美国、中国、德国、英国和日本看，中国 2015—2021 年自然指数贡献份额增幅高达 81%，远超其他 4 个国家。在化学领域，2021 年中国的贡献份额居全球首位，由 2015 年的 21.6% 增至 2021 年的 35.8%。中国化学学科的发展将会与材料、物理、生物等学科产生协同增长效应。

20.3.2 《自然出版指数》发布数据，中国发表数排位仅次于美国，位居世界第二

2020 年，中国大陆作者在《自然》系列 46 种刊中发表 Article，Review 论文 1553 篇，比 2019 年增加 88 篇，增长 6.0%。中国作者发表在自然系列刊物中的论文数占全部论文数 12445 篇的 12.5%。以上数据表明中国的生命科学研究成果丰硕。

20.3.3 加大和继续发挥科学实验室和科学工程研究中心的作用

重点实验室是国家科技创新体系的重要组成部分，是国家组织高水平基础研究和应

用基础研究、聚集和培养优秀科技人才、开展高水平学术交流、科研装备先进的重要基地，也是产生高质论文的重要基地。实验室主要任务是针对学科发展前沿和国民经济、社会发展及国家安全的重要科技领域和方向，开展创新性研究，国家还会根据需要建立更多的国家级别的实验室。为此，要继续加大和发挥各类实验室在基础研究中的作用。当前，科技部正在加快组建国家实验室，重组国家重点实验室体系，发挥高校和科研院所国家队作用，培育更多创新型领军企业。到 2021 年年末，正在运行的国家重点实验室 533 个，纳入新序列管理的国家工程研究中心 191 个，国家企业技术中心 1636 家，大众创业万众创新示范基地 212 家，这些机构将是中国的基础研究大量出高质量成果的保证。

20.3.4 还需增强公司企业基础研发能力，发表较多的科研论文

多年来，中国发表论文的主体基本是高等院校、科研单位和一些医疗机构、公司部门发表量较少。目前，中国在公司企业已设立了不少的研发部门，应该产生了一些科研成果，要积极地发表交流，以促进科技成果的转化。

20.3.5 如要增加中国论文的被引数，还应多发表评论性文献

2020 年，中国作者发表的 SCI 收录论文中，评论性论文的篇均被引数为 7 次，一般论文的被引数是 3.5 次，国际上，据 JCR 发布的数据，评论性论文的篇均被引已高达 164 次，一般论文的被引均数为 45.8 次。

20.3.6 为发表高质高影响论文而努力

与 2019 年相比，2020 年中国发表的国际论文数的增长率降低，由 18.6% 减少到 6.26%，增长放缓。这是正常的情况，我们一定要在增加数量的同时，更多的是要在提高质量和国际影响上下力气。

基础科学是创新的基础，只有基础打好了，创新才有动力和来源。SCI 论文就是基础科学研究成果的表现。我们的论文的影响力提高了，论文的质量提高了，表示基础科学研究水平的提高。在国家加大基础研发经费投入的环境下，我们应在国际上发表更有影响力和学术水平更高的科技论文。在科学技术和其他各个方面，中国正处于由大国变成强国的历史时期，我们有信心和力量在不远的未来实现建立一个世界科技强国的目标。

参考文献

[1] 中国科学技术信息研究所 . 2019 年度中国科技论文统计与分析（年度研究报告）[M]. 北京：科学技术文献出版社，2021.

[2] 高校做科研，望向更远处 [N]. 光明日报，2020-03-18.

[3] 中国已与 160 个国家建立科技合作关系 [N]. 科技日报，2019-01-27.

[4] 2011—2017 年中国基础科学研究经费投入 [N]. 科普时报，2019-03-08.

[5] 中国高质量科研对世界总体贡献居全球第二位 [N]. 光明日报，2016-01-15.

[6]　我国科技人力资源总量突破 8000 万 [N]. 科技日报，2016-04-21.

[7]　2016 自然指数排行榜：中国高质量科研产出呈现两位数增长 [N]. 科技日报，2016-04-21.

[8]　"中国天眼"将对全球科学界开放 [N]. 科普时报，2021-01-18.

[9]　参考文献的主要作用与学术论文的创新性评审 [J]. 编辑学报，2014（2）：91-92.

[10]　THOMSON SCIENTIFIC 2020. ISI Web of knowledge：Web of science[DB/OL]. [2022-04-07]. http：//portal.isiknowledge.com/web of science.

[11]　THOMSON SCIENTIFIC 2020. ISI Web of knowledge：journal citation reports 2020[DB/OL]. http：//portal.isiknowledge.com/journal citation reports.

[12]　我国基础科学研究环境有待进一步优化 [N]. 科普时报，2022-03-04.

[13]　中华人民共和国 2021 年国民经济和社会发展统计公报：十 科学技术和教育[N]. 人民日报，2022-03-01.

附　录

续表

CHINESE JOURNAL OF INTEGRATIVE MEDICINE	FRONTIERS OF EARTH SCIENCE
CHINESE JOURNAL OF MECHANICAL ENGINEERING	FRONTIERS OF ENVIRONMENTAL SCIENCE & ENGINEERING
CHINESE JOURNAL OF NATURAL MEDICINES	FRONTIERS OF INFORMATION TECHNOLOGY & ELECTRONIC ENGINEERING
CHINESE JOURNAL OF ORGANIC CHEMISTRY	FRONTIERS OF MATERIALS SCIENCE
CHINESE JOURNAL OF POLYMER SCIENCE	FRONTIERS OF MATHEMATICS IN CHINA
CHINESE JOURNAL OF STRUCTURAL CHEMISTRY	FRONTIERS OF MECHANICAL ENGINEERING
CHINESE MEDICAL JOURNAL	FRONTIERS OF MEDICINE
CHINESE OPTICS LETTERS	FRONTIERS OF PHYSICS
CHINESE PHYSICS B	FRONTIERS OF STRUCTURAL AND CIVIL ENGINEERING
CHINESE PHYSICS C	FUNGAL DIVERSITY
CHINESE PHYSICS LETTERS	GASTROENTEROLOGY REPORT
COMMUNICATIONS IN MATHEMATICS AND STATISTICS	GENES & DISEASES
COMMUNICATIONS IN THEORETICAL PHYSICS	GENOMICS PROTEOMICS & BIOINFORMATICS
CROP JOURNAL	GEOSCIENCE FRONTIERS
CSEE JOURNAL OF POWER AND ENERGY SYSTEMS	GEO-SPATIAL INFORMATION SCIENCE
	GREEN ENERGY & ENVIRONMENT
CURRENT MEDICAL SCIENCE	HEPATOBILIARY & PANCREATIC DISEASES INTERNATIONAL
CURRENT ZOOLOGY	HIGH POWER LASER SCIENCE AND ENGINEERING
DEFENCE TECHNOLOGY	
DIGITAL COMMUNICATIONS AND NETWORKS	HIGH VOLTAGE
EARTHQUAKE ENGINEERING AND ENGINEERING VIBRATION	HORTICULTURAL PLANT JOURNAL
	HORTICULTURE RESEARCH
ECOLOGICAL PROCESSES	IEEE-CAA JOURNAL OF AUTOMATICA SINICA
ECOSYSTEM HEALTH AND SUSTAINABILITY	INFECTIOUS DISEASES OF POVERTY
ELECTROCHEMICAL ENERGY REVIEWS	INFOMAT
ENERGY & ENVIRONMENTAL MATERIALS	INSECT SCIENCE
ENGINEERING	INTEGRATIVE ZOOLOGY
EYE AND VISION	INTERNATIONAL JOURNAL OF DISASTER RISK SCIENCE
FOOD QUALITY AND SAFETY	INTERNATIONAL JOURNAL OF MINERALS METALLURGY AND MATERIALS
FOOD SCIENCE AND HUMAN WELLNESS	
FOREST ECOSYSTEMS	INTERNATIONAL JOURNAL OF MINING SCIENCE AND TECHNOLOGY
FRICTION	
FRONTIERS IN ENERGY	INTERNATIONAL JOURNAL OF ORAL SCIENCE
FRONTIERS OF CHEMICAL SCIENCE AND ENGINEERING	
	INTERNATIONAL JOURNAL OF SEDIMENT RESEARCH
FRONTIERS OF COMPUTER SCIENCE	

INTERNATIONAL SOIL AND WATER CONSERVATION RESEARCH

JOURNAL OF ADVANCED CERAMICS

JOURNAL OF ANIMAL SCIENCE AND BIOTECHNOLOGY

JOURNAL OF ARID LAND

JOURNAL OF BIONIC ENGINEERING

JOURNAL OF CENTRAL SOUTH UNIVERSITY

JOURNAL OF COMPUTATIONAL MATHEMATICS

JOURNAL OF COMPUTER SCIENCE AND TECHNOLOGY

JOURNAL OF EARTH SCIENCE

JOURNAL OF ENERGY CHEMISTRY

JOURNAL OF ENVIRONMENTAL SCIENCES

JOURNAL OF FORESTRY RESEARCH

JOURNAL OF GENETICS AND GENOMICS

JOURNAL OF GEOGRAPHICAL SCIENCES

JOURNAL OF GERIATRIC CARDIOLOGY

JOURNAL OF HYDRODYNAMICS

JOURNAL OF INFRARED AND MILLIMETER WAVES

JOURNAL OF INNOVATIVE OPTICAL HEALTH SCIENCES

JOURNAL OF INORGANIC MATERIALS

JOURNAL OF INTEGRATIVE AGRICULTURE

JOURNAL OF INTEGRATIVE MEDICINE–JIM

JOURNAL OF INTEGRATIVE PLANT BIOLOGY

JOURNAL OF IRON AND STEEL RESEARCH INTERNATIONAL

JOURNAL OF MAGNESIUM AND ALLOYS

JOURNAL OF MATERIALS SCIENCE & TECHNOLOGY

JOURNAL OF MATERIOMICS

JOURNAL OF METEOROLOGICAL RESEARCH

JOURNAL OF MODERN POWER SYSTEMS AND CLEAN ENERGY

JOURNAL OF MOLECULAR CELL BIOLOGY

JOURNAL OF MOUNTAIN SCIENCE

JOURNAL OF OCEAN ENGINEERING AND SCIENCE

JOURNAL OF OCEAN UNIVERSITY OF CHINA

JOURNAL OF OCEANOLOGY AND LIMNOLOGY

JOURNAL OF PALAEOGEOGRAPHY–ENGLISH

JOURNAL OF PHARMACEUTICAL ANALYSIS

JOURNAL OF PLANT ECOLOGY

JOURNAL OF RARE EARTHS

JOURNAL OF ROCK MECHANICS AND GEOTECHNICAL ENGINEERING

JOURNAL OF SPORT AND HEALTH SCIENCE

JOURNAL OF SYSTEMATICS AND EVOLUTION

JOURNAL OF SYSTEMS ENGINEERING AND ELECTRONICS

JOURNAL OF SYSTEMS SCIENCE & COMPLEXITY

JOURNAL OF SYSTEMS SCIENCE AND SYSTEMS ENGINEERING

JOURNAL OF THERMAL SCIENCE

JOURNAL OF TRADITIONAL CHINESE MEDICINE

JOURNAL OF TROPICAL METEOROLOGY

JOURNAL OF WUHAN UNIVERSITY OF TECHNOLOGY–MATERIALS SCIENCE EDITION

JOURNAL OF ZHEJIANG UNIVERSITY–SCIENCE A

JOURNAL OF ZHEJIANG UNIVERSITY–SCIENCE B

LIGHT–SCIENCE & APPLICATIONS

MATTER AND RADIATION AT EXTREMES

MICROSYSTEMS & NANOENGINEERING

MILITARY MEDICAL RESEARCH

MOLECULAR PLANT

NANO RESEARCH

NANO–MICRO LETTERS

NATIONAL SCIENCE REVIEW

NEURAL REGENERATION RESEARCH

NEUROSCIENCE BULLETIN

NEW CARBON MATERIALS

NPJ COMPUTATIONAL MATERIALS

NUCLEAR SCIENCE AND TECHNIQUES

NUMERICAL MATHEMATICS–THEORY METHODS AND APPLICATIONS	SCIENCE BULLETIN
OPTO–ELECTRONIC ADVANCES	SCIENCE CHINA–CHEMISTRY
PARTICUOLOGY	SCIENCE CHINA–EARTH SCIENCES
PEDOSPHERE	SCIENCE CHINA–INFORMATION SCIENCES
PETROLEUM EXPLORATION AND DEVELOPMENT	SCIENCE CHINA–LIFE SCIENCES
PETROLEUM SCIENCE	SCIENCE CHINA–MATERIALS
PHOTONIC SENSORS	SCIENCE CHINA–MATHEMATICS
PHOTONICS RESEARCH	SCIENCE CHINA–PHYSICS MECHANICS & ASTRONOMY
PLANT DIVERSITY	SCIENCE CHINA–TECHNOLOGICAL SCIENCES
PLANT PHENOMICS	SIGNAL TRANSDUCTION AND TARGETED THERAPY
PLASMA SCIENCE & TECHNOLOGY	SPECTROSCOPY AND SPECTRAL ANALYSIS
PROGRESS IN BIOCHEMISTRY AND BIOPHYSICS	STROKE AND VASCULAR NEUROLOGY
PROGRESS IN CHEMISTRY	SYNTHETIC AND SYSTEMS BIOTECHNOLOGY
PROGRESS IN NATURAL SCIENCE–MATERIALS INTERNATIONAL	TRANSACTIONS OF NONFERROUS METALS SOCIETY OF CHINA
PROTEIN & CELL	TRANSLATIONAL NEURODEGENERATION
RARE METAL MATERIALS AND ENGINEERING	TSINGHUA SCIENCE AND TECHNOLOGY
RARE METALS	UNDERGROUND SPACE
REGENERATIVE BIOMATERIALS	VIROLOGICA SINICA
RESEARCH IN ASTRONOMY AND ASTROPHYSICS	WORLD JOURNAL OF EMERGENCY MEDICINE
RICE SCIENCE	WORLD JOURNAL OF PEDIATRICS
	ZOOLOGICAL RESEARCH

附录 2　2020 年 Inspec 收录的中国期刊（共 137 种）

ACTA OPTICA SINICA	CHINA RAILWAY SCIENCE
ACTA PHOTONICA SINICA	CHINA SURFACTANT DETERGENT & COSMETICS
ACTA PHYSICA SINICA	CHINESE JOURNAL OF ELECTRON DEVICES
ACTA PHYSICO–CHIMICA SINICA	CHINESE JOURNAL OF LASERS
ACTA SCIENTIARUM NATURALIUM UNIVERSITATIS PEKINENSIS	CHINESE JOURNAL OF LIQUID CRYSTALS AND DISPLAYS
ADVANCED TECHNOLOGY OF ELECTRICAL ENGINEERING AND ENERGY	CHINESE JOURNAL OF NONFERROUS METALS
APPLIED MATHEMATICS AND MECHANICS (CHINESE EDITION)	CHINESE JOURNAL OF SENSORS AND ACTUATORS
BATTERY BIMONTHLY	CHINESE OPTICS LETTERS
BUILDING ENERGY EFFICIENCY	
CHINA MECHANICAL ENGINEERING	COMPUTATIONAL ECOLOGY AND SOFTWARE

COMPUTER AIDED ENGINEERING

COMPUTER ENGINEERING

COMPUTER ENGINEERING AND APPLICATIONS

COMPUTER ENGINEERING AND SCIENCE

COMPUTER INTEGRATED MANUFACTURING SYSTEMS

CONTROL THEORY & APPLICATIONS

CORROSION SCIENCE AND PROTECTION TECHNOLOGY

EARTH SCIENCE

ELECTRIC MACHINES AND CONTROL

ELECTRIC POWER AUTOMATION EQUIPMENT

ELECTRIC POWER CONSTRUCTION

ELECTRIC POWER INFORMATION AND COMMUNICATION TECHNOLOGY

ELECTRIC POWER SCIENCE AND ENGINEERING

ELECTRIC WELDING MACHINE

ELECTRICAL MEASUREMENT AND INSTRUMENTATION

ELECTRONIC COMPONENTS AND MATERIALS

ELECTRONIC SCIENCE AND TECHNOLOGY

ELECTRONICS OPTICS & CONTROL

ENGINEERING JOURNAL OF WUHAN UNIVERSITY

ENGINEERING LETTERS

GEOMATICS AND INFORMATION SCIENCE OF WUHAN UNIVERSITY

HIGH POWER LASER AND PARTICLE BEAMS

HIGH VOLTAGE APPARATUS

IAENG INTERNATIONAL JOURNAL OF APPLIED MATHEMATICS

IAENG INTERNATIONAL JOURNAL OF COMPUTER SCIENCE

IMAGING SCIENCE AND PHOTOCHEMISTRY

INDUSTRIAL ENGINEERING AND MANAGEMENT

INDUSTRIAL ENGINEERING JOURNAL

INFRARED AND LASER ENGINEERING

INSTRUMENT TECHNIQUE AND SENSOR

INSULATING MATERIALS

INTERNATIONAL JOURNAL OF AGRICULTURAL AND BIOLOGICAL ENGINEERING

JOURNAL OF ACADEMY OF ARMORED FORCE ENGINEERING

JOURNAL OF AERONAUTICAL MATERIALS

JOURNAL OF AEROSPACE POWER

JOURNAL OF APPLIED OPTICS

JOURNAL OF APPLIED SCIENCES – ELECTRONICS AND INFORMATION ENGINEERING

JOURNAL OF BEIJING INSTITUTE OF TECHNOLOGY

JOURNAL OF BEIJING NORMAL UNIVERSITY (NATURAL SCIENCE)

JOURNAL OF BEIJING UNIVERSITY OF AERONAUTICS AND ASTRONAUTICS

JOURNAL OF BEIJING UNIVERSITY OF TECHNOLOGY

JOURNAL OF CENTRAL SOUTH UNIVERSITY (SCIENCE AND TECHNOLOGY)

JOURNAL OF CHINA THREE GORGES UNIVERSITY (NATURAL SCIENCES)

JOURNAL OF CHINA UNIVERSITY OF PETROLEUM (NATURAL SCIENCE EDITION)

JOURNAL OF CHINESE SOCIETY FOR CORROSION AND PROTECTION

JOURNAL OF CHONGQING UNIVERSITY (ENGLISH EDITION)

JOURNAL OF COMPUTATIONAL MATHEMATICS

JOURNAL OF COMPUTER APPLICATIONS

JOURNAL OF DALIAN UNIVERSITY OF TECHNOLOGY

JOURNAL OF DATA ACQUISITION AND PROCESSING

JOURNAL OF DETECTION & CONTROL

JOURNAL OF DONGHUA UNIVERSITY (ENGLISH EDITION)

JOURNAL OF EAST CHINA UNIVERSITY OF SCIENCE AND TECHNOLOGY (NATURAL SCIENCE EDITION)

续表

JOURNAL OF ELECTRONIC SCIENCE AND TECHNOLOGY	JOURNAL OF QINGDAO UNIVERSITY OF TECHNOLOGY
JOURNAL OF FOOD SCIENCE AND TECHNOLOGY	JOURNAL OF SHANGHAI JIAO TONG UNIVERSITY
JOURNAL OF FRONTIERS OF COMPUTER SCIENCE AND TECHNOLOGY	JOURNAL OF SHENZHEN UNIVERSITY SCIENCE AND ENGINEERING
JOURNAL OF GUANGDONG UNIVERSITY OF TECHNOLOGY	JOURNAL OF SOFTWARE
JOURNAL OF HEBEI UNIVERSITY OF SCIENCE AND TECHNOLOGY	JOURNAL OF SOLID ROCKET TECHNOLOGY
JOURNAL OF HEBEI UNIVERSITY OF TECHNOLOGY	JOURNAL OF SOUTH CHINA UNIVERSITY OF TECHNOLOGY (NATURAL SCIENCE EDITION)
JOURNAL OF HENAN UNIVERSITY OF SCIENCE & TECHNOLOGY (NATURAL SCIENCE)	JOURNAL OF SOUTHEAST UNIVERSITY (ENGLISH EDITION)
JOURNAL OF HUAZHONG UNIVERSITY OF SCIENCE AND TECHNOLOGY (NATURAL SCIENCE EDITION)	JOURNAL OF SOUTHEAST UNIVERSITY (NATURAL SCIENCE EDITION)
	JOURNAL OF SYSTEM SIMULATION
JOURNAL OF HUNAN UNIVERSITY (NATURAL SCIENCES)	JOURNAL OF TEST AND MEASUREMENT TECHNOLOGY
JOURNAL OF JILIN UNIVERSITY (SCIENCE EDITION)	JOURNAL OF THE CHINA SOCIETY FOR SCIENTIFIC AND TECHNICAL INFORMATION
JOURNAL OF LANZHOU UNIVERSITY OF TECHNOLOGY	JOURNAL OF TIANJIN UNIVERSITY (SCIENCE AND TECHNOLOGY)
JOURNAL OF MECHANICAL ENGINEERING	JOURNAL OF TRAFFIC AND TRANSPORTATION ENGINEERING
JOURNAL OF NANJING UNIVERSITY OF AERONAUTICS & ASTRONAUTICS	JOURNAL OF VIBRATION ENGINEERING
JOURNAL OF NANJING UNIVERSITY OF POSTS AND TELECOMMUNICATIONS (NATURAL SCIENCE EDITION)	JOURNAL OF WUHAN UNIVERSITY (NATURAL SCIENCE EDITION)
JOURNAL OF NANJING UNIVERSITY OF SCIENCE AND TECHNOLOGY	JOURNAL OF XIAMEN UNIVERSITY (NATURAL SCIENCE)
JOURNAL OF NATIONAL UNIVERSITY OF DEFENSE TECHNOLOGY	JOURNAL OF XI'AN JIAOTONG UNIVERSITY
JOURNAL OF NAVAL UNIVERSITY OF ENGINEERING	JOURNAL OF XI'AN UNIVERSITY OF TECHNOLOGY
JOURNAL OF NORTHEASTERN UNIVERSITY (NATURAL SCIENCE)	JOURNAL OF XIDIAN UNIVERSITY
	JOURNAL OF YANGZHOU UNIVERSITY (NATURAL SCIENCE EDITION)
JOURNAL OF PROJECTILES, ROCKETS, MISSILES AND GUIDANCE	JOURNAL OF ZHEJIANG UNIVERSITY (ENGINEERING SCIENCE)
JOURNAL OF QINGDAO UNIVERSITY OF SCIENCE AND TECHNOLOGY (NATURAL SCIENCE EDITION)	JOURNAL OF ZHEJIANG UNIVERSITY (SCIENCE EDITION)
	JOURNAL OF ZHEJIANG UNIVERSITY OF TECHNOLOGY
	JOURNAL OF ZHENGZHOU UNIVERSITY (ENGINEERING SCIENCE)

LASER & OPTOELECTRONICS PROGRESS	SPECIAL CASTING & NONFERROUS ALLOYS
LASER TECHNOLOGY	SPECIAL OIL & GAS RESERVOIRS
MICROMOTORS	SYSTEMS ENGINEERING AND ELECTRONICS
MICRONANOELECTRONIC TECHNOLOGY	TECHNICAL ACOUSTICS
OPTICS AND PRECISION ENGINEERING	TELECOMMUNICATION ENGINEERING
ORDNANCE INDUSTRY AUTOMATION	TOBACCO SCIENCE & TECHNOLOGY
PHOTONICS RESEARCH	TRANSACTIONS OF BEIJING INSTITUTE OF TECHNOLOGY
PROCESS AUTOMATION INSTRUMENTATION	
SCIENCE & TECHNOLOGY REVIEW	TRANSACTIONS OF NANJING UNIVERSITY OF AERONAUTICS & ASTRONAUTICS
SEMICONDUCTOR TECHNOLOGY	
SHANGHAI METALS	
SPACECRAFT ENGINEERING	WATER RESOURCES AND POWER

附录 3　2019 年 Medline 收录的中国科技期刊（共 136 种）

ACTA BIOCHIMICA ET BIOPHYSICA SINICA	CHINESE JOURNAL OF INTEGRATIVE MEDICINE
ACTA PHARMACOLOGICA SINICA	CHINESE JOURNAL OF NATURAL MEDICINES
ANIMAL MODELS AND EXPERIMENTAL MEDICINE	CHINESE JOURNAL OF TRAUMATOLOGY = ZHONGHUA CHUANG SHANG ZA ZHI
ANIMAL NUTRITION = ZHONGGUO XU MU SHOU YI XUE HUI	CHINESE MEDICAL JOURNAL
ASIAN JOURNAL OF ANDROLOGY	CHINESE MEDICAL SCIENCES JOURNAL = CHUNG-KUO I HSUEH K'O HSUEH TSA CHIH
BEIJING DA XUE XUE BAO. YI XUE BAN = JOURNAL OF PEKING UNIVERSITY. HEALTH SCIENCES	CHINESE NEUROSURGICAL JOURNAL
	CHRONIC DISEASES AND TRANSLATIONAL MEDICINE
BIO-DESIGN AND MANUFACTURING	
BIOMEDICAL AND ENVIRONMENTAL SCIENCES : BES	COMMUNICATIONS IN NONLINEAR SCIENCE & NUMERICAL SIMULATION
BONE RESEARCH	COMPUTATIONAL VISUAL MEDIA
BUILDING SIMULATION	CURRENT MEDICAL SCIENCE
CANCER BIOLOGY & MEDICINE	CURRENT ZOOLOGY
CELL RESEARCH	ENGINEERING (BEIJING, CHINA)
CELLULAR & MOLECULAR IMMUNOLOGY	FA YI XUE ZA ZHI
CHEMICAL RESEARCH IN CHINESE UNIVERSITIES	FORENSIC SCIENCES RESEARCH
	FRONTIERS OF CHEMICAL SCIENCE AND ENGINEERING
CHINA CDC WEEKLY	
CHINESE HERBAL MEDICINES	FRONTIERS OF ENVIRONMENTAL SCIENCE & ENGINEERING
CHINESE JOURNAL OF CANCER RESEARCH = CHUNG-KUO YEN CHENG YEN CHIU	FRONTIERS OF MEDICINE
	GENOMICS, PROTEOMICS & BIOINFORMATICS
CHINESE JOURNAL OF CHEMICAL ENGINEERING	
	HORTICULTURE RESEARCH

HUA XI KOU QIANG YI XUE ZA ZHI = HUAXI KOUQIANG YIXUE ZAZHI = WEST CHINA JOURNAL OF STOMATOLOGY

HUAN JING KE XUE= HUANJING KEXUE

INFECTIOUS DISEASES OF POVERTY

INSECT SCIENCE

INTERNATIONAL JOURNAL OF COAL SCIENCE & TECHNOLOGY

INTERNATIONAL JOURNAL OF MINING SCIENCE AND TECHNOLOGY

INTERNATIONAL JOURNAL OF NURSING SCIENCES

INTERNATIONAL JOURNAL OF OPHTHALMOLOGY

INTERNATIONAL JOURNAL OF ORAL SCIENCE

JOURNAL OF ANALYSIS AND TESTING

JOURNAL OF ANIMAL SCIENCE AND BIOTECHNOLOGY

JOURNAL OF BIOMEDICAL RESEARCH

JOURNAL OF BIONIC ENGINEERING

JOURNAL OF ENVIRONMENTAL SCIENCES (CHINA)

JOURNAL OF GENETICS AND GENOMICS = YI CHUAN XUE BAO

JOURNAL OF GERIATRIC CARDIOLOGY : JGC

JOURNAL OF INTEGRATIVE MEDICINE

JOURNAL OF INTEGRATIVE PLANT BIOLOGY

JOURNAL OF MOLECULAR CELL BIOLOGY

JOURNAL OF MOUNTAIN SCIENCE

JOURNAL OF OTOLOGY

JOURNAL OF PHARMACEUTICAL ANALYSIS

JOURNAL OF SPORT AND HEALTH SCIENCE

JOURNAL OF SYSTEMATICS AND EVOLUTION

JOURNAL OF ZHEJIANG UNIVERSITY. SCIENCE. B

LIGHT, SCIENCE & APPLICATIONS

LIN CHUANG ER BI YAN HOU TOU JING WAI KE ZA ZHI = JOURNAL OF CLINICAL OTORHINOLARYNGOLOGY, HEAD, AND NECK SURGERY

LIVER RESEARCH

MICROSYSTEMS & NANOENGINEERING

MILITARY MEDICAL RESEARCH

MOLECULAR PLANT

NAN FANG YI KE DA XUE XUE BAO = JOURNAL OF SOUTHERN MEDICAL UNIVERSITY

NANO RESEARCH

NATIONAL SCIENCE REVIEW

NEURAL REGENERATION RESEARCH

NEUROSCIENCE BULLETIN

PEDIATRIC INVESTIGATION

PLANT DIVERSITY

PRECISION CLINICAL MEDICINE

PROTEIN & CELL

QUANTITATIVE BIOLOGY (BEIJING, CHINA)

SCIENCE BULLETIN

SCIENCE CHINA MATERIALS

SCIENCE CHINA. CHEMISTRY

SCIENCE CHINA. LIFE SCIENCES

SHANGHAI KOU QIANG YI XUE = SHANGHAI JOURNAL OF STOMATOLOGY

SHENG LI XUE BAO = ACTA PHYSIOLOGICA SINICA

SHENG WU GONG CHENG XUE BAO = CHINESE JOURNAL OF BIOTECHNOLOGY

SHENG WU YI XUE GONG CHENG XUE ZA ZHI = JOURNAL OF BIOMEDICAL ENGINEERING = SHENGWU YIXUE GONGCHENGXUE ZAZHI

SICHUAN DA XUE XUE BAO. YI XUE BAN = JOURNAL OF SICHUAN UNIVERSITY. MEDICAL SCIENCE EDITION

SIGNAL TRANSDUCTION AND TARGETED THERAPY

STROKE AND VASCULAR NEUROLOGY

VIROLOGICA SINICA

WEI SHENG YAN JIU = JOURNAL OF HYGIENE RESEARCH

WORLD JOURNAL OF ACUPUNCTURE–MOXIBUSTION

WORLD JOURNAL OF EMERGENCY MEDICINE

WORLD JOURNAL OF GASTROENTEROLOGY

WORLD JOURNAL OF OTORHINOLARYNGOLOGY – HEAD AND NECK SURGERY

XI BAO YU FEN ZI MIAN YI XUE ZA ZHI = CHINESE JOURNAL OF CELLULAR AND MOLECULAR IMMUNOLOGY

YI CHUAN = HEREDITAS

YING YONG SHENG TAI XUE BAO = THE JOURNAL OF APPLIED ECOLOGY

ZHEJIANG DA XUE XUE BAO. YI XUE BAN = JOURNAL OF ZHEJIANG UNIVERSITY. MEDICAL SCIENCES

ZHEN CI YAN JIU = ACUPUNCTURE RESEARCH

ZHONG NAN DA XUE XUE BAO. YI XUE BAN = JOURNAL OF CENTRAL SOUTH UNIVERSITY. MEDICAL SCIENCES

ZHONGGUO DANG DAI ER KE ZA ZHI = CHINESE JOURNAL OF CONTEMPORARY PEDIATRICS

ZHONGGUO FEI AI ZA ZHI = CHINESE JOURNAL OF LUNG CANCER

ZHONGGUO GU SHANG = CHINA JOURNAL OF ORTHOPAEDICS AND TRAUMATOLOGY

ZHONGGUO SHI YAN XUE YE XUE ZA ZHI

ZHONGGUO XIU FU CHONG JIAN WAI KE ZA ZHI = ZHONGGUO XIUFU CHONGJIAN WAIKE ZAZHI = CHINESE JOURNAL OF REPARATIVE AND RECONSTRUCTIVE SURGERY

ZHONGGUO XUE XI CHONG BING FANG ZHI ZA ZHI = CHINESE JOURNAL OF SCHISTOSOMIASIS CONTROL

ZHONGGUO YI LIAO QI XIE ZA ZHI = CHINESE JOURNAL OF MEDICAL INSTRUMENTATION

ZHONGGUO YI XUE KE XUE YUAN XUE BAO. ACTA ACADEMIAE MEDICINAE SINICAE

ZHONGGUO YING YONG SHENG LI XUE ZA ZHI = ZHONGGUO YINGYONG SHENGLIXUE ZAZHI = CHINESE JOURNAL OF APPLIED PHYSIOLOGY

ZHONGGUO ZHEN JIU = CHINESE ACUPUNCTURE & MOXIBUSTION

ZHONGGUO ZHONG YAO ZA ZHI = ZHONGGUO ZHONGYAO ZAZHI = CHINA JOURNAL OF CHINESE MATERIA MEDICA

ZHONGHUA BING LI XUE ZA ZHI = CHINESE JOURNAL OF PATHOLOGY

ZHONGHUA ER BI YAN HOU TOU JING WAI KE ZA ZHI = CHINESE JOURNAL OF OTORHINOLARYNGOLOGY HEAD AND NECK SURGERY

ZHONGHUA ER KE ZA ZHI = CHINESE JOURNAL OF PEDIATRICS

ZHONGHUA FU CHAN KE ZA ZHI

ZHONGHUA GAN ZANG BING ZA ZHI = ZHONGHUA GANZANGBING ZAZHI = CHINESE JOURNAL OF HEPATOLOGY

ZHONGHUA JIE HE HE HU XI ZA ZHI = ZHONGHUA JIEHE HE HUXI ZAZHI = CHINESE JOURNAL OF TUBERCULOSIS AND RESPIRATORY DISEASES

ZHONGHUA KOU QIANG YI XUE ZA ZHI = ZHONGHUA KOUQIANG YIXUE ZAZHI = CHINESE JOURNAL OF STOMATOLOGY

ZHONGHUA LAO DONG WEI SHENG ZHI YE BING ZA ZHI = ZHONGHUA LAODONG WEISHENG ZHIYEBING ZAZHI = CHINESE JOURNAL OF INDUSTRIAL HYGIENE AND OCCUPATIONAL DISEASES

ZHONGHUA LIU XING BING XUE ZA ZHI = ZHONGHUA LIUXINGBINGXUE ZAZHI

ZHONGHUA NAN KE XUE = NATIONAL JOURNAL OF ANDROLOGY

ZHONGHUA NEI KE ZA ZHI

ZHONGHUA SHAO SHANG ZA ZHI = ZHONGHUA SHAOSHANG ZAZHI = CHINESE JOURNAL OF BURNS

ZHONGHUA WAI KE ZA ZHI = CHINESE JOURNAL OF SURGERY

ZHONGHUA WEI CHANG WAI KE ZA ZHI = CHINESE JOURNAL OF GASTROINTESTINAL SURGERY

ZHONGHUA WEI ZHONG BING JI JIU YI XUE

ZHONGHUA XIN XUE GUAN BING ZA ZHI

ZHONGHUA XUE YE XUE ZA ZHI = ZHONGHUA XUEYEXUE ZAZHI

续表

ZHONGHUA YAN KE ZA ZHI = CHINESE JOURNAL OF OPHTHALMOLOGY	ZHONGHUA YI XUE ZA ZHI
ZHONGHUA YI SHI ZA ZHI (BEIJING, CHINA : 1980)	ZHONGHUA YU FANG YI XUE ZA ZHI = CHINESE JOURNAL OF PREVENTIVE MEDICINE
ZHONGHUA YI XUE YI CHUAN XUE ZA ZHI = ZHONGHUA YIXUE YICHUANXUE ZAZHI = CHINESE JOURNAL OF MEDICAL GENETICS	ZHONGHUA ZHONG LIU ZA ZHI = CHINESE JOURNAL OF ONCOLOGY
	ZOOLOGICAL RESEARCH

附录 4　2019 年 CA plus 核心期刊（Core Journal）收录的中国期刊

ACTA PHARMACOLOGICA SINICA	HUADONG LIGONG DAXUE XUEBAO, ZIRAN KEXUEBAN
BONE RESEARCH	
BOPUXUE ZAZHI	HUAGONG XUEBAO (CHINESE EDITION)
CAILIAO RECHULI XUEBAO	HUANJING HUAXUE
CHEMICA SINICA	HUANJING KEXUE XUEBAO
CHEMICAL RESEARCH IN CHINESE UNIVERSITIES	HUAXUE
	HUAXUE FANYING GONGCHENG YU GONGYI
CHINESE CHEMICAL LETTERS	HUAXUE SHIJI
CHINESE JOURNAL OF CHEMICAL ENGINEERING	HUAXUE TONGBAO
	HUAXUE XUEBAO
CHINESE JOURNAL OF CHEMICAL PHYSICS	JINSHU XUEBAO
CHINESE JOURNAL OF CHEMISTRY	JISUANJI YU YINGYONG HUAXUE
CHINESE JOURNAL OF GEOCHEMISTRY	JOURNAL OF ADVANCED CERAMICS
CHINESE JOURNAL OF POLYMER SCIENCE	JOURNAL OF MAGNESIUM AND ALLOYS
CHINESE JOURNAL OF STRUCTURAL CHEMISTRY	JOURNAL OF SUSTAINABLE CEMENT–BASED MATERIALS
CHINESE PHYSICS C	JOURNAL OF THE CHINESE ADVANCED MATERIALS SOCIETY
CUIHUA XUEBAO	
DIANHUAXUE	JOURNAL OF THE CHINESE CHEMICAL SOCIETY (WEINHEIM, GERMANY)
DIQIU HUAXUE	
FENXI HUAXUE	LINCHAN HUAXUE YU GONGYE
FENZI CUIHUA	MOLECULAR PLANT
GAODENG XUEXIAO HUAXUE XUEBAO	PHARMACIA SINICA
GAOFENZI CAILIAO KEXUE YU GONGCHENG	RANLIAO HUAXUE XUEBAO
GAOFENZI XUEBAO	RARE METALS (BEIJING, CHINA)
GAOXIAO HUAXUE GONGCHENG XUEBAO	RENGONG JINGTI XUEBAO
GONGNENG GAOFENZI XUEBAO	SCIENCE CHINA: CHEMISTRY
GUIJINSHU	SHIYOU HUAGONG
GUISUANYAN XUEBAO	SHIYOU XUEBAO, SHIYOU JIAGONG
GUOCHENG GONGCHENG XUEBAO	SHUICHULI JISHU
HECHENG XIANGJIAO GONGYE	WUJI HUAXUE XUEBAO

WULI HUAXUE XUEBAO	ZHIPU XUEBAO
WULI XUEBAO	ZHONGGUO SHENGWU HUAXUE YU FENZI
YINGXIANG KEXUE YU GUANG HUAXUE	SHENGWU XUEBAO
YINGYONG HUAXUE	ZHONGGUO WUJI FENXI HUAXUE
YOUJI HUAXUE	

附录 5　2020 年 Ei 收录的中国科技期刊（共 229 种）

ACTA ACUSTICA	AUTOMATION OF ELECTRIC POWER SYSTEMS
ACTA AERONAUTICA ET ASTRONAUTICA SINICA	AUTOMOTIVE ENGINEERING
ACTA ARMAMENTARII	BIG DATA MINING AND ANALYTICS
ACTA AUTOMATICA SINICA	BRIDGE CONSTRUCTION
ACTA ELECTRONICA SINICA	BUILDING SIMULATION
ACTA ENERGIAE SOLARIS SINICA	CHEMICAL INDUSTRY AND ENGINEERING PROGRESS
ACTA GEOCHIMICA	CHEMICAL JOURNAL OF CHINESE UNIVERSITIES
ACTA GEODAETICA ET CARTOGRAPHICA SINICA	CHINA CIVIL ENGINEERING JOURNAL
ACTA GEOGRAPHICA SINICA	CHINA ENVIRONMENTAL SCIENCE
ACTA GEOLOGICA SINICA	CHINA JOURNAL OF HIGHWAY AND TRANSPORT
ACTA MATERIAE COMPOSITAE SINICA	CHINA MECHANICAL ENGINEERING
ACTA MECHANICA SINICA	CHINA OCEAN ENGINEERING
ACTA MECHANICA SOLIDA SINICA	CHINA RAILWAY SCIENCE
ACTA METALLURGICA SINICA	CHINA SURFACE ENGINEERING
ACTA METALLURGICA SINICA (ENGLISH LETTERS)	CHINESE JOURNAL OF AERONAUTICS
ACTA OPTICA SINICA	CHINESE JOURNAL OF ANALYTICAL CHEMISTRY
ACTA PETROLEI SINICA	CHINESE JOURNAL OF CATALYSIS
ACTA PETROLEI SINICA (PETROLEUM PROCESSING SECTION)	CHINESE JOURNAL OF CHEMICAL ENGINEERING
ACTA PETROLOGICA SINICA	CHINESE JOURNAL OF COMPUTERS
ACTA PHOTONICA SINICA	CHINESE JOURNAL OF ELECTRONICS
ACTA PHYSICA SINICA	CHINESE JOURNAL OF ENERGETIC MATERIALS
ACTA SCIENTIARUM NATURALIUM UNIVERSITATIS PEKINENSIS	CHINESE JOURNAL OF ENGINEERING
ADVANCED ENGINEERING SCIENCE	CHINESE JOURNAL OF EXPLOSIVES AND PROPELLANTS
ADVANCES IN MECHANICS	
ADVANCES IN WATER SCIENCE	
APPLIED MATHEMATICS AND MECHANICS (ENGLISH EDITION)	CHINESE JOURNAL OF GEOPHYSICS (ACTA GEOPHYSICA SINICA)
ATOMIC ENERGY SCIENCE AND TECHNOLOGY	

CHINESE JOURNAL OF GEOTECHNICAL ENGINEERING

CHINESE JOURNAL OF LASERS

CHINESE JOURNAL OF LUMINESCENCE

CHINESE JOURNAL OF MATERIALS RESEARCH

CHINESE JOURNAL OF MECHANICAL ENGINEERING (ENGLISH EDITION)

CHINESE JOURNAL OF NONFERROUS METALS

CHINESE JOURNAL OF RARE METALS

CHINESE JOURNAL OF ROCK MECHANICS AND ENGINEERING

CHINESE JOURNAL OF SCIENTIFIC INSTRUMENT

CHINESE JOURNAL OF THEORETICAL AND APPLIED MECHANICS

CHINESE OPTICS

CHINESE OPTICS LETTERS

CHINESE PHYSICS B

CHINESE SCIENCE BULLETIN

CIESC JOURNAL

COMPUTATIONAL VISUAL MEDIA

COMPUTER INTEGRATED MANUFACTURING SYSTEMS, CIMS

COMPUTER RESEARCH AND DEVELOPMENT

CONTROL AND DECISION

CONTROL THEORY AND APPLICATIONS

CONTROL THEORY AND TECHNOLOGY

DEFENCE TECHNOLOGY

EARTH SCIENCE JOURNAL OF CHINA UNIVERSITY OF GEOSCIENCES

EARTH SCIENCE FRONTIERS

EARTHQUAKE ENGINEERING AND ENGINEERING VIBRATION

ELECTRIC MACHINES AND CONTROL

ELECTRIC POWER AUTOMATION EQUIPMENT

ENGINEERING MECHANICS

ENVIRONMENTAL SCIENCE

EXPLOSION AND SHOCK WAVES

FINE CHEMICALS

FOOD SCIENCE

FRICTION

FRONTIERS OF CHEMICAL SCIENCE AND ENGINEERING

FRONTIERS OF COMPUTER SCIENCE

FRONTIERS OF ENVIRONMENTAL SCIENCE AND ENGINEERING

FRONTIERS OF INFORMATION TECHNOLOGY & ELECTRONIC ENGINEERING

FRONTIERS OF OPTOELECTRONICS

FRONTIERS OF STRUCTURAL AND CIVIL ENGINEERING

GEOMATICS AND INFORMATION SCIENCE OF WUHAN UNIVERSITY

GEOTECTONICA ET METALLOGENIA

HIGH TECHNOLOGY LETTERS

HIGH VOLTAGE ENGINEERING

INFRARED AND LASER ENGINEERING

INTERNATIONAL JOURNAL OF AUTOMATION AND COMPUTING

INTERNATIONAL JOURNAL OF INTELLIGENT COMPUTING AND CYBERNETICS

INTERNATIONAL JOURNAL OF MINERALS, METALLURGY AND MATERIALS

INTERNATIONAL JOURNAL OF MINING SCIENCE AND TECHNOLOGY

JOURNAL OF AEROSPACE POWER

JOURNAL OF ASTRONAUTICS

JOURNAL OF BASIC SCIENCE AND ENGINEERING

JOURNAL OF BEIJING INSTITUTE OF TECHNOLOGY (ENGLISH EDITION)

JOURNAL OF BEIJING UNIVERSITY OF AERONAUTICS AND ASTRONAUTICS

JOURNAL OF BEIJING UNIVERSITY OF POSTS AND TELECOMMUNICATIONS

JOURNAL OF BIOMEDICAL ENGINEERING

JOURNAL OF BIONIC ENGINEERING

JOURNAL OF BUILDING MATERIALS

JOURNAL OF BUILDING STRUCTURES

JOURNAL OF CENTRAL SOUTH UNIVERSITY (ENGLISH EDITION)

JOURNAL OF CENTRAL SOUTH UNIVERSITY (SCIENCE AND TECHNOLOGY)

JOURNAL OF CHEMICAL ENGINEERING OF CHINESE UNIVERSITIES

JOURNAL OF CHINA UNIVERSITIES OF POSTS AND TELECOMMUNICATIONS

JOURNAL OF CHINA UNIVERSITY OF MINING AND TECHNOLOGY

JOURNAL OF CHINA UNIVERSITY OF PETROLEUM (EDITION OF NATURAL SCIENCE)

JOURNAL OF CHINESE INERTIAL TECHNOLOGY

JOURNAL OF CHINESE INSTITUTE OF FOOD SCIENCE AND TECHNOLOGY

JOURNAL OF CHINESE MASS SPECTROMETRY SOCIETY

JOURNAL OF COMPUTER SCIENCE AND TECHNOLOGY

JOURNAL OF COMPUTERAIDED DESIGN AND COMPUTER GRAPHICS

JOURNAL OF ELECTRONICS AND INFORMATION TECHNOLOGY

JOURNAL OF ENERGY CHEMISTRY

JOURNAL OF ENGINEERING THERMOPHYSICS

JOURNAL OF ENVIRONMENTAL SCIENCES (CHINA)

JOURNAL OF FUEL CHEMISTRY AND TECHNOLOGY

JOURNAL OF HARBIN ENGINEERING UNIVERSITY

JOURNAL OF HARBIN INSTITUTE OF TECHNOLOGY

JOURNAL OF HUAZHONG UNIVERSITY OF SCIENCE AND TECHNOLOGY (NATURAL SCIENCE EDITION)

JOURNAL OF HUNAN UNIVERSITY NATURAL SCIENCES

JOURNAL OF HYDRAULIC ENGINEERING

JOURNAL OF HYDRODYNAMICS

JOURNAL OF INFRARED AND MILLIMETER WAVES

JOURNAL OF INORGANIC MATERIALS

JOURNAL OF IRON AND STEEL RESEARCH INTERNATIONAL

JOURNAL OF JILIN UNIVERSITY (ENGINEERING AND TECHNOLOGY EDITION)

JOURNAL OF LAKE SCIENCES

JOURNAL OF MAGNESIUM AND ALLOYS

JOURNAL OF MATERIALS ENGINEERING

JOURNAL OF MATERIALS SCIENCE AND TECHNOLOGY

JOURNAL OF MECHANICAL ENGINEERING

JOURNAL OF MINING AND SAFETY ENGINEERING

JOURNAL OF MODERN POWER SYSTEMS AND CLEAN ENERGY

JOURNAL OF NATIONAL UNIVERSITY OF DEFENSE TECHNOLOGY

JOURNAL OF NORTHEASTERN UNIVERSITY

JOURNAL OF NORTHWESTERN POLYTECHNICAL UNIVERSITY

JOURNAL OF PROPULSION TECHNOLOGY

JOURNAL OF RAILWAY ENGINEERING SOCIETY

JOURNAL OF RARE EARTHS

JOURNAL OF REMOTE SENSING

JOURNAL OF SEMICONDUCTORS

JOURNAL OF SHANGHAI JIAOTONG UNIVERSITY

JOURNAL OF SHANGHAI JIAOTONG UNIVERSITY (SCIENCE)

JOURNAL OF SHIP MECHANICS

JOURNAL OF SOFTWARE

JOURNAL OF SOUTH CHINA UNIVERSITY OF TECHNOLOGY (NATURAL SCIENCE)

JOURNAL OF SOUTHEAST UNIVERSITY (ENGLISH EDITION)

JOURNAL OF SOUTHEAST UNIVERSITY (NATURAL SCIENCE EDITION)

续表

JOURNAL OF SOUTHWEST JIAOTONG UNIVERSITY	LIGHT: SCIENCE & APPLICATIONS
JOURNAL OF SYSTEMS ENGINEERING AND ELECTRONICS	MATERIALS REVIEW
JOURNAL OF SYSTEMS SCIENCE AND COMPLEXITY	NANO RESEARCH
	NANO–MICRO LETTERS
JOURNAL OF SYSTEMS SCIENCE AND SYSTEMS ENGINEERING	NATURAL GAS INDUSTRY
JOURNAL OF TEXTILE RESEARCH	NEW CARBON MATERIALS
JOURNAL OF THE CHINA COAL SOCIETY	NUCLEAR POWER ENGINEERING
JOURNAL OF THE CHINA RAILWAY SOCIETY	OIL AND GAS GEOLOGY
JOURNAL OF THE CHINESE CERAMIC SOCIETY	OIL GEOPHYSICAL PROSPECTING
	OPTICS AND PRECISION ENGINEERING
JOURNAL OF THE UNIVERSITY OF ELECTRONIC SCIENCE AND TECHNOLOGY OF CHINA	OPTOELECTRONICS LETTERS
	PARTICUOLOGY
JOURNAL OF THERMAL SCIENCE	PETROLEUM EXPLORATION AND DEVELOPMENT
JOURNAL OF TIANJIN UNIVERSITY SCIENCE AND TECHNOLOGY	PHOTONIC SENSORS
JOURNAL OF TONGJI UNIVERSITY	PLASMA SCIENCE AND TECHNOLOGY
JOURNAL OF TRAFFIC AND TRANSPORTATION ENGINEERING	POLYMERIC MATERIALS SCIENCE AND ENGINEERING
JOURNAL OF TRANSPORTATION SYSTEMS ENGINEERING AND INFORMATION TECHNOLOGY	POWER SYSTEM TECHNOLOGY
	PROCEEDINGS OF THE CHINESE SOCIETY OF ELECTRICAL ENGINEERING
JOURNAL OF TSINGHUA UNIVERSITY (SCIENCE AND TECHNOLOGY)	RARE METAL MATERIALS AND ENGINEERING
JOURNAL OF VIBRATION AND SHOCK	RARE METALS
JOURNAL OF VIBRATION ENGINEERING	ROBOT
JOURNAL OF VIBRATION, MEASUREMENT AND DIAGNOSIS	ROCK AND SOIL MECHANICS
	SCIENCE BULLETIN
JOURNAL OF XI'AN JIAOTONG UNIVERSITY	SCIENCE CHINA CHEMISTRY
JOURNAL OF XIDIAN UNIVERSITY	SCIENCE CHINA EARTH SCIENCES
JOURNAL OF ZHEJIANG UNIVERSITY (ENGINEERING SCIENCE)	SCIENCE CHINA INFORMATION SCIENCES
	SCIENCE CHINA MATERIALS
JOURNAL OF ZHEJIANG UNIVERSITY: SCIENCE A (APPLIED PHYSICS & ENGINEERING)	SCIENCE CHINA: PHYSICS, MECHANICS AND ASTRONOMY
	SCIENTIA SILVAE SINICAE
JOURNAL ON COMMUNICATIONS	SCIENTIA SINICA TECHNOLOGICA
JOURNAL WUHAN UNIVERSITY OF TECHNOLOGY, MATERIALS SCIENCE EDITION	SEISMOLOGY AND GEOLOGY
	SHIP BUILDING OF CHINA
	SPECTROSCOPY AND SPECTRAL ANALYSIS
	SURFACE TECHNOLOGY
	SYSTEM ENGINEERING THEORY AND PRACTICE
	SYSTEMS ENGINEERING AND ELECTRONICS

续表

TRANSACTION OF BEIJING INSTITUTE OF TECHNOLOGY	TRANSACTIONS OF THE CHINA WELDING INSTITUTION
TRANSACTIONS OF CHINA ELECTROTECHNICAL SOCIETY	TRANSACTIONS OF THE CHINESE SOCIETY FOR AGRICULTURAL MACHINERY
TRANSACTIONS OF CSICE (CHINESE SOCIETY FOR INTERNAL COMBUSTION ENGINES)	TRANSACTIONS OF THE CHINESE SOCIETY OF AGRICULTURAL ENGINEERING
TRANSACTIONS OF NANJING UNIVERSITY OF AERONAUTICS AND ASTRONAUTICS	TRANSACTIONS OF TIANJIN UNIVERSITY TRIBOLOGY
TRANSACTIONS OF NONFERROUS METALS SOCIETY OF CHINA (ENGLISH EDITION)	TSINGHUA SCIENCE AND TECHNOLOGY WATER SCIENCE AND ENGINEERING

附录 6　2020 年中国内地第一作者在 *Nature*、*Science* 和 *Cell* 期刊上发表的论文
（共 185 篇）

题目	第一作者	所属机构	来源期刊	被引次数
A pneumonia outbreak associated with a new coronavirus of probable bat origin	Zhou, Peng	中国科学院武汉病毒研究所	NATURE	5161
A new coronavirus associated with human respiratory disease in China	Wu, Fan	复旦大学附属公共卫生临床中心；上海市公共卫生临床中心	NATURE	2952
Structural basis for the recognition of SARS-CoV-2 by full-length human ACE2	Yan, Renhong	浙江西湖高等研究院	SCIENCE	1425
Structure of the SARS-CoV-2 spike receptor-binding domain bound to the ACE2 receptor	Lan, Jun	清华大学	NATURE	1156
Structure of M-pro from SARS-CoV-2 and discovery of its inhibitors	Jin, Zhenming	上海科技大学	NATURE	876
Structural and Functional Basis of SARS-CoV-2 Entry by Using Human ACE2	Wang, Qihui	中国科学院微生物研究所	CELL	659
Identifying SARS-CoV-2-related coronaviruses in Malayan pangolins	Lam, Tommy Tsan-Yuk	汕头大学	NATURE	528
Susceptibility of ferrets, cats, dogs, and other domesticated animals to SARS-coronavirus 2	Shi, Jianzhong	中国农业科学院哈尔滨兽医研究所	SCIENCE	527
Aerodynamic analysis of SARS-CoV-2 in two Wuhan hospitals	Liu, Yuan	武汉大学	NATURE	482
An investigation of transmission control measures during the first 50 days of the COVID-19 epidemic in China	Tian, Huaiyu	北京师范大学	SCIENCE	451
Structure of the RNA-dependent RNA polymerase from COVID-19 virus	Gao, Yan	清华大学	SCIENCE	384
Human neutralizing antibodies elicited by SARS-CoV-2 infection	Ju, Bin	深圳市第三人民医院；深圳市东湖医院	NATURE	374

续表

题目	第一作者	所属机构	来源期刊	被引次数
Development of an inactivated vaccine candidate for SARS–CoV–2	Gao, Qiang	北京科兴生物制品有限公司	SCIENCE	365
The pathogenicity of SARS–CoV–2 in hACE2 transgenic mice	Bao, Linlin	中国医学科学院医学实验动物研究所	NATURE	333
Potent Neutralizing Antibodies against SARS–CoV–2 Identified by High–Throughput Single–Cell Sequencing of Convalescent Patients' B Cells	Cao, Yunlong	北京大学	CELL	300
Structure–based design of antiviral drug candidates targeting the SARS–CoV–2 main protease	Dai, Wenhao	中国科学院上海药物研究所	SCIENCE	299
A noncompeting pair of human neutralizing antibodies block COVID–19 virus binding to its receptor ACE2	Wu, Yan	首都医科大学	SCIENCE	277
Structural basis for inhibition of the RNA–dependent RNA polymerase from SARS–CoV–2 by remdesivir	Yin, Wanchao	中国科学院上海药物研究所	SCIENCE	267
A human neutralizing antibody targets the receptor–binding site of SARS–CoV–2	Shi, Rui	中国科学院微生物研究所	NATURE	261
Changes incontact patterns shape the dynamics of the COVID–19 outbreak in China	Zhang, Juanjuan	复旦大学	SCIENCE	230
A neutralizing human antibody binds to the N–terminal domain of the Spike protein of SARS–CoV–2	Chi, Xiangyang	军事医学科学院	SCIENCE	227
The Impact of Mutations in SARS–CoV–2 Spike on Viral Infectivity and Antigenicity	Li, Qianqian	中国食品药品检定研究院	CELL	213
Proteomic and Metabolomic Characterization of COVID–19 Patient Sera	Shen, Bo	温州医科大学附属台州医院（浙江省台州医院）	CELL	213
Viral and host factors related to the clinical outcome of COVID–19	Zhang, Xiaonan	复旦大学附属公共卫生临床中心；上海市公共卫生临床中心	NATURE	210
Quantum anomalous Hall effect in intrinsic magnetic topological insulator $MnBi_2Te_4$	Deng, Yujun	复旦大学	SCIENCE	185
Isolation of SARS–CoV–2–related coronavirus from Malayan pangolins	Xiao, Kangpeng	华南农业大学	NATURE	145
Design of robust superhydrophobic surfaces	Wang, Dehui	电子科技大学	NATURE	128
Development of an Inactivated Vaccine Candidate, BBIBP–CorV, with Potent Protection against SARS–CoV–2	Wang, Hui	北京生物制品研究所有限责任公司	CELL	125
Pathogenesis of SARS–CoV–2 in Transgenic Mice Expressing Human Angiotensin–Converting Enzyme 2	Jiang, Ren–Di	中国科学院武汉病毒研究所	CELL	124

续表

题目	第一作者	所属机构	来源期刊	被引次数
Primary exposure to SARS-CoV-2 protects against reinfection in rhesus macaques	Deng, Wei	中国医学科学院医学实验动物研究所	SCIENCE	124
Fully hardware-implemented memristor convolutional neural network	Yao, Peng	清华大学	NATURE	120
Adaptation of SARS-CoV-2 in BALB/c mice for testing vaccine efficacy	Gu, Hongjing	军事医学科学院微生物流行病研究所	SCIENCE	106
A vaccine targeting the RBD of the S protein of SARS-CoV-2 induces protective immunity	Yang, Jingyun	四川大学华西医院	NATURE	100
Generation of a Broadly Useful Model for COVID-19 Pathogenesis, Vaccination, and Treatment	Sun, Jing	广州医科大学第一附属医院	CELL	97
Construction of a human cell landscape at single-cell level	Han, Xiaoping	浙江大学医学院	NATURE	92
Hydrophobic zeolite modification for in situ peroxide formation in methane oxidation to methanol	Jin, Zhu	浙江大学	SCIENCE	89
Structural Basis for RNA Replication by the SARS-CoV-2 Polymerase	Wang, Quan	上海科技大学	CELL	87
General synthesis of two-dimensional van der Waals heterostructure arrays	Li, Jia	湖南大学	NATURE	87
A Thermostable mRNA Vaccine against COVID-19	Zhang, Na-Na	军事医学科学院微生物流行病研究所	CELL	79
Structural basis for neutralization of SARS-CoV-2 and SARS-CoV by a potent therapeutic antibody	Lv, Zhe	中国科学院生物物理研究所	SCIENCE	79
Ultrafast control of vortex microlasers	Huang, Can	哈尔滨工业大学	SCIENCE	77
Microglia mediate forgetting via complement-dependent synaptic elimination	Wang, Chao	浙江大学医学院附属第二医院	SCIENCE	75
Reconstruction of the full transmission dynamics of COVID-19 in Wuhan	Hao, Xingjie	华中科技大学	NATURE	72
Molecular Architecture of the SARS-CoV-2 Virus	Yao, Hangping	浙江大学医学院附属第一医院	CELL	71
Single-Cell Analyses Inform Mechanisms of Myeloid-Targeted Therapies in Colon Cancer	Zhang, Lei	北京大学	CELL	71
Transparent ferroelectric crystals with ultrahigh piezoelectricity	Qiu, Chaorui	西安交通大学	NATURE	69
A Universal Design of Betacoronavirus Vaccines against COVID-19, MERS, and SARS	Dai, Lianpan	中国科学院北京生命科学研究院	CELL	68
A bioorthogonal system reveals antitumour immune function of pyroptosis	Wang, Qinyang	北京大学	NATURE	68

续表

题目	第一作者	所属机构	来源期刊	被引次数
Genomic Epidemiology of SARS-CoV-2 in Guangdong Province, China	Lu, Jing	广东省公共卫生研究院	CELL	67
DNA of neutrophil extracellular traps promotes cancer metastasis via CCDC25	Yang, Linbin	中山大学孙逸仙纪念医院；中山大学附属第二医院	NATURE	60
Single-Cell Transcriptomic Atlas of Primate Ovarian Aging	Wang, Si	中国科学院动物研究所	CELL	57
Pan-Genome of Wild and Cultivated Soybeans	Liu, Yucheng	中国科学院遗传与发育生物学研究所	CELL	53
Glia-to-Neuron Conversion by CRISPR-CasRx Alleviates Symptoms of Neurological Disease in Mice	Zhou, Haibo	中国科学院上海生命科学研究院	CELL	53
Granzyme A from cytotoxic lymphocytes cleaves GSDMB to trigger pyroptosis in target cells	Zhou, Zhiwei	中国医学科学院	SCIENCE	53
Horizontal gene transfer of Fhb7 from fungus underlies Fusarium head blight resistance in wheat	Wang, Hongwei	山东农业大学	SCIENCE	53
Entanglement-based secure quantum cryptography over 1,120 kilometres	Yin, Juan	中国科学技术大学	NATURE	51
Deciphering human macrophage development at single-cell resolution	Bian, Zhilei	暨南大学	NATURE	51
Nearly quantized conductance plateau of vortex zero mode in an iron-based superconductor	Zhu, Shiyu	中国科学院物理研究所	SCIENCE	50
A dominant autoinflammatory disease caused by non-cleavable variants of RIPK1	Tao, Panfeng	浙江大学	NATURE	49
Strain-hardening and suppression of shear-banding in rejuvenated bulk metallic glass	Pan, J.	中国科学院金属研究所	NATURE	47
Quantum computational advantage using photons	Zhong, Han-Sen	中国科学技术大学	SCIENCE	45
Enhanced sustainable green revolution yield via nitrogen-responsive chromatin modulation in rice	Wu, Kun	中国科学院遗传与发育生物学研究所	SCIENCE	45
Activation and Signaling Mechanism Revealed by Cannabinoid Receptor-G(i) Complex Structures	Hua, Tian	上海科技大学	CELL	44
Stable room-temperature continuous-wave lasing in quasi-2D perovskite films	Qin, Chuanjiang	中国科学院长春应用化学研究所	NATURE	44
Entanglement of two quantum memories via fibres over dozens of kilometres	Yu, Yong	中国科学技术大学	NATURE	44
Localization and delocalization of light in photonic moire lattices	Wang, Peng	上海交通大学	NATURE	44

续表

题目	第一作者	所属机构	来源期刊	被引次数
A developmental landscape of 3D-cultured human pre-gastrulation embryos	Xiang, Lifeng	昆明理工大学	NATURE	44
Progressive Pulmonary Fibrosis Is Caused by Elevated Mechanical Tension on Alveolar Stem Cells	Wu, Huijuan	清华大学	CELL	43
Chemical vapor deposition of layered two-dimensional $MoSi_2N_4$ materials	Hong, Yi-Lun	中国科学院金属研究所	SCIENCE	43
Structural Mechanism for GSDMD Targeting by Autoprocessed Caspases in Pyroptosis	Wang, Kun	北京大学	CELL	42
Caloric Restriction Reprograms the Single-Cell Transcriptional Landscape of Rattus Norvegicus Aging	Ma, Shuai	中国科学院动物研究所	CELL	42
The water lily genome and the early evolution of flowering plants	Zhang, Liangsheng	福建农林大学	NATURE	42
Aligned, high-density semiconducting carbon nanotube arrays for high-performance electronics	Liu, Lijun	北京大学	SCIENCE	41
Structure of nucleosome-bound human BAF complex	He, Shuang	复旦大学附属肿瘤医院	SCIENCE	41
Plant Immunity: Danger Perception and Signaling	Zhou, Jian-Min	中国科学院遗传与发育生物学研究所	CELL	40
Filling metal-organic framework mesopores with TiO_2 for CO_2 photoreduction	Jiang, Zhuo	武汉大学	NATURE	39
Layered nanocomposites by shear-flow-induced alignment of nanosheets	Zhao, Chuangqi	北京航空航天大学	NATURE	39
Giant thermopower of ionic gelatin near room temperature	Han, Cheng-Gong	南方科技大学	SCIENCE	38
Atomic imaging of the edge structure and growth of a two-dimensional hexagonal ice	Ma, Runze	北京大学	NATURE	37
Conversion of non-van der Waals solids to 2D transition-metal chalcogenides	Du, Zhiguo	北京航空航天大学	NATURE	37
Black phosphorus composites with engineered interfaces for high-rate high-capacity lithium storage	Jin, Hongchang	中国科学技术大学	SCIENCE	37
RIC-seq for global in situ profiling of RNA-RNA spatial interactions	Cai, Zhaokui	中国科学院生物物理研究所	NATURE	36
Visualizing H_2O molecules reacting at TiO_2 active sites with transmission electron microscopy	Yuan, Wentao	浙江大学	SCIENCE	36
A high-resolution summary of Cambrian to Early Triassic marine invertebrate biodiversity	Fan, Jun-xuan	南京大学	SCIENCE	36

续表

题目	第一作者	所属机构	来源期刊	被引次数
Structurally Resolved SARS–CoV–2 Antibody Shows High Efficacy in Severely Infected Hamsters and Provides a Potent Cocktail Pairing Strategy	Du, Shuo	北京大学	CELL	35
Complement Signals Determine Opposite Effects of B Cells in Chemotherapy–Induced Immunity	Lu, Yiwen	中山大学孙逸仙纪念医院; 中山大学附属第二医院	CELL	34
No pulsed radio emission during a bursting phase of a Galactic magnetar	Lin, Lin	北京师范大学	NATURE	34
U1 snRNP regulates chromatin retention of noncoding RNAs	Yin, Yafei	清华大学	NATURE	34
Transcriptional regulation of strigolactone signalling in Arabidopsis	Wang, Lei	中国科学院遗传与发育生物学研究所	NATURE	29
Brain control of humoral immune responses amenable to behavioural modulation	Zhang, Xu	清华大学	NATURE	29
Distinct Processing of lncRNAs Contributes to Non–conserved Functions in Stem Cells	Guo, Chun–Jie	中国科学院上海生命科学研究院	CELL	28
Integrative Proteomic Characterization of Human Lung Adenocarcinoma	Xu, Jun–Yu	中国科学院上海药物研究所	CELL	27
Observation of topologically enabled unidirectional guided resonances	Yin, Xuefan	北京大学	NATURE	27
Long–Term Expansion of Pancreatic Islet Organoids from Resident Procr(+)Progenitors	Wang, Daisong	中国科学院大学	CELL	26
Seeded growth of large single–crystal copper foils with high–index facets	Wu, Muhong	北京大学	NATURE	26
Metalens–array–based high–dimensional and multiphoton quantum source	Li, Lin	南京大学	SCIENCE	26
Gut stem cell necroptosis by genome instability triggers bowel inflammation	Wang, Ruicong	厦门大学	NATURE	25
Rational design of layered oxide materials for sodium–ion batteries	Zhao, Chenglong	中国科学院物理研究所	SCIENCE	25
Large–Scale Comparative Analyses of Tick Genomes Elucidate Their Genetic Diversity and Vector Capacities	Jia, Na	军事医学科学院微生物流行病研究所	CELL	23
H2A.Z facilitates licensing and activation of early replication origins	Long, Haizhen	中国科学院生物物理研究所	NATURE	23
Targeting Mitochondria–Located circRNA SCAR Alleviates NASH via Reducing mROS Output	Zhao, Qiyi	中山大学孙逸仙纪念医院; 中山大学附属第二医院	CELL	22
Control of zeolite pore interior for chemoselective alkyne/olefin separations	Chai, Yuchao	南开大学	SCIENCE	22

题目	第一作者	所属机构	来源期刊	被引次数
Strange–metal behaviour in a pure ferromagnetic Kondo lattice	Shen, Bin	浙江大学	NATURE	21
A Defense Pathway Linking Plasma Membrane and Chloroplasts and Co–opted by Pathogens	Medina–Puche, Laura	中国科学院上海生命科学研究院	CELL	20
High–pressure strengthening in ultrafine–grained metals	Zhou, Xiaoling	高压科学与技术研究中心	NATURE	20
Thermosensitive crystallization–boosted liquid thermocells for low–grade heat harvesting	Yu, Boyang	华中科技大学	SCIENCE	20
DNA–directed nanofabrication of high–performance carbon nanotube field–effect transistors	Zhao, Mengyu	北京大学	SCIENCE	20
A GPR174–CCL21 module imparts sexual dimorphism to humoral immunity	Zhao, Ruozhu	清华大学	NATURE	20
Hierarchically structured diamond composite with exceptional toughness	Yue, Yonghai	燕山大学	NATURE	19
A genomic and epigenomic atlas of prostate cancer in Asian populations	Li, Jing	海军军医大学第一附属医院	NATURE	19
Ancient DNA indicates human population shifts and admixture in northern and southern China	Yang, Melinda A.	中国科学院古脊椎动物与古人类研究所	SCIENCE	19
Determination of the melanocortin–4 receptor structure identifies Ca^{2+} as a cofactor for ligand binding	Yu, Jing	上海科技大学	SCIENCE	19
Structural basis of G(s) and G(i) recognition by the human glucagon receptor	Qiao, Anna	中国科学院上海药物研究所	SCIENCE	19
Dense sampling of bird diversity increases power of comparative genomics	Feng, Shaohong	深圳华大基因科技有限公司	NATURE	18
Universal structure of dark matter haloes over a mass range of 20 orders of magnitude	Wang, J.	中国科学院国家天文台	NATURE	18
The gluconeogenic enzyme PCK1 phosphorylates INSIG1/2 for lipogenesis	Xu, Daqian	浙江大学医学院附属第一医院	NATURE	18
Proton–assisted growth of ultra–flat graphene films	Yuan, Guowen	南京大学	NATURE	18
Nitromethane as a nitrogen donor in Schmidt–type formation of amides and nitriles	Liu, Jianzhong	北京大学	SCIENCE	18
Structural basis of energy transfer in Porphyridium purpureum phycobilisome	Ma, Jianfei	清华大学	NATURE	17
Structural basis of ligand recognition and self–activation of orphan GPR52	Lin, Xi	上海科技大学	NATURE	17
Decoding the development of the human hippocampus	Zhong, Suijuan	中国科学院生物物理研究所	NATURE	17

续表

题目	第一作者	所属机构	来源期刊	被引次数
Ancient orogenic and monsoon–driven assembly of the world's richest temperate alpine flora	Ding, Wen–Na	中国科学院西双版纳热带植物园	SCIENCE	17
Structures of cell wall arabinosyltransferases with the anti–tuberculosis drug ethambutol	Zhang, Lu	上海科技大学	SCIENCE	17
Diverse polarization angle swings from a repeating fast radio burst source	Luo, R.	北京大学	NATURE	16
The NAD(+)–mediated self–inhibition mechanism of pro–neurodegenerative SARM1	Jiang, Yuefeng	北京大学	NATURE	16
Stable, high–performance sodium–based plasmonic devices in the near infrared	Wang, Yang	南京大学	NATURE	16
Intravital imaging of mouse embryos	Huang, Qiang	西安交通大学医学院第二附属医院	SCIENCE	16
Developing Covalent Protein Drugs via Proximity–Enabled Reactive Therapeutics	Li, Qingke	南方医科大学	CELL	15
Liquid–Liquid Phase Transition Drives Intra–chloroplast Cargo Sorting	Ouyang, Min	中国科学院植物研究所	CELL	15
Tying different knots in a molecular strand	Leigh, David A.	华东师范大学	NATURE	15
Global maps of the magnetic field in the solar corona	Yang, Zihao	北京大学	SCIENCE	15
RETRACTED: Proton transport enabled by a field–induced metallic state in a semiconductor heterostructure (Retracted article. See vol. 370, pg. 179, 2020)	Wu, Y.	中国地质大学武汉	SCIENCE	15
Structural insights into immunoglobulin M	Li, Yaxin	北京大学	SCIENCE	15
Integrated hearing and chewing modules decoupled in a Cretaceous stem therian mammal	Mao, Fangyuan	中国科学院古脊椎动物与古人类研究所	SCIENCE	15
A Translocation Pathway for Vesicle–Mediated Unconventional Protein Secretion	Zhang, Min	清华大学	CELL	14
Large Chinese land carbon sink estimated from atmospheric carbon dioxide data	Wang, Jing	中国科学院大气物理研究所	NATURE	14
Plant 22–nt siRNAs mediate translational repression and stress adaptation	Wu, Huihui	南方科技大学	NATURE	14
Host–mediated ubiquitination of a mycobacterial protein suppresses immunity	Wang, Lin	同济大学附属肺科医院；上海市肺科医院	NATURE	14
Direct pathogen–induced assembly of an NLR immune receptor complex to form a holoenzyme	Ma, Shoucai	清华大学	SCIENCE	14
Self–limiting directional nanoparticle bonding governed by reaction stoichiometry	Yi, Chenglin	复旦大学	SCIENCE	14

题目	第一作者	所属机构	来源期刊	被引次数
Quantum interference in H plus HD –> H–2 + D between direct abstraction and roaming insertion pathways	Xie, Yurun	中国科学院大连化学物理研究所	SCIENCE	14
Multiple Signaling Roles of CD3 epsilon and Its Application in CAR–T Cell Therapy	Wu, Wei	中国科学院大学	CELL	13
Macroscopic somatic clonal expansion in morphologically normal human urothelium	Li, Ruoyan	北京大学	SCIENCE	13
Exceptional plasticity in the bulk single–crystalline van der Waals semiconductor InSe	Wei, Tian–Ran	上海交通大学	SCIENCE	13
Recent global decline of CO_2 fertilization effects on vegetation photosynthesis	Wang, Songhan	南京大学	SCIENCE	12
Critical instability at moving keyhole tip generates porosity in laser melting	Zhao, Cang	清华大学	SCIENCE	12
Cooling and entangling ultracold atoms in optical lattices	Yang, Bing	中国科学技术大学	SCIENCE	12
Observation of gauge invariance in a 71–site Bose–Hubbard quantum simulator	Yang, Bing	中国科学技术大学	NATURE	11
Distinct subnetworks of the thalamic reticular nucleus	Li, Yinqing	清华大学	NATURE	11
Structural basis of CXC chemokine receptor 2 activation and signalling	Liu, Kaiwen	上海科技大学	NATURE	11
Spin squeezing of 10(11) atoms by prediction and retrodiction measurements	Bao, Han	复旦大学	NATURE	11
WUSCHEL triggers innate antiviral immunity in plant stem cells	Wu, Haijun	中国科学技术大学	SCIENCE	11
Surface coordination layer passivates oxidation of copper	Peng, Jian	厦门大学	NATURE	10
Regulation of sleep homeostasis mediator adenosine by basal forebrain glutamatergic neurons	Peng, Wanling	中国科学院上海生命科学研究院	SCIENCE	10
Structural basis of GPBAR activation and bile acid recognition	Yang, Fan	山东大学	NATURE	9
Quantum entanglement between an atom and a molecule	Lin, Yiheng	中国科学技术大学	NATURE	9
Super–durable ultralong carbon nanotubes	Bai, Yunxiang	清华大学	SCIENCE	9
Phase Separation of Disease–Associated SHP2 Mutants Underlies MAPK Hyperactivation	Zhu, Guangya	中国科学院上海有机化学研究所	CELL	8
Feeding induces cholesterol biosynthesis via the mTORC1–USP20–HMGCR axis	Lu, Xiao–Yi	武汉大学	NATURE	8

续表

题目	第一作者	所属机构	来源期刊	被引次数
4-Vinylanisole is an aggregation pheromone in locusts	Guo, Xiaojiao	中国科学院动物研究所	NATURE	8
A system hierarchy for brain-inspired computing	Zhang, Youhui	清华大学	NATURE	7
Structural insight into arenavirus replication machinery	Peng, Ruchao	中国科学院微生物研究所	NATURE	7
Two conserved epigenetic regulators prevent healthy ageing	Yuan, Jie	中国科学院自动化研究所	NATURE	7
Cryo-EM structure of 90S small ribosomal subunit precursors in transition states	Du, Yifei	中国科学院生物物理研究所	SCIENCE	7
SOSTDC1-producing follicular helper T cells promote regulatory follicular T cell differentiation	Wu, Xin	陆军军医大学第一附属医院	SCIENCE	7
Cancer Burden Is Controlled by Mural Cell-beta 3-Integrin Regulated Crosstalk with Tumor Cells	Wong, Ping-Pui	中山大学孙逸仙纪念医院；中山大学附属第二医院	CELL	6
Night-time measurements of astronomical seeing at Dome A in Antarctica	Ma, Bin	中国科学院国家天文台	NATURE	6
Hummingbird-sized dinosaur from the Cretaceous period of Myanmar	Xing, Lida	中国地质大学北京	NATURE	6
Denisovan DNA in Late Pleistocene sediments from Baishiya Karst Cave on the Tibetan Plateau	Zhang, Dongju	兰州大学	SCIENCE	6
Genomes of the Banyan Tree and Pollinator Wasp Provide Insights into Fig-Wasp Coevolution	Zhang, Xingtan	福建农林大学	CELL	5
Butterfly effect and a self-modulating El Nino response to global warming	Cai, Wenju	中国海洋大学	NATURE	5
Coherently forming a single molecule in an optical trap	He, Xiaodong	中国科学院武汉物理与数学研究所	SCIENCE	5
Strengthening of the Kuroshio current by intensifying tropical cyclones	Zhang, Yu	中国海洋大学	SCIENCE	5
Neuronal Inactivity Co-opts LTP Machinery to Drive Potassium Channel Splicing and Homeostatic Spike Widening	Li, Boxing	中山大学	CELL	4
A Cambrian crown annelid reconciles phylogenomics and the fossil record	Chen, Hong	云南大学	NATURE	4
Identification of Integrator-PP2A complex (INTAC), an RNA polymerase II phosphatase	Zheng, Hai	复旦大学附属肿瘤医院	SCIENCE	4
CdPS3 nanosheets-based membrane with high proton conductivity enabled by Cd vacancies	Qian, Xitang	中国科学院金属研究所	SCIENCE	4

续表

题目	第一作者	所属机构	来源期刊	被引次数
Liver Immune Profiling Reveals Pathogenesis and Therapeutics for Biliary Atresia	Wang, Jun	广州医科大学	CELL	3
Structural Basis for Blocking Sugar Uptake into the Malaria Parasite Plasmodium falciparum	Jiang, Xin	清华大学	CELL	3
An early Cambrian euarthropod with radiodont−like raptorial appendages	Zeng, Han	中国科学院南京地质古生物研究所	NATURE	3
The landscape of RNA Pol II binding reveals a stepwise transition during ZGA	Liu, Bofeng	清华大学	NATURE	3
Recycling and metabolic flexibility dictate life in the lower oceanic crust	Li, Jiangtao	同济大学	NATURE	3
Architecture of the photosynthetic complex from a green sulfur bacterium	Chen, Jing−Hua	浙江大学医学院附属邵逸夫医院	SCIENCE	3
Structural insight into precursor ribosomal RNA processing by ribonuclease MRP	Lan, Pengfei	上海交通大学医学院附属第九人民医院	SCIENCE	3
Constrained minimal−interface structures in polycrystalline copper with extremely fine grains	Li, X. Y.	中国科学院金属研究所	SCIENCE	2

注：数据采集时间为 2021 年 7 月。

附录 7　2020 年《美国数学评论》收录的中国科技期刊

ACTA ANALYSIS FUNCTIONALIS APPLICATA/ YINGYONG FANHANFENXI XUEBAO	ALGEBRA COLLOQUIUM
ACTA MATHEMATICAE APPLICATAE SINICA/ YINGYONG SHUXUE XUEBAO	APPLIED MATHEMATICS. A JOURNAL OF CHINESE UNIVERSITIES. SERIES A/GAOXIAO YINGYONG SHUXUE XUEBAO
ACTA MATHEMATICAE APPLICATAE SINICA. ENGLISH SERIES	APPLIED MATHEMATICS. A JOURNAL OF CHINESE UNIVERSITIES. SER. B
ACTA MATHEMATICA SCIENTIA. SERIES A/ SHUXUE WULI XUEBAO. CHINESE EDITION	APPLIED MATHEMATICS AND MECHANICS. ENGLISH EDITION
ACTA MATHEMATICA SCIENTIA. SERIES B. ENGLISH EDITION	ACTA SCIENTIARUM NATURALIUM UNIVERSITATIS PEKINENSIS/BEIJING DAXUE XUEBAO. ZIRAN KEXUE BAN
ACTA MATHEMATICA SINICA (ENGLISH SERIES)	JOURNAL OF BEIJING NORMAL UNIVERSITY (NATURAL SCIENCE)/BEIJING SHIFAN DAXUE XUEBAO. ZIRAN KEXUE BAN
ACTA MATHEMATICA SINICA. CHINESE SERIES	
ACTA MECHANICA SINICA	CHINESE ANNALS OF MATHEMATICS. SERIES B
ACTA SCIENTIARUM NATURALIUM UNIVERSITATIS SUNYATSENI/ZHONGSHAN DAXUE XUEBAO. ZIRAN KEXUE BAN	CHINESE ANNALS OF MATHEMATICS. SERIES A/SHUXUE NIANKAN. A JI
ADVANCES IN MATHEMATICS (CHINA). SHUXUE JINZHAN	CHINESE JOURNAL OF APPLIED PROBABILITY AND STATISTICS/YINGYONG GAILU TONGJI

CHINESE JOURNAL OF CONTEMPORARY MATHEMATICS

CHINESE JOURNAL OF PHYSICS

CHINESE QUARTERLY JOURNAL OF MATHEMATICS/SHUXUE JIKAN

COMMUNICATIONS IN MATHEMATICS AND STATISTICS

COMMUNICATIONS IN THEORETICAL PHYSICS

CONTROL THEORY AND TECHNOLOGY

CTM. CLASSICAL TOPICS IN MATHEMATICS

FRONTIERS OF MATHEMATICS IN CHINA

CHINESE JOURNAL OF ENGINEERING MATHEMATICS/GONGCHENG SHUXUE XUEBAO

ICCM NOTICES. NOTICES OF THE INTERNATIONAL CONGRESS OF CHINESE MATHEMATICIANS

IEEE/CAA JOURNAL OF AUTOMATICA SINICA

INTERNATIONAL JOURNAL OF BIOMATHEMATICS

JOURNAL OF ANHUI UNIVERSITY. NATURAL SCIENCE EDITION/ANHUI DAXUE XUEBAO. ZIRAN KEXUE BAN

JOURNAL OF CENTRAL CHINA NORMAL UNIVERSITY. NATURAL SCIENCES

JOURNAL OF COMPUTATIONAL MATHEMATICS

JOURNAL OF EAST CHINA NORMAL UNIVERSITY. NATURAL SCIENCE EDITION/ HUADONG SHIFAN DAXUE XUEBAO. ZIRAN KEXUE BAN

JOURNAL OF FUZHOU UNIVERSITY. NATURAL SCIENCE EDITION/FUZHOU DAXUE XUEBAO. ZIRAN KEXUE BAN

JOURNAL OF HEFEI UNIVERSITY OF TECHNOLOGY. NATURAL SCIENCE/HEFEI GONGYE DAXUE XUEBAO. ZIRAN KEXUE BAN

JOURNAL OF HUAZHONG UNIVERSITY OF SCIENCE AND TECHNOLOGY. NATURAL SCIENCE EDITION/HUAZHONG KEJI DAXUE XUEBAO. ZIRAN KEXUE BAN

JOURNAL OF NANJING NORMAL UNIVERSITY. NATURAL SCIENCE EDITION/NANJING SHIDA XUEBAO. ZIRAN KEXUE BAN

JOURNAL OF NANJING UNIVERSITY. NATURAL SCIENCES

JOURNAL OF NATURAL SCIENCE OF HUNAN NORMAL UNIVERSITY/HUNAN SHIFAN DAXUE ZIRAN KEXUE XUEBAO

JOURNAL OF NATURAL SCIENCE. NANJING NORMAL UNIVERSITY

JOURNAL OF NORTHWEST UNIVERSITY. NATURAL SCIENCE EDITION/XIBEI DAXUE XUEBAO. ZIRAN KEXUE BAN

JOURNAL ON NUMERICAL METHODS AND COMPUTER APPLICATIONS

JOURNAL OF THE OPERATIONS RESEARCH SOCIETY OF CHINA

JOURNAL OF SHANGHAI JIAOTONG UNIVERSITY. CHINESE EDITION/SHANGHAI JIAOTONG DAXUE XUEBAO

JOURNAL OF SHANGHAI UNIVERSITY. NATURAL SCIENCE EDITION/SHANGHAI DAXUE XUEBAO. ZIRAN KEXUE BAN

JOURNAL OF SOUTHEAST UNIVERSITY. ENGLISH EDITION/DONGNAN DAXUE XUEBAO. YINGWEN BAN

JOURNAL OF SYSTEMS SCIENCE & COMPLEXITY

JOURNAL OF WUHAN UNIVERSITY. NATURAL SCIENCE EDITION/WUHAN DAXUE XUEBAO. LIXUE BAN

JOURNAL OF YUNNAN UNIVERSITY. NATURAL SCIENCES/YUNNAN DAXUE XUEBAO. ZIRAN KEXUE BAN

JOURNAL OF ZHENGZHOU UNIVERSITY. NATURAL SCIENCE EDITION/ZHENGZHOU DAXUE XUEBAO. LIXUE BAN

JISUAN FANGFA CONGSHU

MATHEMATICA APPLICATA/YINGYONG SHUXUE

MATHEMATICA NUMERICA SINICA/JISUAN SHUXUE

续表

NANJING UNIVERSITY. JOURNAL. MATHEMATICAL BIQUARTERLY/NANJING DAXUE XUEBAO. SHUXUE BANNIAN KAN	SCIENCE CHINA. MATHEMATICS
	SERIES ON THE PURE AND APPLIED MATHEMATICS
NUMERICAL MATHEMATICS. A JOURNAL OF CHINESE UNIVERSITIES/GAODENG XUEXIAO JISUAN SHUXUE XUEBAO	SOUTHEAST ASIAN BULLETIN OF MATHEMATICS
OPERATIONS RESEARCH TRANSACTIONS/ YUNCHOUXUE XUEBAO	JOURNAL OF XIAMEN UNIVERSITY. NATURAL SCIENCE/XIAMEN DAXUE XUEBAO. ZIRAN KEXUE BAN
REPORTS OF THE INSTITUTE OF MATHEMATICS	JOURNAL OF XI'AN JIAOTONG UNIVERSITY/ XI'AN JIAOTONG DAXUE XUEBAO
SCIENCE CHINA. INFORMATION SCIENCES	

附录 8　2020 年 SCIE 收录中国论文居前 100 位的期刊

排名	期刊名称	收录中国论文篇数
1	IEEE ACCESS	10338
2	MEDICINE	3537
3	ACS APPLIED MATERIALS & INTERFACES	3349
4	SCIENCE OF THE TOTAL ENVIRONMENT	3323
5	SCIENTIFIC REPORTS	3133
6	BASIC & CLINICAL PHARMACOLOGY & TOXICOLOGY	2817
7	CHEMICAL ENGINEERING JOURNAL	2816
8	JOURNAL OF ALLOYS AND COMPOUNDS	2579
9	JOURNAL OF CLEANER PRODUCTION	2534
10	APPLIED SCIENCES–BASEL	2432
11	SUSTAINABILITY	2373
12	SENSORS	2360
13	RSC ADVANCES	2206
14	CERAMICS INTERNATIONAL	1980
15	APPLIED SURFACE SCIENCE	1971
16	MATHEMATICAL PROBLEMS IN ENGINEERING	1868
17	PLOS ONE	1796
18	CONSTRUCTION AND BUILDING MATERIALS	1773
19	INTERNATIONAL JOURNAL OF ENVIRONMENTAL RESEARCH AND PUBLIC HEALTH	1728
20	FRONTIERS IN ONCOLOGY	1655
21	CHEMICAL COMMUNICATIONS	1654
22	INTERNATIONAL JOURNAL OF BIOLOGICAL MACROMOLECULES	1642
23	CHEMOSPHERE	1635
24	BIOMED RESEARCH INTERNATIONAL	1633
25	MATERIALS	1632
26	JOURNAL OF MATERIALS CHEMISTRY A	1617

续表

排名	期刊名称	收录中国论文篇数
26	REMOTE SENSING	1617
28	NATURE COMMUNICATIONS	1613
29	ENERGIES	1573
30	OPTICS EXPRESS	1567
31	ENVIRONMENTAL SCIENCE AND POLLUTION RESEARCH	1552
32	JOURNAL OF HAZARDOUS MATERIALS	1517
33	ANGEWANDTE CHEMIE–INTERNATIONAL EDITION	1477
34	JOURNAL OF COASTAL RESEARCH	1415
35	NANOSCALE	1352
36	MITOCHONDRIAL DNA PART B–RESOURCES	1350
37	ACS OMEGA	1311
38	INTERNATIONAL JOURNAL OF HYDROGEN ENERGY	1288
39	FRONTIERS IN MICROBIOLOGY	1268
40	AGING–US	1252
41	FRONTIERS IN PHARMACOLOGY	1232
41	NEUROCOMPUTING	1232
43	ENVIRONMENTAL POLLUTION	1226
44	EUROPEAN REVIEW FOR MEDICAL AND PHARMACOLOGICAL SCIENCES	1219
45	COMPLEXITY	1213
46	INTERNATIONAL JOURNAL OF CLINICAL AND EXPERIMENTAL MEDICINE	1185
47	FUEL	1176
48	ANNALS OF TRANSLATIONAL MEDICINE	1138
49	JOURNAL OF MATERIALS CHEMISTRY C	1111
50	JOURNAL OF INTERNATIONAL MEDICAL RESEARCH	1091
51	ENERGY	1084
52	CANCER MANAGEMENT AND RESEARCH	1075
53	INTERNATIONAL JOURNAL OF MOLECULAR SCIENCES	1071
54	ONCOTARGETS AND THERAPY	1057
55	ADVANCES IN CIVIL ENGINEERING	1053
56	INDUSTRIAL & ENGINEERING CHEMISTRY RESEARCH	1052
57	NEW JOURNAL OF CHEMISTRY	1044
58	ACS SUSTAINABLE CHEMISTRY & ENGINEERING	1026
59	JOURNAL OF CELLULAR AND MOLECULAR MEDICINE	1009
60	BIORESOURCE TECHNOLOGY	999
61	BIOMEDICINE & PHARMACOTHERAPY	995
62	PHYSICAL REVIEW B	992
62	WATER	992
64	EXPERIMENTAL AND THERAPEUTIC MEDICINE	989

续表

排名	期刊名称	收录中国论文篇数
65	ADVANCED FUNCTIONAL MATERIALS	984
66	FRONTIERS IN GENETICS	975
67	JOURNAL OF MATERIALS SCIENCE-MATERIALS IN ELECTRONICS	955
68	BIOCHEMICAL AND BIOPHYSICAL RESEARCH COMMUNICATIONS	942
69	ONCOLOGY LETTERS	924
70	OPTIK	923
71	JOURNAL OF AGRICULTURAL AND FOOD CHEMISTRY	922
72	SENSORS AND ACTUATORS B-CHEMICAL	915
73	MATERIALS LETTERS	913
74	FOOD CHEMISTRY	911
75	ELECTROCHIMICA ACTA	905
76	MEDICAL SCIENCE MONITOR	894
77	CHINESE PHYSICS B	886
78	MOLECULES	876
79	PEERJ	853
80	ORGANIC LETTERS	849
81	IEEE TRANSACTIONS ON VEHICULAR TECHNOLOGY	847
82	ADVANCED MATERIALS	845
83	ANALYTICAL CHEMISTRY	843
84	ECOTOXICOLOGY AND ENVIRONMENTAL SAFETY	841
85	INTERNATIONAL JOURNAL OF ADVANCED MANUFACTURING TECHNOLOGY	840
86	ENERGY & FUELS	839
86	PHYSICAL CHEMISTRY CHEMICAL PHYSICS	839
88	JOURNAL OF PHYSICAL CHEMISTRY C	837
89	JOURNAL OF CLINICAL ONCOLOGY	816
90	APPLIED CATALYSIS B-ENVIRONMENTAL	804
91	NANO ENERGY	799
92	ACTA PHYSICA SINICA	795
93	MATERIALS RESEARCH EXPRESS	786
94	JOURNAL OF THE AMERICAN CHEMICAL SOCIETY	784
95	JOURNAL OF POWER SOURCES	783
96	RENEWABLE ENERGY	781
97	JOURNAL OF MATERIALS SCIENCE	779
98	EVIDENCE-BASED COMPLEMENTARY AND ALTERNATIVE MEDICINE	777
99	JOURNAL OF INTELLIGENT & FUZZY SYSTEMS	775
100	NANOTECHNOLOGY	767

注：含非第一作者的所有文献。

附录 9 2020 年 Ei 收录的中国论文数居前 100 位的期刊

期刊名称	论文篇数	期刊名称	论文篇数
IEEE ACCESS	12522	HUAGONG XUEBAO/CIESC JOURNAL	1170
PHYSICS LETTERS, SECTION A: GENERAL, ATOMIC AND SOLID STATE PHYSICS	6008	NEUROCOMPUTING	1170
		ENERGY	1163
SCIENCE OF THE TOTAL ENVIRONMENT	4187	COMPLEXITY	1148
		ADVANCED FUNCTIONAL MATERIALS	1142
CHEMICAL ENGINEERING JOURNAL	3248	JOURNAL OF MATERIALS CHEMISTRY C	1125
ACS APPLIED MATERIALS AND INTERFACES	3134	INDUSTRIAL AND ENGINEERING CHEMISTRY RESEARCH	1090
JOURNAL OF CLEANER PRODUCTION	2834	ZHENDONG YU CHONGJI/JOURNAL OF VIBRATION AND SHOCK	1068
JOURNAL OF ALLOYS AND COMPOUNDS	2654	PHYSICAL REVIEW B	1040
SENSORS (SWITZERLAND)	2414	JOURNAL OF COLLOID AND INTERFACE SCIENCE	1021
RSC ADVANCES	2213	CHINESE PHYSICS B	1016
APPLIED SURFACE SCIENCE	2206	MATERIALS LETTERS	1006
INORGANICA CHIMICA ACTA	2144	BIORESOURCE TECHNOLOGY	1004
JOURNAL OF HAZARDOUS MATERIALS	2052	ACS APPLIED ENERGY MATERIALS	994
CERAMICS INTERNATIONAL	1940	WATER (SWITZERLAND)	994
MATHEMATICAL PROBLEMS IN ENGINEERING	1822	SENSORS AND ACTUATORS, B: CHEMICAL	987
CONSTRUCTION AND BUILDING MATERIALS	1766	MATERIALS RESEARCH EXPRESS	971
CHEMOSPHERE	1748	ENVIRONMENTAL TECHNOLOGY (UNITED KINGDOM)	963
MATERIALS	1686	ACS SUSTAINABLE CHEMISTRY AND ENGINEERING	929
REMOTE SENSING	1683		
ANGEWANDTE CHEMIE – INTERNATIONAL EDITION	1675	ANALYTICAL CHEMISTRY	921
		JOURNAL OF AGRICULTURAL AND FOOD CHEMISTRY	921
OPTICS EXPRESS	1640	JOURNAL OF MATERIALS SCIENCE: MATERIALS IN ELECTRONICS	917
JOURNAL OF MATERIALS CHEMISTRY A	1606		
INTERNATIONAL JOURNAL OF HYDROGEN ENERGY	1534	IEEE TRANSACTIONS ON VEHICULAR TECHNOLOGY	912
ENERGIES	1434	NONGYE GONGCHENG XUEBAO/ TRANSACTIONS OF THE CHINESE SOCIETY OF AGRICULTURAL ENGINE	908
NANOSCALE	1403		
PHYSICAL CHEMISTRY CHEMICAL PHYSICS	1377		
FUEL	1372	ELECTROCHIMICA ACTA	892
ENVIRONMENTAL POLLUTION	1322	OPTOELECTRONICS AND ADVANCED MATERIALS, RAPID COMMUNICATIONS	888
CHEMICAL COMMUNICATIONS	1281		
FOOD CHEMISTRY	1244	JOURNAL OF MATERIALS SCIENCE	876
SHIPIN KEXUE/FOOD SCIENCE	1186	ADVANCED MATERIALS	875

续表

期刊名称	论文篇数	期刊名称	论文篇数
ANALYTICAL BIOCHEMISTRY	873	SMALL	729
COLLOIDS AND SURFACES A: PHYSICOCHEMICAL AND ENGINEERING ASPECTS	872	JOURNAL OF MOLECULAR LIQUIDS	726
JOURNAL OF POWER SOURCES	870	DALTON TRANSACTIONS	716
WULI XUEBAO/ACTA PHYSICA SINICA	864	NONGYE JIXIE XUEBAO/ TRANSACTIONS OF THE CHINESE SOCIETY FOR AGRICULTURAL MACHINERY	716
ZHONGGUO DIANJI GONGCHENG XUEBAO/PROCEEDINGS OF THE CHINESE SOCIETY OF ELECTRICAL	849	IEEE SENSORS JOURNAL	710
JOURNAL OF MATERIALS SCIENCE AND TECHNOLOGY	835	OPTICS COMMUNICATIONS	700
APPLIED CATALYSIS B: ENVIRONMENTAL	833	IEEE TRANSACTIONS ON POWER ELECTRONICS	699
SEPARATION AND PURIFICATION TECHNOLOGY	831	INFORMATION SCIENCES	698
CHINESE JOURNAL OF ELECTRONICS	826	OPTICS LETTERS	695
MATERIALS SCIENCE AND ENGINEERING A	820	ENVIRONMENTAL SCIENCE AND TECHNOLOGY	694
INTERNATIONAL JOURNAL OF ADVANCED MANUFACTURING TECHNOLOGY	819	IEEE INTERNET OF THINGS JOURNAL	690
NEW JOURNAL OF CHEMISTRY	812	AIP ADVANCES	673
OPTIK	809	OCEAN ENGINEERING	669
NANO ENERGY	805	HUAGONG JINZHAN/CHEMICAL INDUSTRY AND ENGINEERING PROGRESS	665
JOURNAL OF PHYSICAL CHEMISTRY C	799	ZHONGGUO HUANJING KEXUE/CHINA ENVIRONMENTAL SCIENCE	665
JOURNAL OF THE AMERICAN CHEMICAL SOCIETY	799	IEEE TRANSACTIONS ON INDUSTRIAL INFORMATICS	662
POLYMERS	794	SPECTROCHIMICA ACTA – PART A: MOLECULAR AND BIOMOLECULAR SPECTROSCOPY	661
NANOTECHNOLOGY	775		
APPLIED THERMAL ENGINEERING	757		
APPLIED OPTICS	751	JOURNAL OF APPLIED POLYMER SCIENCE	657
CARBOHYDRATE POLYMERS	745		
ENERGY AND FUELS	743	DIANWANG JISHU/POWER SYSTEM TECHNOLOGY	649
GUANG PU XUE YU GUANG PU FEN XI/SPECTROSCOPY AND SPECTRAL ANALYSIS	739		

注：统计时间截至 2021 年 6 月。论文数量的统计口径为"Ei 数据库收录的全部期刊论文"。

附录 10　影响因子居前 100 位的中国科技期刊

序号	期刊名称	核心影响因子	序号	期刊名称	核心影响因子
1	地理学报	6.290	40	自动化学报	2.624
2	管理世界	5.872	41	资源科学	2.585
3	石油勘探与开发	4.596	42	应用生态学报	2.579
4	中国循环杂志	4.556	43	中华妇产科杂志	2.544
5	地理研究	4.209	44	中国科学 地球科学	2.525
6	中华肿瘤杂志	4.092	45	针刺研究	2.509
7	电力系统自动化	4.031	46	油气地质与采收率	2.489
8	自然资源学报	3.982	47	植物营养与肥料学报	2.488
9	电网技术	3.903	48	中国实用外科杂志	2.445
10	电力系统保护与控制	3.779	49	中华消化外科杂志	2.431
11	中华糖尿病杂志	3.614	50	岩石力学与工程学报	2.422
12	地理科学进展	3.594	51	湖泊科学	2.373
13	石油学报	3.565	52	中国地质	2.372
14	中国石油勘探	3.564	53	天然气工业	2.359
15	地理科学	3.448	54	地球科学	2.352
16	中华心血管病杂志	3.370	55	仪器仪表学报	2.344
17	CHINESE JOURNAL OF CANCER RESEARCH	3.313	56	长江流域资源与环境	2.338
			57	中国中药杂志	2.318
18	石油与天然气地质	3.259	58	生物信息学	2.304
19	中华神经科杂志	3.258	59	城市规划学刊	2.280
20	中国土地科学	3.179	60	石油实验地质	2.274
21	中国肿瘤	3.176	61	食品科学技术学报	2.257
22	南开管理评论	3.167	62	中华流行病学杂志	2.250
23	中国人口资源与环境	3.045	63	农业机械学报	2.218
24	生态学报	3.037	64	中国实验方剂学杂志	2.206
25	经济地理	3.025	65	中华内科杂志	2.206
26	中国电机工程学报	2.935	66	作物学报	2.193
27	电工技术学报	2.933	67	中草药	2.191
28	中国心血管杂志	2.917	68	中国农业科学	2.190
29	植物保护	2.914	69	水资源保护	2.187
30	土壤学报	2.878	70	中国矿业大学学报	2.185
31	高电压技术	2.865	71	地学前缘	2.173
32	煤炭学报	2.860	72	煤炭科学技术	2.167
33	智慧电力	2.787	73	农业工程学报	2.162
34	中国软科学	2.756	74	高原气象	2.159
35	环境科学	2.736	75	电子测量与仪器学报	2.158
36	电力自动化设备	2.730	76	电力科学与技术学报	2.144
37	中华护理杂志	2.691	77	科学学研究	2.137
38	分子诊断与治疗杂志	2.657	78	中华结核和呼吸杂志	2.137
39	计算机学报	2.628	79	水利学报	2.133

序号	期刊名称	核心影响因子	序号	期刊名称	核心影响因子
80	应用气象学报	2.127	91	中国实用内科杂志	2.042
81	地球信息科学学报	2.125	92	中华预防医学杂志	2.034
82	中国科学院院刊	2.116	93	中国肺癌杂志	2.026
83	岩石学报	2.113	94	CHINESE JOURNAL OF CATALYSIS	2.026
84	新疆石油地质	2.110	95	中国水稻科学	2.024
85	工程地质学报	2.106	96	岩性油气藏	2.014
86	软件学报	2.090	97	中华儿科杂志	2.012
87	水土保持学报	2.087	98	中国生态农业学报	2.005
88	水科学进展	2.075	99	中国实用妇科与产科杂志	1.993
89	中国感染与化疗杂志	2.059	100	农业环境科学学报	1.991
90	中华临床感染病杂志	2.050			

注：数据来源 2020 CJCR。

附录 11　2020 年总被引频次居前 100 位的中国科技期刊

序号	期刊名称	总被引频次	序号	期刊名称	总被引频次
1	生态学报	25470	26	机械工程学报	9178
2	中国电机工程学报	22776	27	农业机械学报	8823
3	农业工程学报	18745	28	中华医院感染学杂志	8738
4	食品科学	17858	29	经济地理	8431
5	电力系统自动化	16282	30	中华医学杂志	8187
6	电网技术	14501	31	地球物理学报	8053
7	应用生态学报	13995	32	生态学杂志	8026
8	中国中药杂志	13906	33	地理研究	7981
9	管理世界	13855	34	中华护理杂志	7783
10	中华中医药杂志	12998	35	振动与冲击	7757
11	环境科学	12709	36	科学技术与工程	7719
12	中草药	12011	37	中国环境科学	7616
13	中国农业科学	11985	38	中华中医药学刊	7556
14	地理学报	11798	39	环境科学学报	7291
15	食品工业科技	11599	40	岩土工程学报	7184
16	电工技术学报	11396	41	科学通报	7030
17	中国实验方剂学杂志	11264	42	现代预防医学	7029
18	岩石力学与工程学报	11056	43	自然资源学报	6948
19	岩石学报	10975	44	护理研究	6783
20	煤炭学报	10965	45	中国全科医学	6751
21	岩土力学	10394	46	地质学报	6727
22	电力系统保护与控制	9615	47	护理学杂志	6682
23	中国农学通报	9601	48	中国组织工程研究	6617
24	高电压技术	9330	49	地理科学	6581
25	中医杂志	9249	50	中国药房	6498

续表

序号	期刊名称	总被引频次	序号	期刊名称	总被引频次
51	中华流行病学杂志	6488	76	石油学报	5512
52	水土保持学报	6441	77	中华现代护理杂志	5406
53	山东医药	6426	78	中成药	5370
54	植物营养与肥料学报	6413	79	中国针灸	5238
55	实用医学杂志	6345	80	水利学报	5231
56	计算机工程与应用	6321	81	中药材	5104
57	江苏农业科学	6305	82	仪器仪表学报	5098
58	重庆医学	6298	83	天然气工业	5027
59	物理学报	6128	84	光学学报	4926
60	农业环境科学学报	5944	85	中国科学 地球科学	4874
61	资源科学	5932	86	植物生态学报	4819
62	电力自动化设备	5923	87	光谱学与光谱分析	4812
63	作物学报	5901	88	环境工程学报	4777
64	现代中西医结合杂志	5831	89	地球科学	4763
65	地学前缘	5806	90	中华心血管病杂志	4736
66	煤炭科学技术	5791	91	动物营养学报	4713
67	生态环境学报	5760	92	计算机应用研究	4703
68	中国医药导报	5749	93	系统工程理论与实践	4675
69	地理科学进展	5680	94	中华结核和呼吸杂志	4632
70	食品研究与开发	5667	95	草业学报	4617
71	中国人口资源与环境	5604	96	中华神经科杂志	4608
72	土壤学报	5597	97	工程力学	4596
73	辽宁中医杂志	5595	98	中国中西医结合杂志	4558
74	食品与发酵工业	5561	99	医学综述	4544
75	石油勘探与开发	5544	100	科学学研究	4540

注：数据来源 2020 CJCR。

附　表

附表 1　2020 年度国际科技论文总数居世界前列的国家（地区）

国家（地区）	2020 年收录的科技论文篇数			2020 年收录的科技论文总篇数	占科技论文总数比例	排名
	SCI	Ei	CPCI-S			
世界科技论文总数	2332742	996727	368393	3697862	100.0%	
中国	552557	364829	52416	969802	26.2%	1
美国	584892	169003	121731	875626	23.7%	2
英国	177802	53284	20465	251551	6.8%	3
德国	142604	56582	18668	217854	5.9%	4
印度	100539	60328	20838	181705	4.9%	5
日本	104642	44053	14990	163685	4.4%	6
意大利	110222	33562	13745	157529	4.3%	7
法国	95965	37540	11888	145393	3.9%	8
加拿大	95079	32649	13549	141277	3.8%	9
西班牙	86128	28930	8998	124056	3.4%	10
澳大利亚	86796	29018	7621	123435	3.3%	11
韩国	77174	35060	7458	119692	3.2%	12
俄罗斯	48689	29131	16305	94125	2.5%	13
巴西	66557	21303	5818	93678	2.5%	14
伊朗	48760	27010	1879	77649	2.1%	15
荷兰	53339	15287	5526	74152	2.0%	16
瑞士	43900	13200	4737	61837	1.7%	17
波兰	40139	16636	4175	60950	1.6%	18
土耳其	40616	15092	3720	59428	1.6%	19
瑞典	35761	12152	3692	51605	1.4%	20
比利时	30343	9388	3550	43281	1.2%	21
沙特阿拉伯	27360	13448	1428	42236	1.1%	22
丹麦	26289	7608	2802	36699	1.0%	23
葡萄牙	22359	8325	3327	34011	0.9%	24
奥地利	23247	7590	2882	33719	0.9%	25
埃及	21886	9339	1490	32715	0.9%	26
墨西哥	21856	7935	2019	31810	0.9%	27
巴基斯坦	20860	9240	1021	31121	0.8%	28
新加坡	18997	10351	2556	31904	0.9%	29
以色列	18265	6015	2239	26519	0.7%	30

注：2020 年中国台湾地区三系统论文总数 51834 篇，占 1.4%；香港特区三系统论文总数 36583 篇，占 1.0%；澳门特区三系统论文总数 5123 篇，占 0.1%。

附表 2 2020 年 SCI 收录主要国家（地区）发表科技论文情况

国家（地区）	2016—2020 年排名					2020 年发表的科技论文总篇数	占收录科技论文总数比例
	2016	2017	2018	2019	2020		
世界科技论文总数						2332742	100%
美国	1	1	1	1	1	584892	25.1%
中国	2	2	2	2	2	554073	23.8%
英国	3	3	3	3	3	177802	7.6%
德国	4	4	4	4	4	142604	6.1%
意大利	7	7	7	7	5	110222	4.7%
日本	5	5	5	5	6	104642	4.5%
印度	9	9	9	9	7	100539	4.3%
法国	6	6	6	6	8	95965	4.1%
加拿大	8	8	8	8	9	95079	4.1%
澳大利亚	10	10	10	10	10	86796	3.7%
西班牙	11	11	11	11	11	86128	3.7%
韩国	12	12	12	12	12	77174	3.3%
巴西	13	13	13	13	13	66557	2.9%
荷兰	14	14	14	14	14	53339	2.3%
伊朗	18	17	17	17	15	48760	2.1%
俄罗斯	15	15	15	15	16	48689	2.1%
瑞士	16	16	16	16	17	43900	1.9%
土耳其	17	18	18	18	18	40616	1.7%
波兰	19	20	19	19	19	40139	1.7%
瑞典	20	19	20	20	20	35761	1.5%
比利时	21	21	21	21	21	30343	1.3%
沙特阿拉伯	27	27	26	26	22	27360	1.2%
丹麦	22	22	22	22	23	26289	1.1%
奥地利	23	23	23	23	24	23247	1.0%
葡萄牙	26	24	24	24	25	22359	1.0%
埃及					26	21886	0.9%
墨西哥	25	25	25	25	27	21856	0.9%
巴基斯坦					28	20860	0.9%
新加坡	28	28	28	28	29	18997	0.8%
以色列	24	26	27	27	30	18265	0.8%

注：2020 年中国台湾地区 SCI 收录论文数 33815 篇，占 1.4%，香港特区 SCI 收录论文数 21999 篇，占 0.9%，澳门特区 SCI 收录论文数 3036 篇，占 0.1%。中国论文数不含港澳台地区论文数。

附表 3　2020 年 CPCI-S 收录主要国家（地区）发表科技论文情况

国家（地区）	历年排名					2020 年发表的科技论文 总篇数	占收录科技论文总数 比例
	2016	2017	2018	2019	2020		
世界科技论文总数						368393	100%
美国	1	1	1	1	1	121731	33.0%
中国	2	2	2	2	2	52416	14.2%
印度	5	6	6	7	3	20838	5.7%
德国	4	4	4	3	4	18668	5.1%
英国	3	3	3	4	5	20465	5.6%
俄罗斯	10	9	9	10	6	16305	4.4%
日本	6	5	5	5	7	14990	4.1%
意大利	8	8	7	6	8	13745	3.7%
加拿大	9	10	10	9	9	13549	3.7%
法国	7	7	8	8	10	11888	3.2%
西班牙	11	11	11	11	11	8998	2.4%
印度尼西亚	0	13	12	14	12	8728	2.4%
澳大利亚	13	14	14	13	13	7621	2.1%
韩国	12	12	13	12	14	7458	2.0%
巴西	16	17	17	16	15	5818	1.6%
荷兰	15	18	15	15	16	5526	1.5%
瑞士	18	20	18	18	17	4737	1.3%
波兰	14	15	16	17	18	4175	1.1%
土耳其	17	19	20	20	19	3720	1.0%
瑞典	21	21	21	19	20	3692	1.0%
马来西亚	19	16	19	26	21	3568	1.0%
比利时	22	24	22	21	22	3550	1.0%
葡萄牙	24	25	24	22	23	3327	0.9%
捷克	20	22	23	23	24	2990	0.8%
罗马尼亚	23	23	27	27	25	2911	0.8%
奥地利	25	26	26	25	26	2882	0.8%
丹麦	27	27	25	24	27	2802	0.8%
乌克兰					28	2731	0.7%
新加坡	26	28	28	28	29	2556	0.7%
希腊	30	29	29	30	30	2303	0.6%

注：2020 年 CPCI-S 收录中国台湾地区论文数为 3265 篇，占 0.9%；香港特区论文数为 2040 篇；占 0.6%，澳门特区论文数为 273 篇，占 0.1%。中国论文数不含港澳台地区论文数。

附表 4   2020 年 Ei 收录主要国家（地区）科技论文情况

国家（地区）	历年排名					2020 年收录的科技论文总篇数	占收录科技论文总数比例
	2016	2017	2018	2019	2020		
世界科技论文总数						996727	100%
中国	1	1	1	1	1	364829	36.6%
美国	2	2	2	2	2	169003	17.0%
印度	4	3	4	3	3	60328	6.1%
德国	3	4	3	4	4	56582	5.7%
英国	5	5	5	5	5	53284	5.3%
日本	6	6	6	6	6	44053	4.4%
法国	7	7	7	7	7	37540	3.8%
韩国	8	8	8	8	8	35060	3.5%
意大利	9	9	9	10	9	33562	3.4%
加拿大	10	10	10	9	10	32649	3.3%
俄罗斯	12	13	13	12	11	29131	2.9%
澳大利亚	13	14	14	11	12	29018	2.9%
西班牙	11	12	11	14	13	28930	2.9%
伊朗	14	11	12	13	14	27010	2.7%
巴西	15	15	15	15	15	21303	2.1%
波兰	16	16	16	16	16	16636	1.7%
荷兰	17	17	17	18	17	15287	1.5%
土耳其	18	18	18	17	18	15092	1.5%
沙特阿拉伯	22	22	22	21	19	13448	1.3%
瑞士	19	19	19	19	20	13200	1.3%
瑞典	20	20	20	20	21	12152	1.2%
新加坡	21	21	21	22	22	10351	1.0%
比利时	24	23	23	23	23	9388	0.9%
埃及	30	30	29	24	24	9339	0.9%
马来西亚	23	24	24	25	25	8564	0.9%
葡萄牙	25	25	25	26	26	8325	0.8%
墨西哥	27	29	28	27	27	7935	0.8%
丹麦	29	28	26	29	28	7608	0.8%
奥地利	26	26	27	28	29	7590	0.8%
捷克	28	27	30	30	30	7165	0.7%

注：2020 年 Ei 收录中国台湾地区论文 14754 篇，占 1.5%；香港特区论文 12544 篇；占 1.3%，澳门特区论文 1814 篇，占 0.2%。中国论文数不含港澳台地区论文数。

附表 5　2020 年 SCI、Ei 和 CPCI-S 收录的中国科技论文学科分布情况

学科	SCI		Ei		CPCI-S		论文总篇数	排名
	论文篇数	比例	论文篇数	比例	论文篇数	比例		
数学	12896	2.57%	9368	2.75%	139	0.41%	22403	14
力学	4884	0.97%	6250	1.83%	9	0.03%	11143	20
信息、系统科学	1405	0.28%	1409	0.41%	35	0.10%	2849	29
物理学	38358	7.65%	19009	5.58%	2530	7.46%	59897	5
化学	63740	12.71%	17864	5.24%	464	1.37%	82068	2
天文学	2320	0.46%	706	0.21%	9	0.03%	3035	28
地学	20666	4.12%	33573	9.85%	126	0.37%	54365	7
生物学	54259	10.82%	35200	10.33%	410	1.21%	89869	1
预防医学与卫生学	8430	1.68%	0	0.00%	1	0.00%	8431	22
基础医学	28185	5.62%	501	0.15%	665	1.96%	29351	12
药物学	19969	3.98%	0	0.00%	44	0.13%	20013	16
临床医学	57754	11.51%	0	0.00%	3803	11.22%	61557	4
中医学	1635	0.33%	0	0.00%	0	0.00%	1635	36
军事医学与特种医学	926	0.18%	0	0.00%	0	0.00%	926	38
农学	6373	1.27%	327	0.10%	71	0.21%	6771	23
林学	1200	0.24%	0	0.00%	1	0.00%	1201	37
畜牧、兽医	2519	0.50%	0	0.00%	0	0.00%	2519	32
水产学	2132	0.43%	0	0.00%	0	0.00%	2132	33
测绘科学技术	2	0.00%	3714	1.09%	0	0.00%	3716	27
材料科学	35282	7.03%	23468	6.89%	526	1.55%	59276	6
工程与技术基础学科	3032	0.60%	15975	4.69%	158	0.47%	19165	17
矿山工程技术	913	0.18%	1660	0.49%	2	0.01%	2575	31
能源科学技术	14086	2.81%	19755	5.80%	2928	8.64%	36769	9
冶金、金属学	1898	0.38%	17078	5.01%	0	0.00%	18976	18
机械、仪表	6486	1.29%	12922	3.79%	967	2.85%	20375	15
动力与电气	998	0.20%	22792	6.69%	482	1.42%	24272	13
核科学技术	2050	0.41%	311	0.09%	364	1.07%	2725	30
电子、通信与自动控制	32537	6.49%	26202	7.69%	8769	25.87%	67508	3
计算技术	19928	3.97%	17624	5.17%	7883	23.26%	45435	8
化工	12985	2.59%	577	0.17%	67	0.20%	13629	19
轻工、纺织	1347	0.27%	484	0.14%	0	0.00%	1831	35
食品	4923	0.98%	137	0.04%	86	0.25%	5146	24
土木建筑	7575	1.51%	27459	8.06%	409	1.21%	35443	10
水利	2110	0.42%	11	0.00%	11	0.03%	2132	33
交通运输	1460	0.29%	7826	2.30%	235	0.69%	9521	21
航空航天	1477	0.29%	3322	0.98%	219	0.65%	5018	25
安全科学技术	310	0.06%	473	0.14%	20	0.06%	803	39
环境科学	22423	4.47%	11561	3.39%	840	2.48%	34824	11
管理学	1164	0.23%	2895	0.85%	46	0.14%	4105	26

续表

学科	SCI		Ei		CPCI-S		论文总篇数	排名
	论文篇数	比例	论文篇数	比例	论文篇数	比例		
其他	939	0.19%	262	0.08%	1573	4.64%	2774	
合计	501576	100.00%	340715	100.00%	33892	100.00%	876183	

注：按中国为第一作者论文数统计。

附表 6　2020 年 SCI、Ei 和 CPCI-S 收录的中国科技论文地区分布情况

地区	SCI		Ei		CPCI-S		论文总数	排名
	论文篇数	比例	论文篇数	比例	论文篇数	比例		
北京	71157	16.18%	54936	16.12%	7246	21.47%	133339	1
天津	14452	3.00%	11806	3.47%	1120	2.58%	27378	12
河北	6807	1.28%	4813	1.41%	394	1.75%	12014	19
山西	5699	1.05%	3977	1.17%	225	0.51%	9901	22
内蒙古	2163	0.33%	1373	0.40%	159	0.34%	3695	27
辽宁	17666	3.66%	14231	4.18%	1350	4.24%	33247	10
吉林	11373	2.40%	8377	2.46%	417	2.23%	20167	16
黑龙江	12230	2.66%	10803	3.17%	903	3.24%	23936	13
上海	38727	8.68%	23585	6.92%	2982	7.97%	65294	3
江苏	51195	10.73%	35168	10.32%	3107	8.31%	89470	2
浙江	26384	5.17%	16275	4.78%	1506	3.48%	44165	8
安徽	13111	2.61%	9387	2.76%	946	2.44%	23444	14
福建	10930	2.05%	7251	2.13%	572	1.65%	18753	18
江西	6634	1.07%	4288	1.26%	244	1.21%	11166	20
山东	28773	5.20%	17040	5.00%	1598	4.95%	47411	6
河南	13063	2.32%	7813	2.29%	457	1.80%	21333	15
湖北	27416	5.46%	18076	5.31%	1805	5.75%	47297	7
湖南	18174	3.30%	13043	3.83%	849	3.11%	32066	11
广东	38642	6.53%	19493	5.72%	2295	6.27%	60430	4
广西	5004	0.81%	2660	0.78%	280	0.80%	7944	24
海南	1545	0.22%	477	0.14%	63	0.28%	2085	28
重庆	11287	2.29%	7623	2.24%	698	2.02%	19608	17
四川	23424	4.28%	15592	4.58%	1739	4.18%	40755	9
贵州	3207	0.44%	1431	0.42%	97	0.49%	4735	25
云南	5235	50.98%	2642	0.78%	288	0.77%	8165	23
西藏	90	0.01%	9	0.00%	4	0.01%	103	31
陕西	26547	5.25%	21740	6.38%	2104	6.89%	50391	5
甘肃	6496	1.30%	4313	1.27%	267	0.82%	11076	21
青海	627	0.11%	593	0.17%	35	0.07%	1255	30
宁夏	890	0.11%	530	0.16%	62	0.12%	1482	29
新疆	2628	0.54%	1370	0.40%	80	0.24%	4078	26
总计	501576	100.00%	340715	100.00%	33892	100.00%	876183	

注：按中国为第一作者论文数统计。

附表 7　2020 年 SCI、Ei 和 CPCI-S 收录的中国科技论文分学科地区分布情况

学科	北京	天津	河北	山西	内蒙古	辽宁	吉林	黑龙江	上海	江苏	浙江
数学	2803	664	299	307	127	715	375	563	1546	2402	1114
力学	2041	410	109	84	41	491	119	492	944	1167	584
信息、系统科学	397	97	51	28	8	135	30	76	178	324	163
物理学	8925	2031	931	1057	302	1902	1809	1686	4495	6040	2812
化学	9889	3303	880	1235	366	2983	2873	2044	6076	8416	4146
天文学	952	58	26	24	2	49	30	15	227	349	58
地学	11866	1333	642	485	308	1702	1373	1142	2695	5571	1960
生物学	11297	2615	1142	948	389	2864	2324	2252	7117	9222	5281
预防医学与卫生学	1335	170	85	58	34	204	121	152	702	740	606
基础医学	3410	700	502	225	148	878	596	500	2855	2843	2109
药物学	1773	462	420	232	119	823	579	420	1388	1916	1392
临床医学	9877	1425	930	482	150	1681	1208	689	7012	4550	4259
中医学	301	59	33	8	5	26	53	25	159	138	104
军事医学与特种医学	178	15	16	8	2	24	10	5	150	60	34
农学	1072	69	91	107	60	205	172	248	113	834	342
林学	343	4	12	10	9	28	21	113	11	150	36
畜牧、兽医	345	11	40	34	45	23	92	149	54	301	96
水产学	41	24	12	6	4	78	31	35	181	189	208
测绘科学技术	653	123	55	32	8	143	80	96	251	381	140
材料科学	7454	2118	759	971	296	3151	1604	1866	4617	5670	2508
工程与技术基础学科	3217	605	262	220	66	757	426	509	1403	2012	925
矿山工程技术	561	35	42	86	9	188	38	31	63	323	57
能源科学技术	6533	1411	629	461	157	1421	704	1246	2300	3713	1581
冶金、金属学	2782	634	373	350	120	1626	450	562	1258	1554	697
机械、仪表	2945	732	359	203	69	1055	449	824	1487	2136	990
动力与电气	3941	1015	349	236	75	926	512	843	1808	2594	1219
核科学技术	565	24	17	20	2	74	27	109	263	139	90
电子、通信与自动控制	10811	2085	1019	575	188	2932	1330	2474	4354	7518	3150
计算技术	7957	1212	567	331	142	1820	653	1118	3155	4655	2214
化工	1862	751	118	226	35	608	279	438	1074	1566	746
轻工、纺织	135	104	22	26	4	61	41	36	204	254	118
食品	579	136	62	33	20	226	99	172	183	870	309
土木建筑	4938	1123	458	277	154	1525	616	1346	2691	4249	1491
水利	348	98	27	23	14	66	40	66	145	289	97
交通运输	1738	275	110	54	36	383	297	261	857	1043	376
航空航天	1428	106	41	19	7	150	62	336	240	669	109
安全科学技术	167	23	5	5	4	34	12	12	61	89	21
环境科学	6581	1109	446	376	152	1016	570	864	2276	3952	1735
管理学	613	135	57	19	10	220	39	71	354	428	201
其他	686	74	16	20	8	54	23	50	347	154	87
合计	133339	27378	12014	9901	3695	33247	20167	23936	65294	89470	44165

续表

学科	安徽	福建	江西	山东	河南	湖北	湖南	广东	广西	海南	重庆
数学	780	524	331	1387	750	1043	1070	1341	258	44	567
力学	341	142	94	419	170	540	491	493	58	9	238
信息、系统科学	121	61	24	151	63	141	134	208	20	1	80
物理学	2507	1186	926	2691	1497	3022	2247	3405	452	77	1115
化学	2547	2399	1389	4954	2522	4032	2842	5753	824	214	1647
天文学	132	31	33	103	42	145	59	168	40	4	36
地学	1223	1024	614	3504	964	4197	1589	2954	410	111	851
生物学	2000	2324	1124	5638	2578	4853	2623	7804	975	513	2222
预防医学与卫生学	184	175	94	376	228	619	255	927	85	18	231
基础医学	664	594	408	1773	776	1937	878	3120	371	125	730
药物学	446	348	325	1675	880	991	602	1687	265	105	429
临床医学	967	1370	743	3263	1402	3133	1995	6885	606	133	1525
中医学	30	33	25	67	27	45	33	198	24	11	21
军事医学与特种医学	17	19	5	82	9	28	20	84	7	1	19
农学	123	185	86	332	252	343	181	367	104	74	136
林学	16	50	14	24	18	27	37	72	14	11	5
畜牧、兽医	55	20	27	153	118	78	84	186	52	19	32
水产学	10	100	21	339	34	157	41	394	27	49	32
测绘科学技术	77	83	38	197	82	291	170	184	31	5	83
材料科学	1584	1284	960	3012	1407	2905	2476	3690	557	86	1334
工程与技术基础学科	572	436	235	1044	451	1030	756	1132	174	30	384
矿山工程技术	73	32	41	131	86	138	147	65	16	3	80
能源科学技术	957	653	300	2420	781	2038	1134	1946	263	45	865
冶金、金属学	509	369	355	797	435	787	1239	915	192	17	471
机械、仪表	510	339	253	873	432	1061	737	911	144	12	614
动力与电气	742	429	303	1049	476	1342	823	1254	177	16	509
核科学技术	289	37	24	74	22	93	61	160	10	2	25
电子、通信与自动控制	1990	1172	628	3167	1431	3298	2550	4152	515	70	1632
计算技术	1579	926	465	1991	1118	2612	1947	3040	391	78	1036
化工	299	296	144	821	258	595	604	829	84	21	245
轻工、纺织	36	52	33	122	43	102	45	111	24	4	36
食品	138	152	185	303	152	294	79	453	41	35	82
土木建筑	661	689	335	1644	726	2172	1882	1845	293	46	986
水利	49	24	23	85	70	122	50	145	16	6	33
交通运输	191	127	84	319	166	456	493	437	60	4	258
航空航天	61	45	30	104	39	173	283	137	9	2	41
安全科学技术	30	13	6	11	13	49	40	35	3	0	26
环境科学	708	880	367	2025	670	2030	1110	2515	296	77	731
管理学	177	98	61	172	83	246	184	221	23	6	128
其他	49	32	13	119	62	132	75	207	33	1	93
合计	23444	18753	11166	47411	21333	47297	32066	60430	7944	2085	19608

续表

学科	四川	贵州	云南	西藏	陕西	甘肃	青海	宁夏	新疆	合计
数学	950	198	241	1	1300	455	35	68	145	22403
力学	500	29	42	0	976	93	4	6	16	11143
信息、系统科学	126	8	16	0	174	19	1	4	10	2849
物理学	2908	288	403	1	3787	968	71	96	260	59897
化学	3420	540	780	3	3874	1320	137	177	483	82068
天文学	62	34	151	2	84	69	4	1	45	3035
地学	2230	349	499	3	3161	1064	97	71	373	54365
生物学	3628	742	1556	43	3885	1028	222	150	510	89869
预防医学与卫生学	426	60	72	3	300	92	9	14	56	8431
基础医学	1185	239	296	6	882	279	38	73	211	29351
药物学	935	238	300	4	822	246	38	63	90	20013
临床医学	3826	293	401	4	1864	489	52	97	246	61557
中医学	105	18	17	0	30	17	1	6	16	1635
军事医学与特种医学	73	8	6	0	39	4	0	1	2	926
农学	255	72	140	4	449	201	17	32	105	6771
林学	23	12	49	2	62	13	1	0	14	1201
畜牧、兽医	153	12	27	3	121	115	18	16	40	2519
水产学	69	1	10	2	33	1	2	0	1	2132
测绘科学技术	157	14	19	0	230	66	6	7	14	3716
材料科学	2804	264	567	1	4095	841	96	109	190	59276
工程与技术基础学科	838	88	174	2	1071	209	35	37	65	19165
矿山工程技术	84	27	49	0	133	24	4	5	4	2575
能源科学技术	1925	104	300	6	2285	311	43	92	145	36769
冶金、金属学	623	87	237	0	1100	312	40	32	53	18976
机械、仪表	1066	68	111	1	1601	291	18	27	57	20375
动力与电气	1188	92	208	0	1745	243	26	38	94	24272
核科学技术	254	7	5	0	251	63	4	8	6	2725
电子、通信与自动控制	3635	202	312	1	5583	433	56	63	182	67508
计算技术	2324	162	274	0	3138	318	37	31	144	45435
化工	646	54	134	1	674	134	11	28	48	13629
轻工、纺织	66	11	14	0	90	26	1	2	8	1831
食品	123	48	49	1	233	52	2	8	27	5146
土木建筑	1592	116	197	1	2667	508	59	44	112	35443
水利	83	10	18	0	121	31	3	11	19	2132
交通运输	607	18	43	2	694	100	8	7	17	9521
航空航天	157	8	8	0	714	27	2	3	8	5018
安全科学技术	70	2	4	0	60	3	0	2	3	803
环境科学	1207	181	380	5	1694	548	49	38	236	34824
管理学	251	15	23	0	225	31	2	5	7	4105
其他	181	16	33	1	144	32	6	10	16	2774
合计	40755	4735	8165	103	50391	11076	1255	1482	4078	876183

注：按中国为第一作者论文数统计。

附表 8　2020 年 SCI、Ei 和 CPCI–S 收录的中国科技论文分地区机构分布情况

单位：篇

地区	高等院校	科研机构	企业	医疗机构	其他	合计
北京	96238	30552	1580	2593	2376	133339
天津	25943	623	60	374	378	27378
河北	10719	328	100	731	136	12014
山西	9038	475	46	259	83	9901
内蒙古	3362	77	17	124	115	3695
辽宁	29475	3058	105	422	187	33247
吉林	13960	2416	34	3662	95	20167
黑龙江	23260	423	28	109	116	23936
上海	58916	4855	210	435	878	65294
江苏	82290	3109	435	1318	2318	89470
浙江	39080	2094	272	2111	608	44165
安徽	21146	1840	70	193	195	23444
福建	16485	1678	41	416	133	18753
江西	10690	172	13	217	74	11166
山东	40804	2450	167	3386	604	47411
河南	19473	463	54	937	406	21333
湖北	43578	2391	168	732	428	47297
湖南	30883	305	47	537	294	32066
广东	53211	4377	402	1228	1212	60430
广西	7333	241	24	174	172	7944
海南	1563	304	3	152	63	2085
重庆	18646	359	34	286	283	19608
四川	36107	2628	236	734	1050	40755
贵州	4088	402	12	148	85	4735
云南	6585	1035	47	244	254	8165
西藏	29	51	0	5	18	103
陕西	43454	5619	235	607	476	50391
甘肃	8541	2138	19	281	97	11076
青海	923	245	7	38	42	1255
宁夏	1408	20	7	29	18	1482
新疆	3216	649	9	125	79	4078
总计	760444	75377	4482	22607	13273	876183

注：按中国为第一作者论文数统计。

附表 9　2020 年 SCI 收录论文数居前 50 位的中国高等院校

排名	高等院校	论文篇数	排名	高等院校	论文篇数
1	浙江大学	9546	26	电子科技大学	3302
2	上海交通大学	9168	27	郑州大学	3267
3	四川大学	7213	28	北京理工大学	3219
4	中南大学	7046	29	北京航空航天大学	3142
5	华中科技大学	6939	30	中国地质大学	3039
6	中山大学	6546	31	中国矿业大学	3021
7	北京大学	6113	32	东北大学	3013
8	西安交通大学	6010	33	中国石油大学	2933
9	清华大学	5983	34	江苏大学	2877
10	吉林大学	5955	35	北京科技大学	2842
11	复旦大学	5767	36	南京航空航天大学	2789
12	山东大学	5448	37	厦门大学	2654
13	哈尔滨工业大学	5335	38	湖南大学	2586
14	武汉大学	5150	39	深圳大学	2487
15	天津大学	4914	40	南昌大学	2434
16	东南大学	4340	41	江南大学	2427
17	华南理工大学	4174	42	南京医科大学	2319
18	同济大学	4004	43	中国农业大学	2289
19	大连理工大学	3631	44	兰州大学	2263
20	首都医科大学	3526	45	西北农林科技大学	2208
21	中国科学技术大学	3444	46	中国医科大学	2205
22	南京大学	3378	47	上海大学	2095
23	苏州大学	3372	48	南京理工大学	2078
24	重庆大学	3336	49	暨南大学	2067
25	西北工业大学	3335	50	西南大学	2060

注：1. 仅统计 Article 和 Review 2 种文献类型。

2. 高等院校论文数含其附属机构论文数。

附表 10　2020 年 SCI 收录论文数居前 50 位的中国研究机构

排名	研究机构	论文篇数	排名	研究机构	论文篇数
1	中国工程物理研究院	886	9	中国科学院空天信息创新研究院	580
2	中国科学院合肥物质科学研究院	787	10	中国科学院海洋研究所	564
3	中国科学院化学研究所	704	11	中国科学院深圳先进技术研究院	549
4	中国科学院地理科学与资源研究所	669	12	中国科学院地质与地球物理研究所	543
5	中国科学院生态环境研究中心	666	13	中国林业科学研究院	521
6	中国科学院长春应用化学研究所	657	14	中国医学科学院肿瘤研究所	520
7	中国科学院大连化学物理研究所	621	15	中国科学院金属研究所	513
8	中国科学院西北生态环境资源研究院	587	16	中国科学院物理研究所	495

续表

排名	研究机构	论文篇数	排名	研究机构	论文篇数
17	中国科学院海西研究院	484	34	中国科学院自动化研究所	283
18	中国水产科学研究院	475	35	中国科学院上海有机化学研究所	281
19	中国科学院宁波材料技术与工程研究所	448	36	中国科学院南海海洋研究所	280
20	中国科学院上海硅酸盐研究所	432	37	中国科学院动物研究所	267
21	中国科学院大气物理研究所	430	38	广东省科学院	247
22	中国科学院过程工程研究所	398	39	中国科学院上海光学精密机械研究所	246
23	中国科学院上海生命科学研究院	362	40	中国科学院国家天文台	244
24	中国科学院兰州化学物理研究所	360	41	中国科学院南京土壤研究所	242
25	中国科学院广州地球化学研究所	353	42	中国科学院广州能源研究所	238
26	中国疾病预防控制中心	330	42	中国科学院植物研究所	238
27	中国中医科学院	328	44	中国医学科学院药物研究所	233
28	中国科学院理化技术研究所	320	45	中国科学院青岛生物能源与过程研究所	230
29	中国科学院高能物理研究所	308	46	中国科学院力学研究所	229
30	中国科学院长春光学精密机械与物理研究所	304	47	中国科学院城市环境研究所	226
31	中国科学院半导体研究所	292	48	中国科学院武汉岩土力学研究所	222
31	中国科学院水生生物研究所	292	49	中国科学院南京地理与湖泊研究所	220
33	中国科学院昆明植物研究所	287	49	国家纳米科学中心	220

注：仅统计 Article 和 Review 2 种文献类型。

附表 11 2020 年 CPCI-S 收录科技论文数居前 50 位的中国高等院校

排名	高等院校	论文篇数	排名	高等院校	论文篇数
1	清华大学	874	15	国防科学技术大学	395
2	上海交通大学	825	16	天津大学	379
3	北京大学	719	17	同济大学	368
4	浙江大学	662	18	西北工业大学	349
5	中山大学	589	19	中国科学技术大学	343
6	电子科技大学	569	20	四川大学	318
7	北京理工大学	534	20	北京交通大学	318
8	华中科技大学	533	22	华南理工大学	313
9	西安交通大学	525	23	南京理工大学	286
10	哈尔滨工业大学	496	24	东北大学	262
11	复旦大学	471	25	中南大学	261
12	北京航空航天大学	458	25	山东大学	261
13	东南大学	456	27	武汉大学	251
14	北京邮电大学	421	28	南京航空航天大学	246

排名	高等院校	论文篇数	排名	高等院校	论文篇数
29	重庆大学	234	40	南京医科大学	149
30	武汉理工大学	222	41	哈尔滨工程大学	148
30	北京工业大学	222	41	济南大学	148
32	西安电子科技大学	216	43	合肥工业大学	139
33	南京大学	214	43	重庆邮电大学	139
34	大连理工大学	201	45	北京科技大学	138
35	上海大学	191	46	苏州大学	133
36	西南交通大学	178	47	首都医科大学	130
37	华北电力大学	165	48	吉林大学	128
38	南京邮电大学	155	48	中国地质大学	128
39	深圳大学	151	50	陆军工程大学	125

注：高等院校论文数含其附属机构论文数。

附表 12　2020 年 CPCI-S 收录科技论文数居前 50 位的中国研究机构

排名	研究机构	论文篇数	排名	研究机构	论文篇数
1	中国医学科学院肿瘤研究所	117	22	中国计量科学研究院	19
2	中国工程物理研究院	86	23	中国水产科学研究院	18
2	中国科学院信息工程研究所	86	24	交通运输部天津水运工程科学研究院	17
4	中国科学院自动化研究所	63	25	中国科学院空天信息创新研究院	15
4	中国科学院计算技术研究所	63	26	军事医学科学院	14
6	山东省医学科学院	62	26	长江水利委员会长江科学院	14
7	中国科学院深圳先进技术研究院	60	28	中国科学院理化技术研究所	13
8	中国科学院西安光学精密机械研究所	51	29	中国科学院半导体研究所	12
9	中国标准化研究院	44	29	中国环境科学研究院	12
10	中国科学院合肥物质科学研究院	42	29	中国科学院声学研究所	12
11	机械科学研究总院	39	29	解放军军事科学院	12
12	中国科学院沈阳自动化研究所	38	33	中国科学院国家空间科学中心	11
13	中国科学院高能物理研究所	37	34	中国科学院上海光学精密机械研究所	10
14	中国科学院近代物理研究所	35	34	中国农业科学院作物科学研究所	10
14	中国科学院电工研究所	35	34	南京电子技术研究所	10
16	中国空气动力研究与发展中心	32	37	中国科学院心理研究所	9
17	中国科学院软件研究所	27	37	西北核技术研究所	9
18	南京水利科学研究院	23	37	中国安全生产科学研究院	9
19	中国科学院微电子研究所	22	37	中国城市规划设计研究院	9
20	中国铁道科学研究院	21	41	中国科学院宁波材料技术与工程研究所	8
21	中国科学院数学与系统科学研究院	20	41	中国科学院苏州生物医学工程技术研究所	8

排名	研究机构	论文篇数	排名	研究机构	论文篇数
43	中国农业科学院北京畜牧兽医研究所	7	48	中国科学院长春光学精密机械与物理研究所	5
43	中国科学院光电技术研究所	7	48	中国科学院国家天文台	5
45	深圳华大基因	6	48	中国科学院紫金山天文台	5
45	中国农业科学院其他	6	48	中国农业科学院农业信息研究所	5
45	交通运输部公路科学研究院	6	48	昆明贵金属研究所	5
48	中国中医科学院	5	48	河北省科学院	5

附表 13　2020 年 Ei 收录科技论文数居前 50 位的中国高等院校

排名	高等院校	论文篇数	排名	高等院校	论文篇数
1	清华大学	5794	26	北京科技大学	2867
2	浙江大学	5767	27	北京大学	2679
3	哈尔滨工业大学	5485	28	湖南大学	2624
4	上海交通大学	5227	29	中国矿业大学	2568
5	天津大学	5003	30	南京大学	2535
6	西安交通大学	4571	31	中山大学	2477
7	中南大学	4259	32	中国地质大学	2470
8	华中科技大学	4183	33	江苏大学	2369
9	东南大学	3999	34	南京理工大学	2329
10	大连理工大学	3852	35	西南交通大学	2327
11	华南理工大学	3701	36	北京交通大学	2134
12	吉林大学	3630	37	华北电力大学	2102
13	西北工业大学	3540	38	北京工业大学	2097
14	北京理工大学	3437	39	西安电子科技大学	2096
15	同济大学	3430	40	武汉理工大学	2037
16	四川大学	3425	41	上海大学	1994
17	重庆大学	3420	42	复旦大学	1963
18	武汉大学	3317	43	江南大学	1921
19	北京航空航天大学	3237	44	河海大学	1864
20	山东大学	3209	45	深圳大学	1831
21	电子科技大学	3132	46	郑州大学	1820
22	东北大学	3085	47	国防科学技术大学	1803
23	南京航空航天大学	3050	48	苏州大学	1764
24	中国石油大学	3014	49	厦门大学	1744
25	中国科学技术大学	2956	50	哈尔滨工程大学	1739

注：高等院校论文数含其附属机构论文数。

附表 14　2020 年 Ei 收录科技论文数居前 50 位的中国研究机构

排名	研究机构	论文篇数	排名	研究机构	论文篇数
1	中国工程物理研究院	832	26	中国科学院力学研究所	242
2	中国科学院合肥物质科学研究院	783	27	国家纳米科学中心	238
3	中国科学院化学研究所	644	28	中国科学院广州能源研究所	235
4	中国科学院长春应用化学研究所	623	29	中国科学院广州地球化学研究所	224
5	中国科学院大连化学物理研究所	595	30	中国科学院微电子研究所	210
6	中国科学院金属研究所	577	30	中国科学院工程热物理研究所	210
7	中国科学院物理研究所	557	32	中国科学院上海微系统与信息技术研究所	201
8	中国科学院生态环境研究中心	540	33	中国科学院山西煤炭化学研究所	198
9	中国科学院海西研究院	442	34	中国科学院海洋研究所	197
10	中国科学院上海硅酸盐研究所	435	35	中国科学院城市环境研究所	187
11	中国科学院长春光学精密机械与物理研究所	404	36	中国科学院上海应用物理研究所	186
12	中国科学院兰州化学物理研究所	392	36	中国科学院南京地理与湖泊研究所	186
13	中国科学院过程工程研究所	382	38	中国科学院上海技术物理研究所	173
14	中国科学院地理科学与资源研究所	368	38	中国科学院青岛生物能源与过程研究所	173
15	中国科学院深圳先进技术研究院	354	40	中国科学院沈阳自动化研究所	167
16	中国科学院理化技术研究所	352	41	中国科学院西安光学精密机械研究所	165
17	中国科学院半导体研究所	347	41	中国科学院电工研究所	165
17	中国农业科学院其他	347	43	中国科学院高能物理研究所	163
19	中国科学院宁波材料技术与工程研究所	340	44	中国水利水电科学研究院	160
20	中国科学院地质与地球物理研究所	317	45	中国环境科学研究院	155
21	中国科学院上海光学精密机械研究所	302	45	中国科学院北京纳米能源与系统研究所	155
22	中国科学院自动化研究所	280	47	中国科学院计算技术研究所	154
23	中国林业科学研究院	267	48	中国地质调查局	144
24	中国科学院武汉岩土力学研究所	266	49	中国科学院上海高等研究院	143
25	中国科学院大气物理研究所	263	50	中国科学院数学与系统科学研究院	141

注：高等院校论文数含其附属机构论文数。

附表 15 1999—2020 年 SCIE 收录的中国科技论文在国内外科技期刊上发表的比例

年度	论文总篇数	在中国期刊上发表		在非中国期刊上发表	
		论文篇数	所占比例	论文数	所占比例
1999	19936	7647	38.4%	12289	61.6%
2000	22608	9208	40.7%	13400	59.3%
2001	25889	9580	37.0%	16309	63.0%
2002	31572	11425	36.2%	20147	63.8%
2003	38092	12441	32.7%	25651	67.3%
2004	45351	13498	29.8%	31853	70.2%
2005	62849	16669	26.5%	46180	73.5%
2006	71184	16856	23.7%	54328	76.3%
2007	79669	18410	23.1%	61259	76.9%
2008	92337	20804	22.5%	71533	77.5%
2009	108806	22229	20.4%	86577	79.6%
2010	121026	25934	21.4%	95092	78.6%
2011	136445	22988	16.8%	113457	83.2%
2012	158615	22903	14.4%	135712	85.6%
2013	204061	23271	11.4%	180790	88.6%
2014	235139	22805	9.7%	212334	90.3%
2015	265469	22324	8.4%	243145	91.6%
2016	290647	21789	7.5%	268858	92.5%
2017	323878	21331	6.6%	302547	93.4%
2018	376354	21480	5.7%	354874	94.3%
2019	450215	22568	5.0%	427647	95.0%
2020	501576	25786	5.1%	475790	94.9%

数据来源：SCIE 数据库和 *JCR*。

附表 16 1995—2020 年 Ei 收录的中国科技论文在国内外科技期刊上发表的比例

年度	论文总篇数	在中国期刊上发表		在非中国期刊上发表	
		论文篇数	所占比例	论文篇数	所占比例
1995	6791	3038	44.70%	3753	55.30%
1996	8035	4997	62.20%	3038	37.80%
1997	9834	5121	52.10%	4713	47.90%
1998	8220	4160	50.61%	4060	49.40%
1999	13155	8324	63.30%	4831	36.70%
2000	13991	8293	59.30%	5698	40.70%
2001	15605	9055	58.00%	6550	42.00%
2002	19268	12810	66.50%	6458	33.50%
2003	26857	13528	50.40%	13329	49.60%
2004	32881	17442	53.00%	15439	47.00%
2005	60301	35262	58.50%	25039	41.50%

续表

年度	论文总篇数	在中国期刊上发表		在非中国期刊上发表	
		论文篇数	所占比例	论文篇数	所占比例
2006	65041	33454	51.40%	31587	48.60%
2007	75568	40656	53.80%	34912	46.20%
2008	85381	45686	53.50%	39695	46.50%
2009	98115	46415	47.30%	51700	52.70%
2010	119374	56578	47.40%	62796	52.60%
2011	116343	54602	46.90%	61741	53.10%
2012	116429	51146	43.90%	65283	56.10%
2013	163688	49912	30.50%	113776	69.50%
2014	172569	54727	31.73%	117842	68.29%
2015	217313	62532	28.78%	154781	71.22%
2016	213385	55263	25.90%	158122	74.10%
2017	214226	47545	22.19%	166681	77.81%
2018	249732	48527	19.43%	201205	80.57%
2019	271240	53574	19.75%	217666	80.25%
2020	340715	101392	29.76%	239323	70.24%

注：统计时间截至 2021 年 6 月。论文数量的统计口径为 Ei 数据库收录的全部期刊论文。

附表 17　2005—2020 年 Medline 收录的中国科技论文在国内外科技期刊上发表的比例

年度	论文总篇数	在中国期刊上发表		在非中国期刊上发表	
		论文篇数	所占比例	论文篇数	所占比例
2005	27460	14452	52.6%	13008	47.4%
2006	31118	13546	43.5%	17572	56.5%
2007	33116	14476	43.7%	18640	56.3%
2008	41460	15400	37.1%	26060	62.9%
2009	47581	15216	32.0%	32365	68.0%
2010	56194	15468	27.5%	40726	72.5%
2011	64983	15812	24.3%	49171	75.7%
2012	77427	16292	21.0%	61135	79.0%
2013	90021	15468	17.2%	74553	82.8%
2014	104444	15022	14.4%	89422	85.6%
2015	117086	16383	14.0%	100703	86.0%
2016	128163	12847	10.0%	115316	90.0%
2017	141344	15352	10.9%	125992	89.1%
2018	188471	15603	8.3%	172868	91.7%
2019	222441	15333	6.9%	207108	93.1%
2020	267778	17529	6.5%	250249	93.5%

数据来源：Medline 2005—2020 年。

附表 18　2020 年 Ei 收录的中国台湾地区和香港特区的论文按学科分布情况

学科	中国台湾地区			香港特区		
	论文篇数	所占比例	学科排名	论文篇数	所占比例	学科排名
物理学	619	5.97%	7	262	5.42%	10
化学	533	5.14%	9	188	3.89%	12
天文学	24	0.23%	21	7	0.14%	24
地学	1052	10.14%	2	391	8.08%	4
生物学	1469	14.16%	1	572	11.83%	1
基础医学	36	0.35%	20	16	0.33%	20
农学	3	0.03%	27	0	0.00%	28
测绘科学技术	124	1.20%	18	104	2.15%	17
材料科学	739	7.12%	4	217	4.49%	11
工程与技术基础学科	362	3.49%	14	284	5.87%	6
矿山工程技术	21	0.20%	23	10	0.21%	22
能源科学技术	495	4.77%	10	266	5.50%	9
冶金、金属学	411	3.96%	13	161	3.33%	14
机械、仪表	425	4.10%	12	135	2.79%	15
动力与电气	694	6.69%	5	275	5.69%	8
核科学技术	2	0.02%	28	1	0.02%	27
电子、通信与自动控制	885	8.53%	3	400	8.27%	3
计算技术	666	6.42%	6	280	5.79%	7
化工	15	0.14%	24	9	0.19%	23
轻工、纺织	22	0.21%	22	5	0.10%	25
食品	9	0.09%	26	3	0.06%	26
土木建筑	578	5.57%	8	537	11.10%	2
交通运输	186	1.79%	16	117	2.42%	16
航空航天	58	0.56%	19	33	0.68%	19
安全科学技术	15	0.14%	24	13	0.27%	21
环境科学	297	2.86%	15	171	3.54%	13
管理学	152	1.47%	17	83	1.72%	18
其他	481	4.64%	11	297	6.14%	5
合计	10373	100.00%		4837	100.00%	

注：数据源 Ei 收录第一作者为以上地区的论文。

附表 19　2010—2020 年 SCI 网络版收录的中国科技论文在 2020 年被引情况按学科分布

学科	未被引论文篇数	被引论文篇数	被引次数	总论文篇数	平均被引次数	论文未被引率
化学	25111	386366	10555767	411477	25.65	6.10%
其他	33	143	2217	176	12.60	18.75%
环境科学	4062	78919	1778684	82981	21.43	4.90%
能源科学技术	2076	55675	1402051	57751	24.28	3.59%
化工	1883	46462	1104017	48345	22.84	3.89%

学科	未被引论文篇数	被引论文篇数	被引次数	总论文篇数	平均被引次数	论文未被引率
天文学	1035	17213	330888	18248	18.13	5.67%
材料科学	13553	191803	3926020	205356	19.12	6.60%
生物学	21417	277063	4960366	298480	16.62	7.18%
农学	2022	30537	508363	32559	15.61	6.21%
食品	2194	23415	443805	25609	17.33	8.57%
地学	6442	90968	1577578	97410	16.20	6.61%
动力与电气	180	6065	116303	6245	18.62	2.88%
管理学	476	7443	143843	7919	18.16	6.01%
药物学	10400	70084	1103080	80484	13.71	12.92%
计算技术	10170	85566	1578929	95736	16.49	10.62%
基础医学	25256	131810	2000831	157066	12.74	16.08%
电子、通信与自动控制	12234	113430	1850992	125664	14.73	9.74%
水产学	778	9975	137653	10753	12.80	7.24%
信息、系统科学	1094	7741	124052	8835	14.04	12.38%
工程与技术基础学科	3176	12802	188736	15978	11.81	19.88%
测绘科学技术	2	18	254	20	12.70	10.00%
军事医学与特种医学	339	2511	33660	2850	11.81	11.89%
物理学	28405	236987	3291714	265392	12.40	10.70%
预防医学与卫生学	3876	26417	390876	30293	12.90	12.80%
土木建筑	1402	23436	379004	24838	15.26	5.64%
临床医学	68431	242780	3868351	311211	12.43	21.99%
安全科学技术	30	1044	22434	1074	20.89	2.79%
力学	1443	24056	354259	25499	13.89	5.66%
机械、仪表	3818	30867	371794	34685	10.72	11.01%
矿山工程技术	249	3465	51047	3714	13.74	6.70%
水利	1311	12202	200369	13513	14.83	9.70%
林学	350	5584	68181	5934	11.49	5.90%
交通运输	436	6243	108056	6679	16.18	6.53%
数学	18186	80910	1003050	99096	10.12	18.35%
航空航天	683	6718	70314	7401	9.50	9.23%
核科学技术	1494	8212	67561	9706	6.96	15.39%
轻工、纺织	108	1933	23959	2041	11.74	5.29%
冶金、金属学	2525	17241	159545	19766	8.07	12.77%
中医学	665	8259	87625	8924	9.82	7.45%
畜牧、兽医	1613	9779	91801	11392	8.06	14.16%

数据来源：SCIE 数据库。

附表 20   2010—2020 年 SCI 网络版收录的中国科技论文在 2020 年被引情况按地区分布

地区	未被引论文篇数	被引论文篇数	被引次数	总论文篇数	平均被引次数	论文未被引率
北京	68054	413127	7441309	481181	15.46	14.14%
天津	11702	74466	1249400	86168	14.50	13.58%
河北	7464	29495	343045	36959	9.28	20.20%
山西	5328	24591	305435	29919	10.21	17.81%
内蒙古	2312	7657	73597	9969	7.38	23.19%
辽宁	14867	93683	1481221	108550	13.65	13.70%
吉林	10881	62383	1097620	73264	14.98	14.85%
黑龙江	10165	67649	1049469	77814	13.49	13.06%
上海	36045	221749	3983324	257794	15.45	13.98%
江苏	40868	262951	4270349	303819	14.06	13.45%
浙江	22927	130740	2132313	153667	13.88	14.92%
安徽	11375	67016	1190412	78391	15.19	14.51%
福建	8328	51796	925393	60124	15.39	13.85%
江西	6000	26353	342813	32353	10.60	18.55%
山东	22755	129711	1830049	152466	12.00	14.92%
河南	12072	55109	688035	67181	10.24	17.97%
湖北	20066	134950	2446701	155016	15.78	12.94%
湖南	13906	86914	1393105	100820	13.82	13.79%
广东	31186	162472	2694014	193658	13.91	16.10%
广西	4378	19562	218495	23940	9.13	18.29%
海南	1551	5596	57141	7147	8.00	21.70%
重庆	9642	55913	829733	65555	12.66	14.71%
四川	21658	105926	1428785	127584	11.20	16.98%
贵州	2935	10329	104281	13264	7.86	22.13%
云南	4871	24605	301252	29476	10.22	16.53%
西藏	106	236	1832	342	5.36	30.99%
陕西	22572	129065	1831916	151637	12.08	14.89%
甘肃	5446	35235	581559	40681	14.30	13.39%
青海	648	2105	19377	2753	7.04	23.54%
宁夏	807	2748	27334	3555	7.69	22.70%
新疆	2853	11847	137521	14700	9.36	19.41%

数据来源：SCIE 数据库。

附表 21　2010—2020 年 SCI 网络版收录的中国科技论文累计被引篇数居前 50 位的高等院校

排名	高等院校	被引篇数	被引次数	排名	高等院校	被引篇数	被引次数
1	浙江大学	57555	1086732	26	电子科技大学	17287	258813
2	上海交通大学	54279	899982	27	北京理工大学	16466	283728
3	清华大学	43683	1005651	28	厦门大学	16182	321144
4	北京大学	39436	808613	29	北京科技大学	15876	256896
5	四川大学	38731	573994	30	首都医科大学	15515	169092
6	华中科技大学	38178	742955	31	华东理工大学	15074	306262
7	复旦大学	35167	710692	32	中国农业大学	14976	257068
8	中山大学	35045	638287	33	兰州大学	14671	272529
9	中南大学	34106	538977	34	东北大学	14602	188544
10	吉林大学	33813	526846	35	湖南大学	14528	361212
11	西安交通大学	32715	509317	36	中国石油大学	14230	204892
12	哈尔滨工业大学	32633	557170	37	中国地质大学	14188	230006
13	山东大学	29102	463355	38	郑州大学	14057	209696
14	天津大学	27694	473931	39	南开大学	13981	351912
15	武汉大学	27629	535364	40	江苏大学	13840	232354
16	南京大学	24436	538812	41	西北农林科技大学	13415	206277
17	中国科学技术大学	24089	590562	42	中国矿业大学	13051	176880
18	华南理工大学	23738	484885	43	北京师范大学	13019	238664
19	同济大学	23658	401520	44	江南大学	12998	204238
20	东南大学	23101	399451	45	南京航空航天大学	12742	180844
21	大连理工大学	22622	398333	46	南京农业大学	12161	203411
22	北京航空航天大学	21067	321166	47	上海大学	12064	191564
23	苏州大学	19987	429614	48	西安电子科技大学	11944	154642
24	重庆大学	18008	276624	49	南京理工大学	11711	189494
25	西北工业大学	17781	265273	50	西南大学	11624	186874

数据来源：SCIE 数据库。

附表 22　2010—2020 年 SCI 网络版收录的中国科技论文累计被引篇数居前 50 位的研究机构

排名	研究机构	被引篇数	被引次数
1	中国科学院长春应用化学研究所	7110	282690
2	中国科学院化学研究所	6972	279612
3	中国科学院合肥物质科学研究院	6126	107920
4	中国工程物理研究院	5555	55803
5	中国科学院大连化学物理研究所	5426	191307
6	中国科学院生态环境研究中心	5063	129467
7	中国科学院物理研究所	4453	135701
8	中国科学院地理科学与资源研究所	4388	82141
9	中国科学院金属研究所	4247	116714
10	中国科学院上海硅酸盐研究所	3909	118982

续表

排名	研究机构	被引篇数	被引次数
11	中国科学院海西研究院	3686	105068
12	中国科学院地质与地球物理研究所	3683	67921
13	中国科学院海洋研究所	3611	50780
14	中国科学院上海生命科学研究院	3589	114570
15	中国科学院兰州化学物理研究所	3574	94310
16	中国科学院空天信息创新研究院	3544	42887
17	中国科学院过程工程研究所	3483	81321
18	中国科学院大气物理研究所	2970	58838
19	中国科学院宁波材料技术与工程研究所	2906	74819
20	中国科学院理化技术研究所	2792	80239
21	中国科学院西北生态环境资源研究院	2770	41342
22	中国林业科学研究院	2730	32241
23	中国水产科学研究院	2714	29709
24	中国科学院半导体研究所	2713	47258
25	国家纳米科学中心	2691	115965
26	中国科学院上海有机化学研究所	2690	95921
27	中国科学院广州地球化学研究所	2580	65316
28	中国疾病预防控制中心	2529	81572
29	中国科学院高能物理研究所	2492	46772
30	中国科学院动物研究所	2426	45712
31	中国科学院昆明植物研究所	2350	39502
32	中国科学院上海光学精密机械研究所	2329	28217
33	中国科学院深圳先进技术研究院	2191	48973
34	中国科学院上海药物研究所	2180	53823
35	中国科学院南海海洋研究所	2167	31242
36	中国科学院水生生物研究所	2098	32298
37	中国科学院植物研究所	2057	45233
38	中国医学科学院肿瘤研究所	2051	30829
39	中国科学院南京土壤研究所	2030	49534
40	中国科学院长春光学精密机械与物理研究所	2029	33371
41	中国科学院微生物研究所	1872	40535
42	中国科学院自动化研究所	1865	46217
43	中国中医科学院	1854	25755
44	中国科学院上海应用物理研究所	1794	29022
45	中国科学院数学与系统科学研究院	1689	26704
46	中国科学院上海微系统与信息技术研究所	1665	21520
47	中国医学科学院药物研究所	1663	22707
48	中国农业科学院植物保护研究所	1640	23361
49	中国科学院国家天文台	1639	21753
50	中国科学院青岛生物能源与过程研究所	1602	44079

数据来源：SCIE 数据库。

附表 23　2020 年 CSTPCD 收录的中国科技论文按学科分布

学科	论文篇数	所占比例	排名
数学	4103	0.91%	27
力学	1837	0.41%	35
信息、系统科学	294	0.07%	39
物理学	4500	1.00%	25
化学	8124	1.80%	19
天文学	466	0.10%	38
地学	14142	3.13%	9
生物学	9673	2.14%	18
预防医学与卫生学	14568	3.23%	7
基础医学	10675	2.36%	14
药物学	11296	2.50%	13
临床医学	121637	26.94%	1
中医学	22486	4.98%	4
军事医学与特种医学	2083	0.46%	34
农学	21386	4.74%	5
林学	3782	0.84%	28
畜牧、兽医	6662	1.48%	20
水产学	2097	0.46%	33
测绘科学技术	2829	0.63%	31
材料科学	5942	1.32%	22
工程与技术基础学科	4131	0.91%	26
矿山工程技术	6221	1.38%	21
能源科学技术	4997	1.11%	24
冶金、金属学	10383	2.30%	15
机械、仪表	10262	2.27%	16
动力与电气	3513	0.78%	29
核科学技术	1244	0.28%	36
电子、通信与自动控制	24952	5.53%	3
计算技术	27183	6.02%	2
化工	11592	2.57%	12
轻工、纺织	2396	0.53%	32
食品	9866	2.18%	17
土木建筑	14138	3.13%	10
水利	3334	0.74%	30
交通运输	11627	2.57%	11
航空航天	5119	1.13%	23
安全科学技术	0	0.00%	40
环境科学	14332	3.17%	8
管理学	831	0.18%	37
其他	16852	3.73%	6
合计	451555	100.00%	

附表 24　2020 年 CSTPCD 收录的中国科技论文按地区分布

地区	论文篇数	所占比例	排名
北京	61229	13.56%	1
天津	12130	2.69%	15
河北	15567	3.45%	12
山西	8756	1.94%	18
内蒙古	4687	1.04%	27
辽宁	16943	3.75%	11
吉林	7158	1.59%	23
黑龙江	9469	2.10%	17
上海	27645	6.12%	3
江苏	38552	8.54%	2
浙江	17316	3.83%	10
安徽	12664	2.80%	13
福建	8016	1.78%	22
江西	6481	1.44%	25
山东	20677	4.58%	8
河南	18217	4.03%	9
湖北	22782	5.05%	6
湖南	12575	2.78%	14
广东	25665	5.68%	4
广西	8334	1.85%	19
海南	3554	0.79%	28
重庆	11006	2.44%	16
四川	22216	4.92%	7
贵州	6430	1.42%	26
云南	8189	1.81%	21
西藏	402	0.09%	31
陕西	25581	5.67%	5
甘肃	8279	1.83%	20
青海	1893	0.42%	30
宁夏	2075	0.46%	29
新疆	6851	1.52%	24
不详	216	0.05%	32
总计	451555	100.00%	

附表 25　2020 年 CSTPCD 收录的中国科技论文篇数分学科按地区分布

学科	北京	天津	河北	山西	内蒙古	辽宁	吉林	黑龙江
数学	276	112	94	171	98	123	86	108
力学	285	57	58	57	26	92	11	41
信息、系统科学	35	5	11	8	8	16	4	5
物理学	733	134	79	152	43	115	207	73
化学	956	278	206	238	80	376	280	142
天文学	140	4	2	3	0	6	4	1
地学	2866	423	490	127	121	299	250	208
生物学	1145	267	170	203	195	272	176	256
预防医学与卫生学	2676	314	351	210	116	357	109	202
基础医学	1397	270	334	146	99	319	161	200
药物学	1748	217	530	96	105	438	161	162
临床医学	15078	2640	6243	1696	1027	4435	1523	1935
中医学	3855	628	818	244	172	693	414	774
军事医学与特种医学	415	56	80	19	15	57	20	10
农学	1741	182	612	914	415	643	554	756
林学	633	3	45	68	89	72	37	292
畜牧、兽医	638	52	243	158	245	92	315	252
水产	59	50	7	8	13	105	17	27
测绘科学技术	347	61	37	20	8	110	21	16
材料科学	692	174	133	132	135	415	64	148
工程与技术基础学科	605	178	136	85	19	200	56	109
矿山工程技术	982	22	245	568	158	390	59	62
能源科学技术	1255	346	172	28	14	177	12	231
冶金、金属学	1280	232	500	266	140	881	137	210
机械、仪表	1110	307	366	448	79	525	206	149
动力与电气	516	186	100	64	89	135	62	133
核科学技术	370	6	2	36	8	12	5	34
电子、通信与自动控制	3383	872	948	438	147	751	498	403
计算技术	3225	905	747	695	211	1170	500	592
化工	1273	527	283	297	120	666	167	263
轻工、纺织	116	84	40	11	20	43	24	30
食品	726	283	239	230	163	360	184	403
土木建筑	1822	527	294	194	165	491	82	257
水利	363	93	49	42	23	79	17	33
交通运输	1351	449	247	89	51	508	287	241
航空航天	1342	184	31	31	9	263	43	153
安全科学技术	38	8	6	2	5	7	2	5
环境科学	2337	597	390	301	146	532	156	244
管理学	150	25	7	7	4	74	12	18
其他	3270	372	222	254	106	644	235	291
总计	61229	12130	15567	8756	4687	16943	7158	9469

续表

学科	上海	江苏	浙江	安徽	福建	江西	山东	河南
数学	177	284	151	184	121	87	142	196
力学	142	206	79	53	20	26	44	34
信息系统科学	14	44	15	9	7	1	15	15
物理学	409	330	170	247	75	60	157	129
化学	600	619	354	263	241	164	384	298
天文学	21	56	6	16	7	1	15	7
地学	364	983	310	230	180	197	1193	405
生物学	566	713	389	209	280	139	432	291
预防医学与卫生学	1295	1009	705	403	204	151	698	404
基础医学	882	727	474	372	256	123	403	372
药物学	708	1074	580	392	222	117	535	438
临床医学	8408	10428	5406	4691	1911	1120	5099	5431
中医学	1203	1443	837	562	311	386	986	949
军事医学与特种医学	208	146	76	64	38	8	120	71
农学	328	1510	668	348	640	400	1258	1156
林学	19	255	179	42	219	81	60	78
畜牧、兽医	104	564	143	95	101	113	258	348
水产	476	147	145	23	61	32	269	32
测绘科学技术	99	221	68	42	28	71	192	244
材料科学	366	435	177	134	91	172	231	294
工程与技术基础学科	341	375	187	100	60	83	152	141
矿山工程技术	80	331	21	248	79	125	333	481
能源科学技术	95	155	73	20	11	7	506	76
冶金、金属学	539	783	225	270	133	322	483	424
机械、仪表	620	1173	319	261	112	149	490	489
动力与电气	399	292	157	54	26	22	167	86
核科学技术	155	31	11	64	13	8	17	7
电子、通信与自动控制	1480	2528	825	780	394	362	932	805
计算技术	1664	2923	1008	820	520	449	1148	1045
化工	738	1049	538	250	149	231	745	495
轻工、纺织	229	408	219	30	57	20	122	168
食品	326	811	452	171	295	185	491	638
土木建筑	1207	1373	608	212	313	182	517	525
水利	83	538	112	40	19	75	104	309
交通运输	1137	1001	296	157	173	197	422	285
航空航天	314	619	63	26	28	61	125	67
安全科学技术	3	11	7	6	3	6	5	18
环境科学	741	1406	521	385	294	240	669	452
管理学	77	79	30	24	18	14	23	15
其他	1028	1472	712	367	306	294	735	499
总计	27645	38552	17316	12664	8016	6481	20677	18217

学科	湖北	湖南	广东	广西	海南	重庆	四川	贵州	云南
数学	142	112	168	108	17	147	165	125	64
力学	96	91	47	22	2	27	91	3	10
信息系统科学	11	5	9	3	0	13	13	2	1
物理学	172	107	200	39	8	68	243	37	39
化学	347	217	425	158	32	122	305	152	180
天文学	33	10	19	8	0	1	8	11	42
地学	779	293	610	255	58	129	867	237	255
生物学	465	243	653	227	134	207	382	244	413
预防医学与卫生学	837	299	1155	280	103	500	828	162	235
基础医学	493	290	768	196	87	446	465	190	260
药物学	617	225	583	185	154	296	637	174	157
临床医学	6595	2701	8384	2279	1572	3329	7081	1378	1757
中医学	875	878	1973	632	220	248	978	361	399
军事医学与特种医学	104	35	118	21	12	78	98	11	34
农学	782	649	743	623	454	334	699	762	937
林学	45	157	162	246	110	39	102	98	339
畜牧、兽医	190	193	361	221	33	109	291	208	151
水产	119	31	209	56	39	28	32	34	13
测绘科学技术	417	99	132	60	4	44	109	25	60
材料科学	302	191	226	84	19	129	246	75	97
工程与技术基础学科	206	151	158	34	12	61	176	37	44
矿山工程技术	168	258	64	51	2	267	114	148	147
能源科学技术	263	17	186	12	10	49	481	12	16
冶金、金属学	397	529	378	155	2	212	489	83	204
机械、仪表	478	260	317	101	8	286	589	138	80
动力与电气	170	84	132	30	3	72	76	15	60
核科学技术	46	41	69	1	1	12	197	2	1
电子、通信与自动控制	1447	704	1479	396	70	813	1238	240	343
计算技术	1264	616	1230	451	49	646	1165	332	479
化工	395	287	600	175	53	179	454	173	199
轻工、纺织	76	73	104	25	2	14	93	14	69
食品	427	299	683	283	82	195	575	280	231
土木建筑	898	565	840	283	36	452	496	111	169
水利	392	95	96	29	2	49	171	15	62
交通运输	937	612	638	178	11	506	722	63	108
航空航天	105	176	45	4	0	22	357	12	3
安全科学技术	25	7	5	1	0	7	22	3	3
环境科学	651	423	635	242	64	342	616	258	281
管理学	54	30	47	3	1	17	24	7	8
其他	962	522	1014	177	88	511	521	198	239
总计	22782	12575	25665	8334	3554	11006	22216	6430	8189

续表

学科	西藏	陕西	甘肃	青海	宁夏	新疆	不详	合计
数学	0	280	205	12	41	107	0	4103
力学	0	168	37	5	6	1	0	1837
信息系统科学	0	19	0	2	4	0	0	294
物理学	1	295	127	5	14	31	1	4500
化学	1	381	154	35	36	98	2	8124
天文学	3	27	2	0	0	13	0	466
地学	19	865	530	202	51	344	2	14142
生物学	36	335	280	68	79	203	1	9673
预防医学与卫生学	18	441	148	43	75	230	10	14568
基础医学	13	452	169	46	68	194	3	10675
药物学	9	353	142	41	42	156	2	11296
临床医学	58	4956	1596	599	424	1785	72	121637
中医学	16	845	414	83	56	223	10	22486
军事医学与特种医学	2	106	23	9	4	23	2	2083
农学	52	1060	782	125	336	915	8	21386
林学	15	136	59	12	20	70	0	3782
畜牧、兽医	47	238	367	102	138	291	1	6662
水产	11	18	10	3	5	18	0	2097
测绘科学技术	1	182	62	24	4	21	0	2829
材料科学	1	552	123	18	39	46	1	5942
工程与技术基础学科	0	317	72	7	13	15	1	4131
矿山工程技术	7	643	56	36	22	53	1	6221
能源科学技术	0	345	95	6	7	313	7	4997
冶金、金属学	0	783	208	31	32	52	3	10383
机械、仪表	0	876	230	7	12	75	2	10262
动力与电气	0	280	56	10	2	34	1	3513
核科学技术	0	60	32	0	0	3	0	1244
电子、通信与自动控制	11	1969	284	52	119	237	4	24952
计算技术	5	2454	461	59	91	253	6	27183
化工	2	780	214	64	72	147	7	11592
轻工、纺织	1	265	5	8	3	22	1	2396
食品	21	324	169	44	74	221	1	9866
土木建筑	7	1002	292	35	36	116	31	14138
水利	3	221	60	24	40	95	1	3334
交通运输	8	669	208	20	10	44	2	11627
航空航天	0	988	43	1	1	3	0	5119
安全科学技术	2	17	7	2	3	1	0	237
环境科学	24	793	317	27	63	183	2	14332
管理学	0	54	3	0	2	3	1	831
其他	8	1032	237	26	31	212	30	16615
总计	402	25581	8279	1893	2075	6851	216	451555

附表 26 2020 年 CSTPCD 收录的中国科技论文篇数分地区按机构分布

地区	论文篇数					
	高等院校	研究机构	医疗机构①	企业	其他	合计
北京	32321	15069	5396	4600	3843	61229
天津	8045	1036	1332	1207	510	12130
河北	8104	922	4898	1002	641	15567
山西	6953	563	382	655	201	8754
内蒙古	3347	316	459	361	205	4688
辽宁	12321	1427	1620	820	754	16942
吉林	5668	838	163	326	164	7159
黑龙江	8123	791	144	244	167	9469
上海	20356	2777	1545	1982	985	27645
江苏	28489	3030	3641	2240	1152	38552
浙江	10252	1685	3220	1364	794	17315
安徽	8638	772	2176	735	342	12663
福建	5822	804	631	473	286	8016
江西	4953	619	461	222	226	6481
山东	13043	2531	2638	1531	933	20676
河南	11926	1630	2512	1378	771	18217
湖北	16140	1850	2928	1188	676	22782
湖南	9447	732	1105	938	353	12575
广东	14813	2816	4113	2520	1403	25665
广西	5339	1058	1086	401	450	8334
海南	1424	542	1326	90	172	3554
重庆	8093	664	1250	636	363	11006
四川	13991	2613	3564	1232	814	22214
贵州	4753	600	364	377	336	6430
云南	5173	1271	793	512	440	8189
西藏	192	94	50	23	43	402
陕西	19001	2045	2100	1774	663	25583
甘肃	5432	1300	781	402	363	8278
青海	674	346	532	112	229	1893
宁夏	1410	266	116	194	89	2075
新疆	4569	866	697	467	252	6851
不详	1	5	1		214	221
总计	298813	51878	52024	30006	18834	451555

数据来源：CSTPCD 2020。

注：① 此处医院的数据不包括高等院校所属医院数据。

附表 27 2020 年 CSTPCD 收录的中国科技论文篇数分学科按机构分布

学科	论文篇数					
	高等院校	研究机构	医疗机构①	企业	其他	合计
数学	3950	70	1	26	56	4103
力学	1525	226	2	45	39	1837

续表

学科	论文篇数					
	高等院校	研究机构	医疗机构①	企业	其他	合计
信息、系统科学	261	24		4	5	294
物理学	3488	805	2	72	133	4500
化学	5621	1357	24	472	650	8124
天文学	247	183		2	34	466
地学	6245	3975	8	1026	2888	14142
生物学	7108	1937	156	137	335	9673
预防医学与卫生学	7937	3057	2565	123	886	14568
基础医学	7413	1039	1781	138	304	10675
药物学	6540	970	2711	347	728	11296
临床医学	63428	2954	39775	13246	2234	121637
中医学	16868	1204	3797	274	343	22486
军事医学与特种医学	1122	108	730	7	116	2083
农学	12026	7195	13	595	1557	21386
林学	2443	964	1	44	330	3782
畜牧、兽医	4564	1587	9	236	266	6662
水产学	1293	672		39	93	2097
测绘科学技术	1805	561		169	294	2829
材料科学	4580	706	6	504	146	5942
工程与技术基础学科	3097	654	7	258	115	4131
矿山工程技术	3098	400	4	2532	187	6221
能源科学技术	2113	1168	1	1577	138	4997
冶金、金属学	6808	1094	4	2282	195	10383
机械、仪表	7801	1125	22	1024	290	10262
动力与电气	2551	303		574	85	3513
核科学技术	454	520	8	218	44	1244
电子、通信与自动控制	16566	3304	10	4024	1048	24952
计算技术	22358	2236	84	1652	853	27183
化工	7672	1324	19	2206	371	11592
轻工、纺织	1758	138	7	403	90	2396
食品	7049	1529	8	731	549	9866
土木建筑	9967	1022	3	2664	482	14138
水利	1979	625		455	275	3334
交通运输	7088	987	2	3069	481	11627
航空航天	2906	1599		311	303	5119
安全科学技术	155	38	1	13	30	237
环境科学	9654	2392	17	1202	1067	14332
管理学	750	43	1	3	34	831
其他	13279	1783	245	383	925	16615
总计	285567	51878	52024	43087	18999	451555

数据来源：CSTPCD 2020。

注：① 此处医院的数据不包括高等院校所属医院数据。

附表 28　2020 年 CSTPCD 收录各学科科技论文的引用文献情况

学科	论文篇数	引文总篇数（A）	篇均引文篇数
数学	4103	76307	18.60
力学	1837	44622	24.29
信息、系统科学	294	7386	25.12
物理学	4500	144721	32.16
化学	8124	263274	32.41
天文学	466	20695	44.41
地学	14142	534162	37.77
生物学	9673	357641	36.97
预防医学与卫生学	14568	255806	17.56
基础医学	10675	255343	23.92
药物学	11296	240607	21.30
临床医学	121637	2540368	20.88
中医学	22486	499799	22.23
军事医学与特种医学	2083	38411	18.44
农学	21386	587707	27.48
林学	3782	110014	29.09
畜牧、兽医科学	6662	186136	27.94
水产学	2097	69192	33.00
测绘科学技术	2829	55745	19.70
材料科学	5942	184134	30.99
工程与技术基础学科	4131	98626	23.87
矿山工程技术	6221	103517	16.64
能源科学技术	4997	114673	22.95
冶金、金属学	10383	196813	18.96
机械、仪表	10262	166750	16.25
动力与电气	3513	70308	20.01
核科学技术	1244	19941	16.03
电子、通信与自动控制	24952	494713	19.83
计算技术	27183	556128	20.46
化工	11592	264321	22.80
轻工、纺织	2396	40561	16.93
食品	9866	267841	27.15
土木建筑	14138	262268	18.55
水利	3334	67268	20.18
交通运输	11627	181107	15.58
航空航天	5119	105619	20.63
安全科学技术	237	5420	22.87
环境科学	14332	412044	28.75
管理学	831	24344	29.29
其他	16615	452518	27.24

附表 29　2020 年 CSTPCD 收录科技论文数居前 50 位的高等院校

排名	高等院校	论文篇数	排名	高等院校	论文篇数
1	首都医科大学	6045	26	南京航空航天大学	1624
2	上海交通大学	5453	27	新疆医科大学	1577
3	北京大学	4103	28	贵州大学	1567
4	四川大学	4034	29	上海中医药大学	1552
5	武汉大学	3128	30	西南交通大学	1544
6	华中科技大学	3098	31	河海大学	1538
7	浙江大学	3076	32	空军军医大学	1536
8	复旦大学	2983	33	南京大学	1533
9	郑州大学	2675	34	山东大学	1518
10	北京中医药大学	2640	35	江南大学	1504
11	南京医科大学	2605	36	山西医科大学	1498
12	中山大学	2541	37	陆军军医大学	1471
13	中南大学	2515	38	中国地质大学	1430
14	吉林大学	2492	39	昆明理工大学	1414
15	同济大学	2346	40	江苏大学	1397
16	西安交通大学	2226	40	太原理工大学	1397
17	安徽医科大学	2132	42	中国矿业大学	1375
18	中国医科大学	1909	42	海军军医大学	1375
19	天津大学	1808	44	河北医科大学	1352
20	华南理工大学	1747	45	华北电力大学	1341
21	广州中医药大学	1731	46	大连理工大学	1328
22	哈尔滨医科大学	1723	47	苏州大学	1315
23	清华大学	1716	48	东南大学	1309
24	中国石油大学	1696	49	南昌大学	1307
25	重庆医科大学	1654	50	天津医科大学	1275

注：高等院校论文数含其附属机构论文数。

附表 30　2020 年 CSTPCD 收录科技论文数居前 50 位的研究机构

排名	研究机构	论文篇数	排名	研究机构	论文篇数
1	中国中医科学院	1648	10	中国科学院西北生态环境资源研究院	386
2	中国疾病预防控制中心	761	11	广东省农业科学院	341
3	中国林业科学研究院	619	12	云南省农业科学院	302
4	中国科学院地理科学与资源研究所	550	13	江苏省农业科学院	299
5	中国水产科学研究院	513	14	中国科学院合肥物质科学研究院	279
6	中国医学科学院肿瘤研究所	451	15	中国科学院海洋研究所	275
7	中国工程物理研究院	432	16	山东省农业科学院	271
8	中国热带农业科学院	415	17	广西农业科学院	261
9	中国食品药品检定研究院	396	18	中国环境科学研究院	257

排名	研究机构	论文篇数	排名	研究机构	论文篇数
19	中国科学院空天信息创新研究院	252	36	四川省农业科学院	188
20	河南省农业科学院	247	37	浙江省农业科学院	182
21	福建省农业科学院	246	38	新疆农业科学院	169
22	山西省农业科学院	228	39	吉林省农业科学院	168
23	贵州省农业科学院	225	40	北京矿冶研究总院	164
24	上海市农业科学院	222	41	中国科学院地质与地球物理研究所	160
25	中国水利水电科学研究院	219	42	北京市农林科学院	159
26	湖北省农业科学院	218	43	中国农业科学院北京畜牧兽医研究所	157
27	中国科学院金属研究所	216	44	中国农业科学院植物保护研究所	155
28	山东省医学科学院	214	45	机械科学研究总院	152
29	中国科学院生态环境研究中心	203	46	广东省科学院	151
30	南京水利科学研究院	199	47	中国建筑科学研究院	149
30	中国空气动力研究与发展中心	199	48	中国铁道科学研究院	147
30	中航工业北京航空材料研究院	199	49	中国农业科学院农业资源与农业区划研究所	146
33	解放军军事科学院	194	50	南京电子技术研究所	139
34	中国科学院长春光学精密机械与物理研究所	192	50	北京市疾病预防控制中心	139
35	中国科学院声学研究所	189			

注：高等院校论文数含其附属机构论文数。

附表 31　2020 年 CSTPCD 收录科技论文数居前 50 位的医疗机构

排名	医疗机构	论文篇数	排名	医疗机构	论文篇数
1	解放军总医院	2053	12	华中科技大学同济医学院附属协和医院	688
2	四川大学华西医院	1700	13	西安交通大学医学院第一附属医院	682
3	北京协和医院	1223	14	首都医科大学宣武医院	664
4	郑州大学第一附属医院	1110	15	首都医科大学附属北京友谊医院	659
5	武汉大学人民医院	1043	16	哈尔滨医科大学附属第一医院	641
6	中国医科大学附属盛京医院	936	17	新疆医科大学第一附属医院	630
7	华中科技大学同济医学院附属同济医院	925	18	海军军医大学第一附属医院（上海长海医院）	604
8	江苏省人民医院	876	19	安徽省立医院	600
9	北京大学第三医院	758	20	安徽医科大学第一附属医院	599
10	河南省人民医院	717	21	重庆医科大学附属第一医院	584
11	空军军医大学第一附属医院（西京医院）	693	22	南京鼓楼医院	577

续表

排名	医疗机构	论文篇数	排名	医疗机构	论文篇数
23	青岛大学附属医院	564	38	中国人民解放军北部战区总医院	484
25	上海交通大学医学院附属第九人民医院	539	39	首都医科大学附属北京儿童医院	474
26	复旦大学附属中山医院	538	40	中国人民解放军东部战区总医院	472
27	北京大学第一医院	527	41	中国医学科学院阜外心血管病医院	469
28	首都医科大学附属北京同仁医院	526	42	首都医科大学附属北京天坛医院	468
29	北京中医药大学东直门医院	523	43	陆军军医大学第一附属医院（西南医院）	460
30	吉林大学白求恩第一医院	522	44	哈尔滨医科大学附属第二医院	455
31	中国医科大学附属第一医院	521	45	南方医科大学南方医院	452
32	广东省中医院	516	46	广州中医药大学第一附属医院	445
33	武汉大学中南医院	515	47	上海中医药大学附属曙光医院	431
34	北京大学人民医院	514	48	上海市第六人民医院	419
34	西南医科大学附属医院	514	49	上海交通大学医学院附属新华医院	414
36	中国中医科学院广安门医院	507	49	陆军军医大学第二附属医院（新桥医院）	414
37	上海交通大学医学院附属瑞金医院	502			

附表 32　2020 年 CSTPCD 收录科技论文数居前 30 位的农林牧渔类高等院校

排名	高等院校	论文篇数	排名	高等院校	论文篇数
1	西北农林科技大学	1213	16	四川农业大学	598
2	中国农业大学	1035	17	河北农业大学	582
3	山西农业大学	933	18	山东农业大学	571
4	南京农业大学	873	19	云南农业大学	541
4	福建农林大学	873	20	河南农业大学	526
6	东北林业大学	820	21	西南林业大学	483
7	新疆农业大学	801	22	吉林农业大学	474
8	北京林业大学	799	23	江西农业大学	397
9	内蒙古农业大学	759	24	中南林业科技大学	365
10	甘肃农业大学	742	25	浙江农林大学	361
11	南京林业大学	739	26	安徽农业大学	353
12	华南农业大学	738	27	沈阳农业大学	346
13	华中农业大学	718	28	黑龙江八一农垦大学	247
14	湖南农业大学	712	29	青岛农业大学	244
15	东北农业大学	613	30	北京农学院	205

注：高等院校论文数含其附属机构论文数。

附表 33　2020 年 CSTPCD 收录科技论文数居前 30 位的师范类高等院校

排名	高等院校	论文篇数	排名	高等院校	论文篇数
1	北京师范大学	606	16	首都师范大学	206
2	西北师范大学	531	17	辽宁师范大学	202
3	华东师范大学	491	18	山东师范大学	198
4	贵州师范大学	479	19	安徽师范大学	195
5	陕西师范大学	423	20	内蒙古师范大学	191
6	福建师范大学	411	21	重庆师范大学	179
7	南京师范大学	389	22	东北师范大学	178
8	湖南师范大学	340	23	天津师范大学	177
9	华南师范大学	316	24	四川师范大学	168
10	杭州师范大学	277	25	浙江师范大学	164
11	云南师范大学	274	25	新疆师范大学	164
12	华中师范大学	255	27	上海师范大学	151
13	江西师范大学	245	27	西华师范大学	151
14	河南师范大学	224	29	沈阳师范大学	149
15	广西师范大学	208	30	江苏师范大学	147

注：高等院校论文数含其附属机构论文数。

附表 34　2020 年 CSTPCD 收录科技论文数居前 30 位的医药学类高等院校

排名	高等院校	论文篇数	排名	高等院校	论文篇数
1	首都医科大学	6045	16	天津医科大学	1275
2	北京中医药大学	2640	17	南方医科大学	1264
3	南京医科大学	2605	18	广西医科大学	1098
4	安徽医科大学	2132	19	浙江中医药大学	1084
5	中国医科大学	1909	20	南京中医药大学	1081
6	广州中医药大学	1731	21	山东中医药大学	1051
7	哈尔滨医科大学	1723	22	湖南中医药大学	1017
8	重庆医科大学	1654	23	黑龙江中医药大学	1008
9	新疆医科大学	1577	24	昆明医科大学	1005
10	上海中医药大学	1552	25	温州医科大学	986
11	空军军医大学	1536	26	天津中医药大学	977
12	山西医科大学	1498	27	陕西中医药大学	919
13	陆军军医大学	1471	28	广西中医药大学	899
14	海军军医大学	1375	29	西南医科大学	845
15	河北医科大学	1352	30	河南中医药大学	837

注：高等院校论文数含其附属机构论文数。

附表 35　2020 年 CSTPCD 收录中国科技论文数居前 50 位的城市

排名	城市	论文篇数	排名	城市	论文篇数
1	北京	61229	26	南昌	4822
2	上海	27645	27	贵阳	4725
3	南京	20807	28	福州	4457
4	西安	19471	29	深圳	4015
5	武汉	18154	30	咸阳	3147
6	广州	16102	31	无锡	3108
7	成都	15336	32	苏州	2977
8	天津	12130	33	呼和浩特	2921
9	重庆	11006	34	海口	2623
10	郑州	10696	35	徐州	2430
11	杭州	10158	36	保定	2123
12	长沙	9378	37	宁波	2071
13	沈阳	8670	38	镇江	2009
14	哈尔滨	7713	39	银川	1965
15	青岛	7547	40	唐山	1962
16	合肥	7539	41	西宁	1799
17	兰州	7493	42	厦门	1792
18	昆明	6965	43	桂林	1765
19	太原	6308	44	洛阳	1733
20	济南	5807	45	烟台	1651
21	长春	5758	46	绵阳	1647
22	石家庄	5133	47	扬州	1634
23	大连	5019	48	秦皇岛	1540
24	乌鲁木齐	4967	49	常州	1485
25	南宁	4833	50	南通	1427

附表 36　2020 年 CSTPCD 统计科技论文被引次数居前 50 位的高等院校

排名	高等院校	被引次数	排名	高等院校	被引次数
1	北京大学	37716	11	中山大学	19754
2	上海交通大学	32398	12	复旦大学	19467
3	首都医科大学	29618	13	中国地质大学	19043
4	浙江大学	27406	14	中国矿业大学	18135
5	武汉大学	26486	15	西北农林科技大学	17996
6	清华大学	24289	16	吉林大学	17102
7	华中科技大学	22635	17	南京大学	16522
8	四川大学	22535	18	中国石油大学	16165
9	同济大学	21864	19	西安交通大学	15960
10	中南大学	21445	20	华北电力大学	15177

排名	高等院校	被引次数	排名	高等院校	被引次数
21	北京中医药大学	15123	36	兰州大学	10491
22	华南理工大学	14669	37	安徽医科大学	10395
23	中国农业大学	14402	38	南京航空航天大学	10028
24	天津大学	14042	39	大连理工大学	9902
25	重庆大学	13259	40	西北工业大学	9712
26	南京农业大学	12268	41	上海中医药大学	9596
27	东南大学	12106	42	北京航空航天大学	9338
28	郑州大学	12026	43	中国人民大学	9313
29	山东大学	11523	44	南京医科大学	9252
30	南京中医药大学	11165	45	中国医科大学	9113
31	河海大学	11023	46	湖南大学	9093
32	西南交通大学	10848	47	广州中医药大学	8957
33	哈尔滨工业大学	10794	48	北京科技大学	8724
33	西南大学	10794	49	江苏大学	8703
35	北京师范大学	10697	50	北京林业大学	8593

注：高等院校论文被引频次数含其附属机构论文被引次数。

附表37 2020年CSTPCD统计科技论文被引次数居前50位的研究机构

排名	研究机构	被引次数	排名	研究机构	被引次数
1	中国科学院地理科学与资源研究所	14973	14	中国科学院南京地理与湖泊研究所	2763
2	中国中医科学院	12438	15	中国热带农业科学院	2720
3	中国疾病预防控制中心	9259	16	中国环境科学研究院	2709
4	中国林业科学研究院	6589	17	中国水利水电科学研究院	2697
5	中国科学院西北生态环境资源研究院	6124	18	中国科学院大气物理研究所	2688
6	中国水产科学研究院	5676	19	中国农业科学院农业资源与农业区划研究所	2667
7	中国科学院地质与地球物理研究所	5056	20	中国地质科学院地质研究所	2647
8	中国科学院生态环境研究中心	4297	21	中国气象科学研究院	2521
9	中国医学科学院肿瘤研究所	3599	22	中国科学院长春光学精密机械与物理研究所	2463
10	中国科学院南京土壤研究所	3320	23	中国科学院新疆生态与地理研究所	2316
11	江苏省农业科学院	3102	24	广东省农业科学院	2301
12	中国地质科学院矿产资源研究所	2960	25	山西省农业科学院	2269
13	中国科学院空天信息创新研究院	2797	26	中国科学院广州地球化学研究所	2240

排名	研究机构	被引次数	排名	研究机构	被引次数
27	中国科学院东北地理与农业生态研究所	2174	39	河南省农业科学院	1627
28	中国工程物理研究院	2120	40	中国科学院水利部成都山地灾害与环境研究所	1590
29	中国科学院沈阳应用生态研究所	2111	41	北京市农林科学院	1569
30	中国科学院海洋研究所	2018	42	中国地质科学院	1527
31	山东省农业科学院	1989	43	中国地震局地质研究所	1502
32	云南省农业科学院	1933	44	南京水利科学研究院	1471
33	中国食品药品检定研究院	1925	45	广西农业科学院	1372
34	中国科学院植物研究所	1913	46	中国医学科学院药用植物研究所	1351
35	中国科学院武汉岩土力学研究所	1897	47	中国科学院亚热带农业生态研究所	1333
36	福建省农业科学院	1839	48	中国科学院合肥物质科学研究院	1318
37	中国科学院地球化学研究所	1761	49	甘肃省农业科学院	1296
38	中国农业科学院作物科学研究所	1728	50	浙江省农业科学院	1283

附表 38　2020 年 CSTPCD 统计科技论文被引次数居前 50 位的医疗机构

排名	医疗机构	被引次数	排名	医疗机构	被引次数
1	解放军总医院	15043	13	中国人民解放军东部战区总医院	3507
2	四川大学华西医院	7979	14	江苏省人民医院	3468
3	北京协和医院	7441	15	海军军医大学第一附属医院（上海长海医院）	3273
4	华中科技大学同济医学院附属同济医院	5458	16	首都医科大学宣武医院	3189
5	武汉大学人民医院	4648	17	中国医学科学院阜外心血管病医院	3017
6	郑州大学第一附属医院	4413	18	南方医科大学南方医院	3007
7	北京大学第三医院	4369	19	首都医科大学附属北京安贞医院	2968
8	北京大学第一医院	4306	20	复旦大学附属中山医院	2963
9	中国医科大学附属盛京医院	4197	21	空军军医大学第一附属医院（西京医院）	2950
10	中国中医科学院广安门医院	3885	22	上海交通大学医学院附属瑞金医院	2933
11	华中科技大学同济医学院附属协和医院	3548	23	重庆医科大学附属第一医院	2928
12	北京大学人民医院	3520	24	中南大学湘雅医院	2884

续表

排名	医疗机构	被引次数	排名	医疗机构	被引次数
25	安徽医科大学第一附属医院	2852	38	首都医科大学附属北京同仁医院	2370
26	复旦大学附属华山医院	2792	39	上海中医药大学附属曙光医院	2367
27	西安交通大学医学院第一附属医院	2757	40	中山大学附属第一医院	2347
28	南京鼓楼医院	2668	41	上海交通大学医学院附属仁济医院	2331
29	上海市第六人民医院	2658	42	首都医科大学附属北京朝阳医院	2328
30	首都医科大学附属北京友谊医院	2646	43	广东省中医院	2294
31	新疆医科大学第一附属医院	2640	44	武汉大学中南医院	2269
32	中国医科大学附属第一医院	2616	45	昆山市中医医院	2263
33	哈尔滨医科大学附属第一医院	2498	46	青岛大学附属医院	2202
34	中日友好医院	2478	47	上海交通大学医学院附属第九人民医院	2191
35	北京中医药大学东直门医院	2429	48	北京医院	2189
36	安徽省立医院	2395	49	上海交通大学医学院附属新华医院	2166
37	首都医科大学附属北京中医医院	2372	50	广西医科大学第一附属医院	2161

附表 39　2020 年 CSTPCD 收录的各类基金资助来源产出论文情况

排名	基金来源	论文篇数	所占比例
1	国家自然科学基金委员会	117652	35.09%
2	科学技术部	47272	14.10%
3	国内大学、研究机构和公益组织资助	18693	5.57%
4	国内企业资助	7081	2.11%
5	江苏省基金项目	6345	1.89%
6	河北省基金项目	5756	1.72%
7	广东省基金项目	5549	1.65%
8	北京市基金项目	5516	1.65%
9	上海市基金项目	5446	1.62%
10	陕西省基金项目	5219	1.56%
11	四川省基金项目	5057	1.51%
12	河南省基金项目	4980	1.49%
13	浙江省基金项目	4693	1.40%
14	教育部基金项目	4333	1.29%
15	山东省基金项目	4324	1.29%

续表

排名	基金来源	论文篇数	所占比例
16	国家社会科学基金项目	3117	0.93%
17	湖南省基金项目	3105	0.93%
18	湖北省基金项目	3084	0.92%
19	安徽省基金项目	3030	0.90%
20	广西壮族自治区基金项目	2986	0.89%
21	辽宁省基金项目	2974	0.89%
22	农业部基金项目	2954	0.88%
23	重庆市基金项目	2951	0.88%
24	山西省基金项目	2473	0.74%
25	贵州省基金项目	2186	0.65%
26	福建省基金项目	2133	0.64%
27	吉林省基金项目	1971	0.59%
28	云南省基金项目	1888	0.56%
29	军队系统基金项目	1878	0.56%
30	新疆维吾尔自治区基金项目	1856	0.55%
31	天津市基金项目	1826	0.54%
32	中国科学院基金项目	1793	0.53%
33	黑龙江省基金项目	1788	0.53%
34	江西省基金项目	1655	0.49%
35	海南省基金项目	1634	0.49%
36	国家中医药管理局基金项目	1592	0.47%
37	甘肃省基金项目	1421	0.42%
37	其他部委基金项目	1421	0.42%
39	内蒙古自治区基金项目	1284	0.38%
40	国土资源部基金项目	1209	0.36%
41	人力资源和社会保障部基金项目	1020	0.30%
41	青海省基金项目	771	0.23%
43	宁夏回族自治区基金项目	771	0.23%
44	国家国防科技工业局基金项目	409	0.12%
45	工业和信息化部基金项目	342	0.10%
46	中国气象局基金项目	289	0.09%
47	中国地震局基金项目	285	0.08%
48	中国工程院基金项目	267	0.08%
49	国家林业局基金项目	242	0.07%
50	西藏自治区基金项目	223	0.07%
51	国家卫生计生委基金项目	191	0.06%
52	海外公益组织、基金机构、学术机构、研究机构资助	102	0.03%
53	国家海洋局基金项目	100	0.03%
53	水利部基金项目	100	0.03%
55	住房和城乡建设部基金项目	99	0.03%

排名	基金来源	论文篇数	所占比例
56	中国科学技术协会基金项目	71	0.02%
57	交通运输部基金项目	61	0.02%
58	国家发展和改革委员会基金项目	57	0.02%
59	海外公司和跨国公司资助	21	0.01%
60	环境保护部基金项目	19	0.01%
61	国家食品药品监督管理局基金项目	17	0.01%
62	中国社会科学院基金项目	13	0.00%
63	国家铁路局基金项目	8	0.00%
64	国家测绘局基金项目	6	0.00%
	其他资助	27694	8.26%
	合计	335303	100.00%

附表 40　2020 年 CSTPCD 收录的各类基金资助产出论文的机构分布

机构类型	基金论文篇数	所占比例
高校	241628	72.06%
医疗机构	27298	8.14%
研究机构	39998	11.93%
公司企业	14361	4.28%
管理部门及其他	12018	3.58%
合计	335303	100.00%

注：医疗机构数据不包括高等院校附属医院。

附表 41　2020 年 CSTPCD 收录的各类基金资助产出论文的学科分布

序号	学科	基金论文篇数	所占比例	学科排名
1	数学	3747	1.12%	24
2	力学	1585	0.47%	33
3	信息、系统科学	254	0.08%	38
4	物理学	4108	1.23%	22
5	化学	6831	2.04%	18
6	天文学	437	0.13%	37
7	地学	12943	3.86%	6
8	生物学	9049	2.70%	10
9	预防医学与卫生学	9068	2.70%	9
10	基础医学	8118	2.42%	12
11	药物学	7256	2.16%	17
12	临床医学	71740	21.40%	1
13	中医学	19040	5.68%	4
14	军事医学与特种医学	1103	0.33%	34

续表

序号	学科	基金论文篇数	所占比例	学科排名
15	农学	20269	6.04%	3
16	林学	3555	1.06%	25
17	畜牧、兽医	6164	1.84%	19
18	水产学	2041	0.61%	31
19	测绘科学技术	2367	0.71%	30
20	材料科学	5074	1.51%	20
21	工程与技术基础学科	3213	0.96%	27
22	矿山工程技术	4316	1.29%	21
23	能源科学技术	4097	1.22%	23
24	冶金、金属学	7403	2.21%	16
25	机械、仪表	7518	2.24%	15
26	动力与电气	2860	0.85%	28
27	核科学技术	666	0.20%	36
28	电子、通信与自动控制	19004	5.67%	5
29	计算技术	21806	6.50%	2
30	化工	7791	2.32%	14
31	轻工、纺织	1693	0.50%	32
32	食品	8216	2.45%	11
33	土木建筑	10690	3.19%	8
34	水利	2828	0.84%	29
35	交通运输	8033	2.40%	13
36	航空航天	3411	1.02%	26
37	安全科学技术	216	0.06%	39
38	环境科学	12279	3.66%	7
39	管理学	740	0.22%	35
40	其他	13774	4.11%	
	合计	335303	100.00%	

附表 42　2020 年 CSTPCD 收录的各类基金资助产出论文的地区分布

序号	地区	基金论文篇数	所占比例	排名
1	北京	43484	12.97%	1
2	天津	9092	2.71%	15
3	河北	11277	3.36%	12
4	山西	6585	1.96%	21
5	内蒙古	3717	1.11%	27
6	辽宁	12491	3.73%	11
7	吉林	5546	1.65%	24
8	黑龙江	7594	2.26%	17
9	上海	19902	5.94%	3

序号	地区	基金论文篇数	所占比例	排名
10	江苏	28939	8.63%	2
11	浙江	12601	3.76%	10
12	安徽	9121	2.72%	14
13	福建	6407	1.91%	22
14	江西	5429	1.62%	26
15	山东	14642	4.37%	8
16	河南	13053	3.89%	9
17	湖北	15796	4.71%	6
18	湖南	10016	2.99%	13
19	广东	18914	5.64%	5
20	广西	7099	2.12%	18
21	海南	2550	0.76%	28
22	重庆	8271	2.47%	16
23	四川	15506	4.62%	7
24	贵州	5513	1.64%	25
25	云南	6615	1.97%	20
26	西藏	319	0.10%	31
27	陕西	19179	5.72%	4
28	甘肃	6768	2.02%	19
29	青海	1368	0.41%	30
30	宁夏	1747	0.52%	29
31	新疆	5762	1.72%	23
	合计	335303	100.00%	

附表 43　2020 年 CSTPCD 收录的基金论文数居前 50 位的高等院校

排名	高等院校	基金论文篇数	排名	高等院校	基金论文篇数
1	上海交通大学	3686	14	中山大学	1693
2	首都医科大学	3575	15	吉林大学	1647
3	四川大学	2739	16	南京医科大学	1604
4	浙江大学	2228	17	天津大学	1528
5	北京大学	2208	18	贵州大学	1507
6	武汉大学	2179	19	中国石油大学	1497
7	北京中医药大学	2175	20	安徽医科大学	1408
8	复旦大学	1942	21	清华大学	1372
9	中南大学	1923	22	西南交通大学	1345
10	郑州大学	1896	23	上海中医药大学	1341
11	华中科技大学	1867	24	中国地质大学	1314
12	同济大学	1783	25	南京航空航天大学	1308
13	西安交通大学	1732	26	华南理工大学	1304

排名	高等院校	基金论文篇数	排名	高等院校	基金论文篇数
27	太原理工大学	1284	39	山东大学	1075
28	河海大学	1270	40	重庆大学	1071
29	新疆医科大学	1269	41	东南大学	1066
30	江南大学	1264	42	江苏大学	1040
31	昆明理工大学	1245	43	南昌大学	1028
32	广州中医药大学	1237	44	东北大学	1027
33	中国矿业大学	1224	45	北京工业大学	1019
34	南京大学	1210	46	重庆医科大学	1018
35	大连理工大学	1189	47	武汉理工大学	1008
36	西北农林科技大学	1158	48	广西大学	1005
37	华北电力大学	1157	49	长安大学	976
38	中国医科大学	1085	50	中国农业大学	957

注：高校数据包含高等院校附属医院。

附表 44 2020 年 CSTPCD 收录的基金论文数居前 50 位的研究机构

排名	研究机构	基金论文篇数	排名	研究机构	基金论文篇数
1	中国林业科学研究院	600	19	福建省农业科学院	231
2	中国疾病预防控制中心	561	20	山西省农业科学院	222
3	中国科学院地理科学与资源研究所	529	21	贵州省农业科学院	221
4	中国中医科学院	507	22	中国科学院空天信息创新研究院	210
5	中国水产科学研究院	493	23	湖北省农业科学院	208
6	中国热带农业科学院	389	24	上海市农业科学研究院	207
7	中国科学院西北生态环境资源研究院	357	25	中国水利水电科学研究院	205
8	广东省农业科学院	333	26	中国科学院生态环境研究中心	189
9	中国工程物理研究院	324	27	南京水利科学研究院	182
10	江苏省农业科学院	290	28	四川省农业科学院	180
11	云南省农业科学院	288	29	中国科学院金属研究所	177
12	山东省农业科学院	263	30	浙江省农业科学院	172
13	广西农业科学院	250	31	中国科学院长春光学精密机械与物理研究所	171
14	中国药品生物制品检定研究所	246	32	新疆农业科学院	164
15	中国科学院合肥物质科学研究院	244	33	中国科学院声学研究所	162
15	中国科学院海洋研究所	244	34	吉林省农业科学院	157
15	中国环境科学研究院	244	35	中国科学院地质与地球物理研究所	154
18	河南省农业科学院	236	36	北京市农林科学院	153

续表

排名	研究机构	基金论文篇数	排名	研究机构	基金论文篇数
37	中国农业科学院北京畜牧兽医研究所	152	43	甘肃省农业科学院	120
38	中国农业科学院植物保护研究所	146	45	中国农业科学院特产研究所	115
39	中国农业科学院农业资源与农业区划研究所	144	46	军事科学院	113
40	广东省科学院	128	47	江西省农业科学院	110
41	河北省农林科学院	122	48	中国科学院南海海洋研究所	107
41	广西壮族自治区林业科学研究院	122	48	辽宁省农业科学院	107
43	中国科学院大气物理研究所	120	48	宁夏农林科学院	107

附表45 2020年CSTPCD收录的论文按作者合著关系的学科分布

学科	单一作者 论文篇数	比例	同机构合著 论文篇数	比例	同省合著 论文篇数	比例	省际合著 论文篇数	比例	国际合著 论文篇数	比例	论文总篇数
数学	583	14.2%	2337	57.0%	527	12.8%	577	14.1%	79	1.9%	4103
力学	60	3.3%	1074	58.5%	238	13.0%	428	23.3%	37	2.0%	1837
信息、系统科学	25	8.5%	159	54.1%	54	18.4%	51	17.3%	5	1.7%	294
物理学	218	4.9%	2572	57.3%	597	13.3%	893	19.9%	211	4.7%	4491
化学	269	3.3%	5045	62.1%	1475	18.2%	1181	14.5%	154	1.9%	8124
天文学	21	4.5%	195	41.8%	59	12.7%	149	32.0%	42	9.0%	466
地学	606	4.3%	5804	41.0%	2785	19.7%	4599	32.5%	348	2.5%	14142
生物学	201	2.1%	5394	55.8%	1986	20.5%	1782	18.4%	310	3.2%	9673
预防医学与卫生学	744	5.1%	8201	56.3%	3877	26.6%	1636	11.2%	108	0.7%	14566
基础医学	303	2.8%	6020	56.4%	2867	26.9%	1384	13.0%	101	0.9%	10675
药物学	303	2.7%	6475	57.3%	2952	26.1%	1469	13.0%	97	0.9%	11296
临床医学	4879	4.0%	76601	63.0%	29300	24.1%	10325	8.5%	528	0.4%	121633
中医学	718	3.2%	10443	46.4%	8152	36.3%	3020	13.4%	153	0.7%	22486
军事医学与特种医学	69	3.3%	1226	58.9%	477	22.9%	301	14.5%	9	0.4%	2082
农学	457	2.1%	11305	52.9%	5627	26.3%	3783	17.7%	213	1.0%	21385
林学	104	2.7%	1899	50.2%	987	26.1%	760	20.1%	32	0.8%	3782
畜牧、兽医	138	2.1%	3561	53.5%	1717	25.8%	1193	17.9%	53	0.8%	6662
水产学	23	1.1%	1081	51.5%	474	22.6%	495	23.6%	24	1.1%	2097
测绘科学技术	167	5.9%	1393	49.2%	431	15.2%	807	28.5%	31	1.1%	2829
材料科学技术	198	3.3%	3238	54.5%	964	16.2%	1314	22.1%	228	3.8%	5942
工程与技术基础学科	144	3.5%	2570	62.2%	581	14.1%	763	18.5%	73	1.8%	4131
矿山工程技术	1175	18.9%	2590	41.6%	860	13.8%	1566	25.2%	30	0.5%	6221
能源科学技术	405	8.1%	1792	35.9%	798	16.0%	1951	39.0%	51	1.0%	4997

续表

学科	单一作者		同机构合著		同省合著		省际合著		国际合著		论文总篇数
	论文篇数	比例	论文篇数	比例	论文篇数	比例	论文篇数	比例	论文篇数	比例	
冶金、金属学	573	5.5%	5515	53.1%	1822	17.5%	2369	22.8%	104	1.0%	10383
机械、仪表	525	5.1%	6135	59.8%	1643	16.0%	1895	18.5%	64	0.6%	10262
动力与电气	104	3.0%	1929	54.9%	528	15.0%	896	25.5%	56	1.6%	3513
核科学技术	30	2.4%	767	61.7%	158	12.7%	274	22.0%	15	1.2%	1244
电子、通信与自动控制	1412	5.7%	13460	53.9%	4200	16.8%	5568	22.3%	312	1.3%	24952
计算技术	2065	7.6%	17062	62.8%	4036	14.8%	3693	13.6%	327	1.2%	27183
化工	893	7.7%	6759	58.3%	1982	17.1%	1812	15.6%	146	1.3%	11592
轻工、纺织	322	13.4%	1218	50.8%	381	15.9%	460	19.2%	15	0.6%	2396
食品	376	3.8%	5668	57.4%	2224	22.5%	1529	15.5%	69	0.7%	9866
土木建筑	1319	9.3%	6817	48.3%	2735	19.4%	3003	21.3%	251	1.8%	14125
水利	156	4.7%	1607	48.2%	630	18.9%	900	27.0%	41	1.2%	3334
交通运输	1111	9.6%	5574	47.9%	1893	16.3%	2902	25.0%	147	1.3%	11627
航空航天	166	3.2%	3074	60.1%	703	13.7%	1124	22.0%	52	1.0%	5119
安全科学技术	21	8.9%	105	44.3%	43	18.1%	64	27.0%	4	1.7%	237
环境科学	720	5.0%	7141	49.8%	3101	21.6%	3170	22.1%	200	1.4%	14332
管理学	52	6.3%	437	52.6%	146	17.6%	173	20.8%	23	2.8%	831
交叉学科与其他	1670	10.0%	8880	53.3%	2798	16.8%	2959	17.8%	338	2.0%	16645
总计	23325	5.2%	253123	56.1%	96808	21.4%	73218	16.2%	5081	1.1%	451555

附表 46　2020 年 CSTPCD 收录的论文按作者合著关系的地区分布

地区	单一作者		同机构合著		同省合著		省际合著		国际合著		论文总篇数
	论文篇数	比例	论文篇数	比例	论文篇数	比例	论文篇数	比例	论文篇数	比例	
北京	3179	5.2%	32957	53.8%	12485	20.4%	11564	18.9%	1041	1.7%	61226
天津	607	5.0%	6837	56.4%	2173	17.9%	2380	19.6%	133	1.1%	12130
河北	734	4.7%	8746	56.2%	3661	23.5%	2373	15.2%	53	0.3%	15567
山西	659	7.5%	4731	54.0%	1818	20.8%	1454	16.6%	92	1.1%	8754
内蒙古	277	5.9%	2455	52.4%	1064	22.7%	860	18.3%	32	0.7%	4688
辽宁	952	5.6%	10145	59.9%	2938	17.3%	2734	16.1%	171	1.0%	16940
吉林	288	4.0%	4161	58.1%	1427	19.9%	1197	16.7%	86	1.2%	7159
黑龙江	304	3.2%	5809	61.3%	1673	17.7%	1579	16.7%	104	1.1%	9469
上海	1629	5.9%	16529	59.8%	5321	19.2%	3707	13.4%	459	1.7%	27645
江苏	1750	4.5%	22214	57.6%	8290	21.5%	5820	15.1%	477	1.2%	38551
浙江	714	4.1%	9544	55.1%	4287	24.8%	2552	14.7%	217	1.3%	17314
安徽	549	4.3%	7556	59.7%	2527	20.0%	1918	15.1%	112	0.9%	12662
福建	649	8.1%	4390	54.8%	1749	21.8%	1126	14.0%	102	1.3%	8016
江西	281	4.3%	3796	58.6%	1089	16.8%	1261	19.5%	54	0.8%	6481

续表

地区	单一作者		同机构合著		同省合著		省际合著		国际合著		论文总篇数
	论文篇数	比例	论文篇数	比例	论文篇数	比例	论文篇数	比例	论文篇数	比例	
山东	1042	5.0%	10414	50.4%	5419	26.2%	3590	17.4%	211	1.0%	20676
河南	1360	7.5%	9867	54.2%	3826	21.0%	3072	16.9%	92	0.5%	18217
湖北	926	4.1%	13614	59.8%	4268	18.7%	3719	16.3%	255	1.1%	22782
湖南	452	3.6%	6919	55.0%	2880	22.9%	2154	17.1%	169	1.3%	12574
广东	1213	4.7%	13875	54.1%	6425	25.0%	3769	14.7%	383	1.5%	25665
广西	424	5.1%	4568	54.8%	2171	26.0%	1112	13.3%	59	0.7%	8334
海南	131	3.7%	2079	58.5%	713	20.1%	611	17.2%	20	0.6%	3554
重庆	735	6.7%	6487	58.9%	1945	17.7%	1730	15.7%	109	1.0%	11006
四川	1022	4.6%	12796	57.6%	5043	22.7%	3136	14.1%	216	1.0%	22213
贵州	211	3.3%	3313	51.5%	1716	26.7%	1166	18.1%	24	0.4%	6430
云南	246	3.0%	4518	55.2%	2117	25.9%	1230	15.0%	78	1.0%	8189
西藏	15	3.7%	150	37.3%	49	12.2%	187	46.5%	1	0.2%	402
陕西	2189	8.6%	13970	54.6%	5341	20.9%	3855	15.1%	228	0.9%	25583
甘肃	262	3.2%	4688	56.6%	1914	23.1%	1362	16.5%	52	0.6%	8278
青海	166	8.8%	1025	54.1%	354	18.7%	344	18.2%	4	0.2%	1893
宁夏	55	2.7%	1118	53.9%	499	24.0%	390	18.8%	13	0.6%	2075
新疆	210	3.1%	3776	55.1%	1574	23.0%	1257	18.3%	34	0.5%	6851
其他	94	40.7%	76	32.9%	52	22.5%	9	3.9%	0	0.0%	231
总计	23325	5.2%	253123	56.1%	96808	21.4%	73218	16.2%	5081	1.1%	451555

附表 47　2020 年 CSTPCD 统计被引次数较多的资助项目情况

排名	基金资助项目	被引次数	所占比例
1	国家自然科学基金委员会基金项目	669521	37.57%
2	科学技术部项目	278143	15.61%
3	国内大学、研究机构和公益组织资助	75232	4.22%
4	国家社会科学基金项目	47320	2.66%
5	教育部基金项目	37560	2.11%
6	江苏省基金项目	31685	1.78%
7	广东省基金项目	31069	1.74%
8	国内企业资助项目	28200	1.58%
9	上海市基金项目	26990	1.51%
10	北京市基金项目	24582	1.38%
11	浙江省基金项目	22999	1.29%
12	农业部基金项目	19625	1.10%
13	河北省基金项目	19089	1.07%
14	四川省基金项目	18584	1.04%
15	河南省基金项目	18401	1.03%

续表

排名	基金资助项目	被引次数	所占比例
16	山东省基金项目	18117	1.02%
17	陕西省基金项目	18056	1.01%
18	湖南省基金项目	13514	0.76%
19	湖北省基金项目	13184	0.74%
20	广西壮族自治区基金项目	11835	0.66%
21	辽宁省基金项目	11488	0.64%
22	福建省基金项目	10655	0.60%
23	中国科学院基金项目	10531	0.59%
24	安徽省基金项目	10145	0.57%
25	重庆市基金项目	9799	0.55%
26	贵州省基金项目	9664	0.54%
27	黑龙江省基金项目	9119	0.51%
28	国家中医药管理局基金项目	8980	0.50%
29	国土资源部基金项目	8901	0.50%
30	山西省基金项目	8501	0.48%
31	吉林省基金项目	7957	0.45%
32	军队系统基金项目	7764	0.44%
33	天津市基金项目	7553	0.42%
34	江西省基金项目	7061	0.40%
35	云南省基金项目	6918	0.39%
36	新疆维吾尔自治区基金项目	6472	0.36%
37	甘肃省基金项目	6205	0.35%
38	海南省基金项目	4694	0.26%
39	人力资源和社会保障部基金项目	4277	0.24%
40	内蒙古自治区基金项目	4011	0.23%
41	国家林业局基金项目	3694	0.21%
42	国家卫生计生委基金项目	3086	0.17%
43	宁夏回族自治区基金项目	2341	0.13%
44	青海省基金项目	2195	0.12%
45	中国气象局基金项目	2184	0.12%
46	地质行业科学技术发展基金	2154	0.12%
47	国家国防科技工业局基金项目	1855	0.10%
48	中国工程院基金项目	1834	0.10%
49	海外公益组织、基金机构、学术机构、研究机构资助	1818	0.10%
50	中国地震局基金项目	1685	0.09%

附表 48　2020 年 CSTPCD 统计被引的各类基金资助论文次数按学科分布情况

学科	被引次数	所占比例	排名
数学	7919	0.44%	32
力学	8114	0.46%	31
信息、系统科学	2451	0.14%	36
物理学	11424	0.64%	28
化学	26414	1.48%	19
天文学	1482	0.08%	38
地学	112745	6.33%	3
生物学	68394	3.84%	8
预防医学与卫生学	40554	2.28%	11
基础医学	35560	2.00%	12
药物学	28084	1.58%	18
临床医学	247752	13.90%	1
中医学	101945	5.72%	6
军事医学与特种医学	4517	0.25%	35
农学	148416	8.33%	2
林学	24933	1.40%	22
畜牧、兽医	25408	1.43%	21
水产学	11112	0.62%	29
测绘科学技术	13007	0.73%	27
材料科学	15613	0.88%	23
工程与技术基础学科	10260	0.58%	30
矿业工程技术	28238	1.58%	17
能源科学技术	32896	1.85%	14
冶金、金属学	29720	1.67%	16
机械、仪表	30325	1.70%	15
动力与电气	14166	0.79%	25
核科学技术	1587	0.09%	37
电子、通信与自动控制	110908	6.22%	4
计算技术	104215	5.85%	5
化工	25996	1.46%	20
轻工、纺织	7873	0.44%	33
食品	42114	2.36%	10
土木建筑	52877	2.97%	9
水利	14112	0.79%	26
交通运输	34991	1.96%	13
航空航天	14932	0.84%	24
安全科学技术	1476	0.08%	39
环境科学	87830	4.93%	7
管理学	7726	0.43%	34
其他	193972	10.88%	
合计	1782058		

附表 49　2020 年 CSTPCD 统计被引的各类基金资助论文次数按地区分布情况

地区	被引次数	所占比例	排名
北京	329912	18.51%	1
天津	47176	2.65%	13
河北	43978	2.47%	14
山西	24490	1.37%	25
内蒙古	13856	0.78%	27
辽宁	61508	3.45%	10
吉林	31818	1.79%	20
黑龙江	41623	2.34%	16
上海	104584	5.87%	3
江苏	161969	9.09%	2
浙江	69066	3.88%	9
安徽	39988	2.24%	17
福建	32804	1.84%	19
江西	25903	1.45%	24
山东	72719	4.08%	8
河南	55776	3.13%	12
湖北	89233	5.01%	6
湖南	58725	3.30%	11
广东	100617	5.65%	4
广西	26568	1.49%	22
海南	9115	0.51%	28
重庆	41689	2.34%	15
四川	74345	4.17%	7
贵州	22319	1.25%	26
云南	26253	1.47%	23
西藏	1081	0.06%	31
陕西	98923	5.55%	5
甘肃	37558	2.11%	18
青海	4803	0.27%	30
宁夏	6965	0.39%	29
新疆	26694	1.50%	21
总计	1782058	100.00%	

附表 50　2020 年 CSTPCD 收录科技论文数居前 30 位的企业

排名	单位	论文篇数
1	中国核工业集团公司	781
2	中国电子科技集团公司	676
3	国家电网公司	551
4	中国煤炭科工集团有限公司	549

排名	单位	论文篇数
5	中国石油化工集团公司	459
6	中国兵器工业集团公司	420
7	中国石油天然气集团公司	331
8	中国航空工业集团公司	317
9	中国航天科技集团公司	288
10	中国铁道建筑总公司	227
11	中国钢研科技集团公司	194
12	矿冶科技集团有限公司	164
12	中国南方电网有限责任公司	164
14	中国中车股份有限公司	144
15	中国交通建设集团有限公司	131
16	中国机械工业集团有限公司	126
17	中国铁路工程总公司	117
18	中国医药集团总公司	97
19	国家能源集团	81
20	冀中能源集团有限责任公司	79
21	中国船舶重工集团公司	59
22	中国商用飞机有限责任公司	54
23	中国南车集团公司	46
24	中国航天科工集团公司	44
24	中国通用技术（集团）控股有限责任公司	44
24	中国烟草总公司	44
27	包头钢铁（集团）有限责任公司	43
28	中国船舶工业集团公司	42
29	中国五矿集团公司	41
30	平顶山煤业集团公司	38

附表 51　2020 年 SCI 收录中国数学领域科技论文数居前 20 位的机构

排名	单位	论文篇数
1	西北工业大学	150
2	山东大学	142
3	中南大学	141
4	中山大学	137
5	武汉大学	131
6	曲阜师范大学	130
7	北京大学	128
7	清华大学	128
9	复旦大学	127
9	南京航空航天大学	127

续表

排名	单位	论文篇数
11	中国科学技术大学	126
12	哈尔滨工业大学	125
13	中国矿业大学	122
14	上海交通大学	121
15	山东科技大学	116
16	西安交通大学	110
17	广州大学	109
17	西北师范大学	109
19	南开大学	106
19	天津大学	106

注：1. 仅统计 Article 和 Review 两种文献类型。

2. 高等院校论文数含其附属机构论文数，下同。

附表 52　2020 年 SCI 收录中国物理领域科技论文数居前 20 位的机构

排名	单位	论文篇数
1	中国科学技术大学	694
2	清华大学	660
3	华中科技大学	658
4	浙江大学	646
5	西安交通大学	627
6	哈尔滨工业大学	603
7	天津大学	555
8	上海交通大学	527
9	北京大学	524
10	南京大学	458
11	四川大学	414
12	电子科技大学	412
12	吉林大学	412
14	北京理工大学	402
15	复旦大学	393
16	大连理工大学	363
17	北京航空航天大学	358
18	山东大学	351
19	东南大学	330
20	国防科学技术大学	327

附表 53 2020 年 SCI 收录中国化学领域科技论文数居前 20 位的机构

排名	单位	论文篇数
1	浙江大学	1033
2	吉林大学	1028
3	四川大学	1024
4	清华大学	863
5	天津大学	850
6	哈尔滨工业大学	802
7	华南理工大学	754
8	中南大学	749
9	上海交通大学	737
10	苏州大学	728
11	华中科技大学	724
12	中国科学技术大学	717
13	山东大学	651
14	北京大学	650
15	南京大学	638
16	北京化工大学	635
17	大连理工大学	631
18	西安交通大学	624
19	复旦大学	604
20	华东理工大学	596

附表 54 2020 年 SCI 收录中国天文领域科技论文数居前 20 位的机构

排名	单位	论文篇数
1	中国科学院国家天文台	204
2	北京大学	132
3	南京大学	112
4	中国科学技术大学	92
4	中国科学院高能物理研究所	92
6	中国科学院云南天文台	85
7	中国科学院紫金山天文台	80
8	北京师范大学	78
9	中山大学	71
10	中国科学院上海天文台	59
11	武汉大学	51
12	清华大学	48
13	上海交通大学	47
14	山东大学	39
15	中国科学院地质与地球物理研究所	36

排名	单位	论文篇数
16	中国科学院空间科学与应用研究中心	35
17	云南大学	33
18	中国科学院理论物理研究所	32
19	中国科学院新疆分院	31
20	兰州大学	30

附表 55　2020 年 SCI 收录中国地学领域科技论文数居前 20 位的机构

排名	单位	论文篇数
1	中国地质大学	1240
2	武汉大学	603
3	中国石油大学	490
4	南京信息工程大学	401
5	中国海洋大学	395
6	中国科学院地质与地球物理研究所	387
7	中国矿业大学	383
8	南京大学	367
9	河海大学	363
10	同济大学	327
11	浙江大学	319
12	中国科学院大气物理研究所	307
13	中山大学	306
14	吉林大学	292
15	北京师范大学	273
15	中国科学院空天信息创新研究院	273
17	北京大学	247
18	中国科学院地理科学与资源研究所	231
19	成都理工大学	230
20	中南大学	229

附表 56　2020 年 SCI 收录中国生物领域科技论文数居前 20 位的机构

排名	单位	论文篇数
1	浙江大学	1273
2	上海交通大学	1079
3	中山大学	951
4	复旦大学	850
5	南京农业大学	748
6	四川大学	725

续表

排名	单位	论文篇数
7	西北农林科技大学	719
8	北京大学	691
9	山东大学	690
10	中南大学	689
11	吉林大学	687
12	华中农业大学	679
13	中国农业大学	618
14	华中科技大学	615
15	武汉大学	530
16	华南农业大学	497
17	中国医科大学	467
18	南京医科大学	465
19	四川农业大学	432
20	江南大学	427

附表 57　2020 年 SCI 收录中国医学领域科技论文数居前 20 位的机构

排名	单位	论文篇数
1	上海交通大学	3284
2	首都医科大学	3016
3	复旦大学	2887
4	浙江大学	2834
5	中山大学	2825
6	四川大学	2761
7	北京大学	2543
8	华中科技大学	2413
9	中南大学	2188
10	吉林大学	1803
11	南京医科大学	1715
12	山东大学	1693
13	中国医科大学	1640
14	武汉大学	1469
15	南方医科大学	1413
16	苏州大学	1265
17	温州医学院	1222
18	西安交通大学	1191
19	北京协和医院	1178
20	天津医科大学	1144

附表 58　2020 年 SCI 收录中国农学领域科技论文数居前 20 位的机构

排名	单位	论文篇数
1	西北农林科技大学	522
2	中国农业大学	509
3	南京农业大学	406
4	华南农业大学	306
5	四川农业大学	302
6	华中农业大学	291
7	山东农业大学	222
8	东北农业大学	220
9	浙江大学	208
10	扬州大学	207
11	南京林业大学	200
12	中国水产科学研究院	187
13	北京林业大学	184
14	福建农林大学	168
15	中国林业科学研究院	160
16	东北林业大学	145
17	沈阳农业大学	138
18	西南大学	136
19	中国海洋大学	128
20	吉林农业大学	127

附表 59　2020 年 SCI 收录中国材料科学领域科技论文数居前 20 位的机构

排名	单位	论文篇数
1	北京科技大学	754
2	中南大学	751
3	上海交通大学	712
4	哈尔滨工业大学	707
5	西安交通大学	641
6	东北大学	632
7	西北工业大学	625
8	四川大学	608
9	清华大学	533
10	华南理工大学	500
11	浙江大学	461
12	华中科技大学	455
13	天津大学	450
14	吉林大学	433
15	山东大学	416
16	重庆大学	396

续表

排名	单位	论文篇数
17	大连理工大学	376
18	武汉理工大学	361
19	北京航空航天大学	360
19	南京航空航天大学	360

附表 60　2020 年 SCI 收录中国环境科学领域科技论文数居前 20 位的机构

排名	单位	论文篇数
1	浙江大学	485
2	清华大学	432
3	北京师范大学	389
4	中国地质大学	341
5	中国科学院生态环境研究中心	326
6	河海大学	316
6	南京大学	316
8	同济大学	315
9	北京大学	293
10	哈尔滨工业大学	276
11	中山大学	259
12	武汉大学	257
13	上海交通大学	249
14	中国矿业大学	246
15	西北农林科技大学	245
16	中南大学	242
17	中国科学院地理科学与资源研究所	236
18	山东大学	235
19	中国农业大学	231
20	东南大学	224

附表 61　2020 年 SCI 收录中国科技期刊数较多的出版机构

排名	出版机构	期刊数
1	SPRINGER NATURE	50
2	SCIENCE PRESS	31
3	ELSEVIER	22
4	KEAI PUBLISHING LTD	12
5	HIGHER EDUCATION PRESS	10
5	WILEY	10
7	OXFORD UNIV PRESS	8

排名	出版机构	期刊数
8	ZHEJIANG UNIV	6
8	BMC	6
10	IOP PUBLISHING LTD	5

附表 62　2020 年 SCI 收录中国科技论文数居前 50 位的城市

排名	城市	论文篇数	排名	城市	论文篇数
1	北京	67153	26	苏州	4277
2	上海	36370	27	厦门	4122
3	南京	29434	28	镇江	3501
4	武汉	24011	29	徐州	3343
5	广州	23977	30	无锡	2972
6	西安	22559	31	宁波	2787
7	成都	18865	32	南宁	2773
8	杭州	17001	33	咸阳	2534
9	长沙	14559	34	贵阳	2417
10	天津	14016	35	石家庄	2198
11	青岛	11109	36	温州	2181
12	重庆	10853	37	乌鲁木齐	1873
13	哈尔滨	10772	38	扬州	1696
14	长春	10037	39	常州	1533
15	合肥	9621	40	桂林	1523
16	济南	8932	41	保定	1505
17	沈阳	8930	42	烟台	1496
18	深圳	7522	43	呼和浩特	1434
19	郑州	6987	44	绵阳	1412
20	大连	6691	45	秦皇岛	1322
21	兰州	6072	46	湘潭	1305
22	福州	5481	47	海口	1285
23	南昌	5245	48	新乡	1261
24	昆明	4617	49	洛阳	1103
25	太原	4364	50	泰安	1059

附表 63　2020 年 Ei 收录中国科技论文数居前 50 位的城市

排名	城市	论文篇数	排名	城市	论文篇数
1	北京	54936	3	南京	23395
2	上海	23585	4	西安	20611

排名	城市	论文篇数	排名	城市	论文篇数
5	武汉	17224	28	昆明	2539
6	成都	13851	29	徐州	2330
7	广州	13327	30	无锡	2149
8	杭州	12505	31	宁波	1924
9	天津	11806	32	石家庄	1489
10	长沙	11052	33	绵阳	1427
11	哈尔滨	10224	34	秦皇岛	1396
12	青岛	7882	35	贵阳	1299
13	合肥	7634	36	桂林	1263
14	重庆	7623	37	南宁	1226
15	长春	7078	38	保定	1166
16	大连	6208	39	湘潭	1115
17	沈阳	6118	40	乌鲁木齐	1040
18	济南	5882	41	吉林省	1011
19	深圳	4640	42	呼和浩特	963
20	郑州	4415	43	烟台	958
21	兰州	4280	44	咸阳	821
22	太原	3536	45	扬州	803
23	福州	3482	46	洛阳	779
24	南昌	3414	47	鞍山	750
25	厦门	2935	48	焦作	748
26	镇江	2932	49	泉州	715
27	苏州	2613	50	新乡	662

附表 64　2020 年 CPCI-S 收录中国科技论文数居前 50 位的城市

排名	城市	论文篇数	排名	城市	论文篇数
1	北京	7246	13	沈阳	768
2	上海	2982	14	济南	761
3	南京	2258	15	重庆	698
4	西安	2104	16	深圳	589
5	武汉	1687	17	青岛	526
6	成都	1506	18	大连	443
7	广州	1504	19	长春	359
8	杭州	1232	20	郑州	313
9	天津	1120	21	福州	302
10	哈尔滨	842	22	昆明	263
11	合肥	815	23	兰州	260
12	长沙	771	24	厦门	233

续表

排名	城市	论文篇数	排名	城市	论文篇数
25	苏州	232	38	常州	74
26	太原	202	39	贵阳	73
27	南昌	201	40	秦皇岛	65
28	石家庄	180	41	南通	60
29	无锡	161	42	黄石	58
30	绵阳	138	43	烟台	57
31	桂林	136	44	威海	56
32	镇江	119	44	乌鲁木齐	56
33	呼和浩特	103	44	银川	56
34	宁波	88	47	海口	52
35	南宁	86	47	泰安	52
36	徐州	83	49	洛阳	46
37	保定	76	50	佛山	45